文人好吃记

BUNJIN BOSHOKU

岚山光三郎 —— 著
张乐乐 —— 译

文化发展出版社
Cultural Development Press

图书在版编目（CIP）数据

文人好吃记／（日）岚山光三郎著；张乐乐译．— 北京：文化发展出版社有限公司，2018.7
（文人之舌）
ISBN 978-7-5142-2348-4

Ⅰ．①文… Ⅱ．①岚… ②张… Ⅲ．①饮食-文化- 日本 Ⅳ．① TS971.203.13

中国版本图书馆CIP数据核字（2018）第134227号

BUNJIN BOSHOKU by Kozaburo ARASHIYAMA
Copyright © 2005 ARASHIYAMA Kozaburo
All rights reserved.
First Japanese edition published in 2005 by Shinchosha Publishing Co., Tokyo
This Simplified Chinese language edition is published by arrangement with SHINCHOSHA Publishing Co., Ltd., Tokyo in care of Tuttle-Mori Agency, Inc., Tokyo

著作权合同登记 图字：01-2018-3745

文人好吃记

著　　者：[日]岚山光三郎
译　　者：张乐乐
出 版 人：武　赫
责任编辑：周　晏
责任印制：邓辉明
装帧设计：尚燕平

出版发行：文化发展出版社（北京市翠微路2号　邮编：100036）
网　　址：www.wenhuafazhan.com
经　　销：各地新华书店
印　　刷：北京印匠彩色印刷有限公司
开　　本：880mm×1230mm　1/32
字　　数：300千字
印　　张：15
印　　次：2018年7月第1版　2018年7月第1次印刷
定　　价：58.00元
ISBN：978-7-5142-2348-4

◆ 如发现任何质量问题请与我社发行部联系。发行部电话：010-88275710

小泉八云
倾听一碗白鱼的哭泣 —— 003

坪内逍遥
牛肉火锅带来不良风尚 —— 015

二叶亭四迷
滴酒不沾的豪爽男子 —— 027

伊藤左千夫
挤牛奶的茶人 —— 039

南方熊楠
深山怪人吃什么？ —— 051

斋藤绿雨
一支笔、两根筷子 —— 063

德富芦花
一碗红豆饭 —— 075

国木田独步
牛肉？还是马铃薯？ —— 087

幸德秋水
牢狱中吃刺身 —— 099

田山花袋
乌冬面和棉被 —— 111

高滨虚子
嘴里吃着关东煮，心中想着俳句 —— 123

柳田国男
讨厌美味 —— 135

铃木三重吉
因喝酒荒废《红鸟》杂志 —— 147

文人好吃记

目录
CONTENTS

尾崎放哉
咳嗽的味道 —— 159

武者小路实笃
贵族托尔斯泰 —— 173

若山牧水
酒仙歌人的真正模样 —— 185

平冢雷鸟
原本、女人是偏食的 —— 199

折口信夫
想成为天妇罗店老板的诗人 —— 211

荒畑寒村
监狱料理 —— 223

里见弴
脑袋里的舌头 —— 235

室生犀星
复仇的餐桌 —— 247

久保田万太郎
苦涩的汤豆腐 —— 259

宇野浩二
他为什么吞食玫瑰 —— 271

佐藤春夫
秋刀鱼的味道是苦，还是咸？ —— 283

狮子文六
到死还想着吃 —— 297

金子光晴
愉快色老头的末路 —— 309

宇野千代
沉溺于男色 —— 319

横光利一
抱着空便当盒的孤寂身影 —— 331

吉田一穗
饮月狂徒 —— 343

壶井荣
矮脚饭桌上的文学 —— 353

稻垣足穗
酒乱・酒魔・毒舌・极贫 —— 365

草野心平
居酒屋诗人 —— 377

平林泰子
女贼的人参 —— 389

武田泰淳
大爱炸猪排的一家 —— 403

织田作之助
饥饿恐怖症文学 —— 415

向田邦子
咖喱饭的秘密 —— 427

寺山修司
加糖的咖喱饭 —— 439

后记 —— 450

文库版后记——关于《恶食日本史》—— 453

参考文献 —— 455

人间大胃王 —— 470

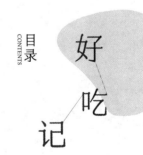

目录 CONTENTS

文人好吃记

我短暂的人生,
在读了很长时间的菜单中度过

小泉八云

(1850—1904)

原名拉夫卡迪奥·赫恩（Lafcadio Hearn），1850年生于希腊。1890年赴日，与松江中学的英语教师小泉节子结婚，归化日本国籍后取名小泉八云。小泉八云生前致力于研究日本文化，著有许多相关论文，主要作品集有《怪谈》等。

小泉八云

倾听一碗
白鱼的哭泣

拉夫卡迪奥·赫恩（Lafcadio Hearn）即后来的小泉八云。明治二十三年（1890）赴日时正值四十岁。同年十二月，和日本松江女子小泉节子结婚。小泉八云一生深爱日本传统文化，然而，身处日益现代化的日本，终令其梦想破灭。小泉八云在日本生活了十四年，去世时年仅五十四岁。

关于八云的饮食生活，夫人小泉节子、长子小泉一雄分别在《回忆录》《回忆我的父亲八云》中有过详细记载。夫人节子在《回忆录》中写道：

"他不会特别喜欢或讨厌某样食物，日本料理中的腌菜、刺身也都可以接受。他吃饭时，会先吃点小菜，最后吃一碗米饭。他喜欢吃西餐中的大块牛排。"其实，小泉八云更喜欢吃奈良腌菜。

明治二十九年（1896），小泉八云被聘为东京大学的讲师，一家人搬到东京牛込地区。他平时会去新桥壶屋西餐厅吃伊势鲜虾天妇罗；京桥锅町风月堂也是他常去的西餐厅之一；另外，他还会经常光顾上野精养轩。长子一雄回忆道："当时的上野古木繁茂，街道干净整洁，精养轩位于一抹清净处。"

"精养轩用餐环境雅静，店内只有男服务员，没有一名浓妆艳抹、讨好卖笑的女服务员。飘在餐厅上空的，只有大佛附近钟楼里的钟声、乌鸦叫声、刀叉等餐具轻微碰撞声，和我们一行人的说话声，其余声音一概没有。"

据说，当时八云似笑而非地解释道："这里是德川家族的灵地，他们将日本从三百年来西方国家的侵略中拯救了出来。"小泉八云生于希腊莱夫卡斯岛，父亲是爱尔兰军人，母亲是希腊人。父母结婚不久后离异，小泉八云的少年时代非常悲惨，因此他非常排斥西方宗教的极端化。十六岁时，小泉八云参加格斗比赛，不慎导致左眼失明，右眼严重近视。从此之后，放大镜不离身。这次留下的后遗症，导致他的眼球异常肿胀。

来到东京后，每到暑假，八云便带着长子一雄前往烧津，在这里休养一段时间。他们住的旅馆里，常有老鼠出没。八云拿面包屑喂老鼠，老鼠慢慢变得不再怕人，甚至会贴上小泉的膝盖要食吃。八云看着长子一雄和咯吱咯吱吃东西的小老鼠，突然哀怜地感叹："原来它们和爸爸一样都是盲人啊！"八云在小老鼠身上看到了自己，在小鸟、昆虫等小动物身上倾注了感情，是一位多愁善感的学者。

在烧津，八云每天吃晚饭时，会就着几样日式传统下酒菜小酌几杯日本清酒。而在自己家吃晚饭时，他会喝点威士忌。早饭什么都吃，味噌汤、生鸡蛋、用糖和酱油调制的煮豆、奈良腌菜统统来者不拒。在家中接待客人时，八云宛如女士般温柔，近视的右眼泛着微笑。

八云曾在新宿街头和三个醉汉有过冲突。当时，一个小混混拿着关东煮魔芋丝，咕噜咕噜地不停转动手里的竹签，瞟了一眼八云的长相后，开始嘲笑他。八云猛地扑上去，一瞬间将对方打倒在地。三个醉汉回过神后，气势汹汹地对他喊道："喂，老外！有种别走！"此时的八云，双拳紧握，摆出迎接战斗的架势。一雄回忆当时的场景说："我当时怕得不得了。我从没有见过父亲这么可怕的样子。或许,这才是父亲真实的样子吧。"

打架事件令八云的形象更加逼真几分,却也反映出他的凄凉:他曾经从英国一路辗转到美国新奥尔良,度过了颠沛流离的漫长岁月。通常,表面看起来温柔的男性,内心都隐藏着不屈的斗志。八云的灵魂深处,流淌着美式战斗精神,坚信"强势的男性才会掌控一切"。

在新奥尔良时,小泉八云做过新闻记者,他擅长挖掘、报道社会新闻大事件而崭露头角。同时,他与朋友合伙经营一家克里奥尔餐厅。新奥尔良位于密西西比河对岸,这里盛产蜊蛄、鲇鱼、小龙虾、乌龟、牡蛎等,大米直接由南部地区供给。当地的特色料理当属由大米烹制的什锦饭。八云经营的餐厅取名为"萧条屋",是"南部地区最便宜的餐厅",而且"任何菜品售价均为市价一半"。可是开店二十二天后,合伙人将店内资金席卷一空跑路了,最后餐厅只能关门。八云以经营餐厅的失败经历为题材,创作了《克里奥尔料理故事集》。其中,在一篇名为《为什么活螃蟹要直接生煮》的随笔中,八云这样解释道:"如果不用热水煮,如何杀死螃蟹呢?螃蟹没有脑袋,所以不能剁掉头烹饪。"克里奥尔料理多使用大米和豆类,因此,八云对日本料理可以很快适应。

1884年,新奥尔良举办世界博览会,八云作为记者来到日本展馆取材报道,进而对日本产生了极大的兴趣。由此看来,人一旦内心深处真正爱上某个地方,就会付诸行动,去到那个地方过活。

萩原朔太朗记述了小泉八云的日常生活。

"赫恩的生活已经完全日式化。他经常穿和服,夏天喜欢穿浴衣。他会盘腿端坐在榻榻米上,吸烟时将烟丝塞入日式烟管。日常饭菜基本是大米搭配味噌汤、腌菜和炖鱼;晚饭时会小酌两三杯日本酒。(仅早饭吃煎牛排、喝威士忌。)赫恩虽然经常换住处,但他更喜欢日式房屋,讨厌西方的家具和摆设。到日本朋友家中做客时,倘若对方的客厅偏西式,他也会很不开心。但当时,日本整个社会都在模仿文明开化的欧美国家，所以，讨厌西方一切东西的赫恩受到了大众的排挤。他曾不满地说：'日本拥有卓越的文明，却一个劲儿地盲目模仿野蛮人的行径。'在他的口中，'野蛮人'等同于'西方人'。"（选自《小泉八云的家庭生活》）

大多数西方人很难适应日本的饮食。生鱼片、汤豆腐、味噌汤等日本料理在西方人眼中是奇异的饭菜，需要鼓起莫大的勇气才能吃下去。八云是不太能接受小豆乱炖和煮萝卜的味道的，但即便如此，他还是乐此不疲地尝试各种日本料理。

昭和十五年（1940），《岛根报》刊登了一则有趣的故事。这篇故事是桑原羊次郎从松江富田屋日式旅馆的女老板富田恒（当时八十三岁）那里听来的：八云来到松江后，一般会和横滨来的翻译真锅晃一起住在富田屋日式旅馆。虽然八云是西方人，但是身材矮小，只有五尺二，大概一米六。一头灰黑色的头发，鼻子下面胡须茂密。他经常穿着旅馆免费提供的夏日和服，嘴里吸着雪茄，一派怡然自得的神情。中学的西田老师和中山老师前来旅馆拜访时，八云向他们请教："日本人待客时有主客座次之分，作为主人的我，应该坐在哪里呢？"西田老师回答说："主人应该坐在距离门口近的地方。"当时八云还不太会用筷子，像三四岁的孩子一样横着拿，样子非常逗趣。吃饭时，他一手抓着筷子，一手把盛汤的饭碗端出餐盘，将拿出来的菜肴依次吃完，餐盘里所剩无几。八云因为近视严重，看不清饭桌上其他人是怎么吃的。当意识到自己自顾自吃饭后，也会和大家一起大笑。

八云每天早上吃八九个生鸡蛋，喝点牛奶。午饭和晚饭是刺身、炖菜、醋拌凉菜和烧鱼。八云吃烤鱼时，也是横着筷子夹着吃，会要求服务员提前为他剔除鱼刺。旅馆的服务员大抵会觉得八云是一位很奇怪的外国人吧，吃个饭都这么麻烦。松江旅馆的服务颇为周到。八云把小菜吃得精光，最后把寿司卷当作主食吃。八云不喜欢喝茶，只喝水，朋友们觉得，从这一点来看，他是比日本人野蛮一些的。有一次旅馆烹制了一盘芋头粉丝，八云说："这道菜在我们国家的人看来，就像虫子一样。"最后一口都没有吃。午饭和晚饭时，八云通常会喝一杯日本清酒，不喝洋酒和咖啡。八云喜欢抽烟，雪茄和烟丝换着吸。八云吸烟丝时用日本烟管，前后大约吸掉数十根。

八云还教会了旅馆的人怎么煎鸡蛋。八云有时想吃肉，但旅馆老板讨厌吃牛肉，八云知道这件事情，所以，他从来没有点过牛肉之类的料理。

当时，旅馆的床上用品并不是很全，八云便把被子叠高当枕头用。夏天房间内挂着蚊帐，八云说："站在蚊帐里边，或从蚊帐里钻出来，感觉很奇怪。"

旅馆老板回忆道："八云先生上厕所时非常好笑。他解手时嘴里叼着雪茄，这倒还好，但是，上厕所时戴帽子我就完全不能理解了。"

八云告诉朋友们，他想娶一位武士家族的女儿为妻。因此，富田恒便介绍了小泉节子给他认识。

当时在日本的很多外国人都和日本女人组成临时夫妻，同居住到一起。八云的哥哥在日本长崎居住时，就曾和日本女人住在一起。八云以此为题材写了《菊》。同题材的小说还有约翰·卢瑟·朗的《蝴蝶夫人》。八云在新奥尔良时和一位黑人女性结婚，不久后两人离婚。之后，他在西印度岛和黑皮肤的姑娘关系亲密，并以他们之间发生的故事为素材创作了《法属西印度的二年间》，在亚洲读者中广获好评。八云来到日本松江担任英语教师，想要追求一位日本姑娘作为伴侣，也想过以此经历来写书。但他和小泉节子同居后，在家里听命于节子，不能随便外出，这让他失去了写作的灵感。

富田恒这样描述当时的情况：

"八云和节子同居的第二天，我到他们家中拜访。见面后，先生向我抱怨说：'节子手脚粗糙不秀气，根本就不是武士家族的女儿。

依我看，节子就是普通人家的女孩子，手脚粗壮。恒老板，节子骗了你。'看来先生对这段婚姻不太满意啊。我也觉得很尴尬，过意不去。我跟先生解释了很多，但他什么都听不进去。我可以保证，节子就是武士士族的姑娘。最后，他们结婚了，我也算是促成了一桩婚事。"

八云先生很喜欢正月里的稻草绳结挂饰，一直挂到一月末才摘下来。

节子身边的高木百刀自先生（六十七岁）曾说起过八云：

"八云先生不穿鞋，不穿木屐，穿着袜子潇洒地走在沙子和乱石上。根岸府邸的前庭堪称荒岛，地面上覆盖着一层豆粒般大小的沙子；后庭现在才用土填平，以前铺着一层一寸厚的黑色砂石。先生为了不让脏袜子弄脏椅子，会把座椅搬到庭院外边去。"

"八云先生的早饭通常是两瓶牛奶和五颗鸡蛋。他特别喜欢鸡蛋，也喜欢吃用鸡蛋做的日本料理。晚饭一定要有牛排，牛排由松江市材木町'鱼才'西餐厅送来。除了牛排，还有五六道点心、小菜，还有朝日啤酒。点心是松江市特有的黄金牡丹饼，口感柔软。"

"八云先生什么鱼都爱吃，炖鱼、烤鱼都吃得津津有味。但如果是鲜鱼刺身，就吃得很少。"

八云先生应该不喜欢吃刺身吧。在八云身上，还发生过这样的笑话：

"餐厅把白虾虎鱼做成羹汤端上餐桌。先生打开碗盖，静静地侧耳倾听，然后对节子说'这条鱼在哭泣'。节子解释说这不是鱼在哭泣，而是因为餐厅的餐盘是用漆器特制的，餐盘吸收了羹汤的余热，会发出细微的响声。八云先生听后恍然大悟，在座的一桌人笑作一团。"

八云患有严重的视力障碍，对声音却格外敏感。对此，日式旅馆的富田恒老板这样回忆说："旅馆前面的大街上，经常有金鱼摊、鲜花店、鲜鱼摊的叫卖声，八云先生每次都能听到。"

明治二十九年（1896，四十六岁），八云取得日本国籍，改名为小泉八云。此时八云的日语水平大约相当于小学四五年级的学生，日常交流问题不大。他一边听节子讲述日本传统故事，一边创作了《怪谈》系列文集。节子对此回忆道：

"《怪谈》的第一篇是《无耳芳一》，也是赫恩最喜欢的故事之一。《无耳芳一》的故事原本很短，当时他费劲苦心，绞尽脑汁地进行二次创作。仔细斟酌武士叫喊着开门时应该说的话，对措辞和语气反复拿捏。有次太阳都落山了，房间里还是漆黑一片，拉门也敞开着。我从隔壁房间看到赫恩在自言自语，一边低声叫着'芳一、芳一'，一边应声道：'是的，我是赫恩，我的眼睛看不见，你在哪里呢？'之后房间恢复一片寂静。赫恩在创作《无耳芳一》时经常会整个人沉浸其中。每当他陷入故事情节的构思中，我都会出去买博多人偶——弹琵琶的盲人师，回家后假装若无其事地放在桌子上。赫恩看到后会把人偶唤作芳一，仿佛和等候多时的人相遇一般兴高采烈。当夜晚来临，书斋的竹林中，风吹细竹沙沙作响，他也会联想到，是不是平家要灭亡呢？听到风的声音，他也会下意识地想起下关市坛浦地区的海浪声。"（选自《回忆录》）

当八云执迷于创作之中难以自拔时，三个孩子会朝着二楼大叫："爸爸，快下来！"可八云纹丝不动。深陷创作中的八云，有时会含混着说一句："我已经吃过饭了。"节子便生气地喊道："麻烦你稍微从梦中清醒一下好吗？家里的小孩子都哭了。"不写作时，如果听到孩子哭泣，八云就会撕几片面包哄他，喂给他吃。如果他在写作，就会大喊一声："不！"或者径自吃饭，或者拂袖而去。

烤牛肉是节子的拿手绝活儿，就连驻日本海军将领麦克唐纳也佩服不已。当时的牛肉、威士忌都是奢侈食品，八云一家经常去上野精养轩用餐，花费肯定不在少数。

幸运的是，八云在日期间，出版了《来自东方》。东大校长外山正一拜读他的这部作品后,聘用他为东大英国文学讲师。八云每周教授十二小时,每月可以领到四百日元的薪水,这比一般人的工资要高许多。八云讲课通俗易懂,深受学生喜欢,但却被其他外教排挤。外教们说,八云不是基督教徒,而且也没有正规学历,只是一名新闻记者转型做教师,举手投足活像个暴发户一样。

明治三十三年(1900),外山正一校长去世。失去了强大的靠山,八云的处境岌岌可危。当时,他的月薪是四百五十日元,相当于三名日本教师加起来的薪水。

学校里召开教授会,会上,大家经讨论决定,八云每周授课缩减到8小时,剩余的工作量分配给其他日本老师。或许是以前开餐馆的缘故,也可能是身在异乡,八云对钱看得很重。长子一雄回忆道:"当我听到父亲大叫'钱啊钱啊',还没长大的我,觉得父亲为钱所困,真是可怜。"

明治三十六年(1903),八云离开东大,接任他工作的,是刚从伦敦回国的夏目漱石。除了夏目漱石,还有风趣幽默的上田敏和亚瑟·罗德。夏目漱石在留学期间吃不惯英国菜,发牢骚抱怨说:"伦敦有五百万人,我就是五百万油粒中的一滴水。"

八云离开东大后,很是伤心。随后,他开始着手创作怪谈《无耳芳一》。八云对街上的动静很敏感,但是对秘密召开的教授会却无从听闻。对于教授会,他犹如《无耳芳一》中的芳一,削掉了自己的耳朵,对此充耳不闻。那段时期的八云,每天听着知了的鸣叫声,晚饭吃面包和牛奶。橱柜里有威士忌,有时八云会喝一点。一次,八云带一雄路过火葬场,他指着眼前高耸的烟囱低声叹道:"将来的某天,我也会化作青烟四散消弭。"

节子说,八云喜欢的东西是"西方、夕阳、夏天、大海、游泳、芭蕉、杉树、寂寞的墓地、虫子、怪谈、浦岛、蓬莱等"。其实,八云内心深处,最渴望的是拥有一片净土。

从东大辞职一年前,八云发表了小说集《古董》。其中,有篇名为《茶碗中》的短篇小说。内容梗概大致如下:

有个名叫关内的武士在茶馆喝茶时,看到黄澄澄的茶水中倒映出陌生人的脸庞。陌生男子面容姣好,如女性一般温柔似水。关内不管不顾,妄自喝下了这杯茶水。傍晚,关内来到佐渡守府邸值守,看到一名可疑男子潜入府邸。这名可疑男子,正是茶水中出现的男子,他低声说道:"今日初次见面,请多关照。"关内怒从心起,抡起短刀刺入男子喉中。对方随即跃上墙头,消失得无影无踪。

第二天晚上,关内回到自己家中。入夜时,有三名武士前来敲门。他们对关内说:"昨夜你用刀刺伤了我们主人,伤得很严重,必须卧床治疗。但是,我们下个月十六号之前一定要把事情办完,在这期间,就请你代劳了⋯⋯"关内听完,拔出短刀斩向三人。三名武士纵身飞上墙壁消失不见。写到这里,八云说:"剩下的情节,就请读者自行大胆脑补吧。"

八云先生打开碗盖后,说过"鱼在哭泣"。读过这篇短文后,我的脑海里猛然浮现出这句话。八云竟然能够从碗和茶杯中想象出一些奇闻怪谈。很多外国人吃日本料理时,一般在意的是其摆盘、菜品搭配和味道的好坏。而八云的眼中没有这些,他把注意力放在了一般人想不到的地方,并以此来创作故事,可见八云的确异于众人。

意识到这一点,重新看《怪谈》就会发现,其中的每篇文章或如波涛,或如清风,都有其独有的声音。除此之外,八云还是英译芭蕉俳句的第一人。例如俳句"古池蛙跳落水声",八云翻译为:"Old pond, frog jumping in, sound of wave."后来,爱德华·森德斯蒂克(Edward G.Seidensticker)重新翻译为:"The quiet pond/A frog leaps in, The sound of the water."美国的教科书中收录的是森德斯蒂克(Seidensticker)的翻译,但窃以为,八云的翻译比较妥当。当然,这也只是仁者见仁,智者见智。

八云晚年时养了一只金琵琶。每到傍晚时,金琵琶就会大声鸣叫。八云听着金琵琶的叫声,寂寥之情油然而生:"那么小的虫子,发出的声音却很响亮。听着它的叫声,我非常开心。但随着天气渐冷,它们会慢慢死去,真是太可怜了。"八云和节子约好,趁着天气暖和,赶紧把它们放生。

明治三十七年(1904)九月十九日,八云在自己家中突发心脏病。九月二十六日,八云病情好转,心情大悦,吃晚饭时谈笑风生。突然间,他低声说了一句:"好像又要犯病了。"接下来,他倒了四分之一杯威士忌,加水兑好,走进里屋。随后,果然心脏病再次发作。但这一次,命运之神没能眷顾他。

八云的遗体埋葬在杂司谷的公共墓地。据说,节子每天都会在家中的佛龛前摆上面包,以此来祭奠他。

坪内逍遥

(1859—1935)

日本岐阜县生人,创作了日本近代第一部文学评论《小说神髓》,同期发表小说《当代书生气质》,在当时引起热门话题。在东京专门学校(后来的早稻田大学)开设文学系。除此之外,在翻译、剧作等方面也颇有建树。

坪内逍遥

牛肉火锅带来不良风尚

新时代风尚的发展，最初是从料理开始的。想要开拓新艺术，必须了解那些暴发户的饮食品位（无论好与坏），必须具备从不断变化的舌尖味觉预见风雨飘摇的世间万象的能力。要知道，仅仅从书本知识，是难以掌握动荡的时代气息和日益妖魔化的人心世界的。俗话说得好，只有先在自己心中养起一只妖怪，才能变成十足的坏蛋。

明治十八年（1885）六月，坪内逍遥（二十六岁）发表了长篇小说《当代书生气质》，在社会上引起广泛反响。他发表这篇小说时使用的笔名是"春乃家胧"。小说描述了学生们恣意奔放的青春。血气方刚的他们，吃下了奇奇怪怪的料理。书中人物有艺人和爱说大话的学生。小说问世后，人们感叹说："这样的坏学生出现之时，就是世界末日到来之际。"日本国宝级生物学家野口英世读完这本"不良学生小说"，自我反省道，"生活绝对不能如此堕落地过"，继而更加发愤苦读。

小说《当代书生气质》中，许多场景都发生在牛肉店。寄宿家庭主妇做的菜难以下咽，学生们便约好一起去吃牛肉。牛肉店位于街道正中间。学生们到了店里，点了大份牛肉，热火朝天地开始吃了起来。小说中出现这样的对话：

（进店）老板说："欢迎光临。"

女服务员:"想要吃什么呢?"

须:"牛肉火锅搭配米饭。喂,要喝酒吗?"

宫:"随便。"

须:"来一瓶啤酒。"

女服务员:"好的,知道了。"

(传菜)女服务员说:"新来两名顾客,牛肉火锅和酒下单。"

小说中,学生们除了牛肉火锅之外,还会吃其他各种价格不菲的食物。例如"竹皮包裹的荞麦馒头""煎烤茄子晚餐""茶餐厅的泥鳅盖饭""点心面包""红小豆汤每人十一碗"。他们有时也会去上野池边的荞麦屋莲玉庵喝酒。身为学生,却吃得如此奢靡,别说是野口英世,任谁都会反感吧。

逍遥患有胃病。他从二十四岁时就饱受胃肠炎困扰,平时尽量吃粗粮。逍遥是美浓岐阜县生人,只身来到东京后,身上没有太多钱。坪内逍遥当时是作为美浓的优秀选拔生来到开成学校(明治十年改为东京大学)读书的。他一心向学,几乎不通人情世故。而他的同窗高田早苗平时经常吃牛肉火锅,花钱也大手大脚。高田早苗后来成为早稻田大学的校长,并担任过文化部部长。逍遥笔下的纨绔学生并不是他本人,应该是高田早苗吧。

小说《当代书生气质》出版三个月后,他以坪内雄藏之笔名创作了《小说神髓》。这部文学评论被誉为日本现代文学的奠基之作,指引了日本文学的前进方向。逍遥自出道以来,身上就有着不良作家和文艺理论家的双重属性。这两部作品问世的翌年,即明治十九年(1886),逍遥和根津花柳巷出身的娼妓森(花名为花紫)结婚了。逍遥的亲人们强烈反对这桩婚事,但逍遥置若罔闻,不为所动。逍遥和森的婚后生活幸福美满,每一天都过得有滋有味。但是,人们背后却无端说起他们的闲话。说是什么"天真无邪的书生被狡猾的娼妇迷惑",想来也很是可笑。

婚后第二年，即明治二十年（1887），逍遥工作繁忙，精神长期处于疲惫状态下，引发了胃肠炎，并进一步恶化。明治二十一年（1888），逍遥备受疾病困扰。明治二十二年（1889），逍遥在写完小说《细君》后无奈弃笔休养。此时的逍遥，才刚过三十岁。

明治二十一年（1888）的日记中，记录了一段有关料理的内容：

冈崎日式餐厅门外薄雪堆积。我在二楼吃饭会友（谈及蘑菇的话题）。大阪北部市区曾根崎新地有一家名为"出连"的酒楼。住吉天王寺的餐厅会在食客们眼前烹制鲜鱼。这儿的鸡蛋、蘑菇和醋拌凉菜都很好吃，还有好多坛酒，大家可以尽情地喝。难波新地酒楼是大阪的八百善餐厅（旧时高级江户餐厅），这里做的炖甲鱼勉强算作美味。值得一提的是，这儿的餐椅又脏又乱，和东京山谷的八百善餐厅比起来，还差得很远。大阪千日前"榛半"餐厅的鳗鱼味道很不错，但是汤汁辣得很。神户西餐厅的特色料理味道比较奇怪。京都岚山平治亭做的日式香鱼和鲤鱼值得推荐。大阪"曙"餐厅的葛面味道一般。

逍遥去过很多餐厅，几乎对每道菜肴都了然于胸。上述记录的，仅仅是其中一小部分。

明治二十二年（1889），逍遥疾病缠身。但此时的他，仍不断到各大餐厅寻觅美食。当时他还担任《读卖报纸》的主编，固定工资加上可观的稿费，生活可谓无忧。明治二十三年（1890），他写过一篇关于餐厅评论的日记，后来在报纸的复刊刊登中。内容如下：

"睡前，我和妻子一起探讨哪家餐厅最好，经过一番讨论，最终得出以下结论：如果吃面食，首先推荐的是中华料理餐厅。这家快餐店位于东京日本桥一丁目，店内的油炸荞麦挂面和鹌鹑杂烩汤是特色；其次，推荐日本桥四丁目的岛村小餐厅，虽然只有两间包厢；再次，是与兵卫寿司餐厅。这儿的名吃是鲜虾寿司、鱼肉末鸡蛋卷和煎鸡蛋；最后，就是汤岛天神的梅月屋。这里做的红小豆汤非常好喝。"

大约明治二十二年（1889）开始，妻子森带着逍遥混迹各大餐厅吃饭。森出身花柳巷，熟稔各个餐厅，肠胃不好的逍遥跟着她，吃遍了远近知名的美食餐厅。读完逍遥的日记后会发现，逍遥是渐渐成为一个美食家的。每次到外面吃完饭后，逍遥都会和妻子对这家餐厅的菜肴味道做一番评价。

油炸荞麦挂面是用鸡蛋液裹着挂面炸制而成。逍遥尤其喜欢日本桥中华餐厅的做法。据逍遥的养女回忆道："逍遥曾说：'这家餐厅对孩子来说，太过奢侈。'所以，他从来没带我去吃过，只有一次打包带回来，我尝了尝。""这样的美味，我只是听过，没有见过。它看起来非常柔软，非常好吃。"（选自《父亲逍遥的背影》）

回到家中的逍遥，不像大多数明治男性一样飞扬跋扈。他和妻子森几乎不怎么吵架。他对家里的女用和书童也很好。为了方便女用做饭和干活，他在早饭时间七点之前都窝在卧室，晚上一过九点就立即回到自己房间。

妻子森很会做饭。哪家餐厅一上新菜，她就会带逍遥去尝鲜，然后回到家中效仿着做出一样的味道。逍遥每次都开心地吃个精光。

鲷鱼面是妻子森独创的美食之一。挂面上卧着煮熟的鲷鱼，汤汁浸满饭碗。女用做好菜后，森一定会再次进行调味。逍遥在家里最喜欢吃茶碗蒸、鲷鱼鲜贝清汤面。早饭通常吃吐司面包。

逍遥吃的吐司面包是从神田精养轩买的。这里的吐司面包选用小岩井农场的黄油做成。每天吃的面包，都是逍遥亲手烤的。他先把火盆的火堆均匀摊平，然后把面包周身涂满黄油，放在烤架上一直烤到面包表皮呈现出狐狸毛色一般的焦糖色为止。逍遥喜欢自己烤面包，有时妻子森想帮他，都会被他拒绝。面包烤好后，他的心情会变得非常好。逍遥晚年生病卧床时，也坚持每天早晨吃烤面包，逍遥总对别人烤的面包不满意。如果烤不好，他就不吃。

逍遥和森没有自己的儿女，而是领养了四个孩子。长子大造是坪内本家长兄的孩子；次子士行是逍遥哥哥的孩子；长女春子是森的侄女；次女国子是鹿岛清兵卫的第二个女儿。大造和春子长大后结婚了。逍遥原本打算撮合次子士行和次女国子结婚。孩子们虽然是领养的，但是让他们分别结婚，这样的想法听起来十分荒唐。士行去美国留学，然后到英国重修演员素养理论。后来，他带着一个在伦敦卖花的女人回到日本，举行了婚礼。最后，他和逍遥断绝了父子关系。再后来，士行和卖花女离婚了，又和宝冢剧团的女演员云井浪子结婚，在早稻田大学担任教授。

士行说，养母森很小气，她从来不会做可口的饭菜给孩子和用人们吃。而逍遥就大方得多。有时，逍遥家的饭前小菜只有两片日式酱菜咸萝卜。士行的亲生母亲也感叹说："士行真可怜，整天被那个泼妇欺负，她最起码该给孩子吃一枚鸡蛋呀。"森的赎身费是六百日元，逍遥出了一半，剩余一半是森自己拿的。婚后，森在临街的一大片土地上盖起了大杂院，出租房屋来赚取租金。她还在空地上养鸡，然后卖鸡蛋赚钱。总之，森不会放过任何生财的机会。

坪内家的书童大都因肺病早早去世，大概与常吃粗粮有关。士行回忆说："森可不只是没学问、没有教养这么简单。所有女性身上的缺点在她身上一应俱全：猜疑、忌妒、爱慕虚荣、倔强好强、爱攀比等。而且，森的这些缺点比别人更有过之而无不及。"（选自《逍遥夫妻的杂说纪》）森一直担心自己出身花柳巷的不堪经历被人挖出来，所以一直用倨傲自大的态度和行径来掩饰。对此，士行感慨地说道："明治时期文艺界的三大恶婆，是'默阿弥的女儿、二代目市川左团次的夫人和森夫人'。森夫人或许日夜承受煎熬。她虽然逃离了肉体的苦海，却陷入了更加痛苦的精神世界。"

森夫人唯一能够依靠的，只有逍遥一人。每当有人调侃她做艺伎的出身，逍遥都会保护夫人，夫妻如同鸳鸯一般恩爱有加。森夫人只给逍遥一个人做美食，对书童和养子不管不问。

明治二十三年（1890），逍遥在东京专门学校（之后是早稻田大学）开设文学专科。明治二十四年（1891），逍遥创办杂志《早稻田文学》，发表《莎士比亚剧本评注绪言》，并在杂志《堰水栅草纸》上就理想主义文学与现实主义文学问题与森鸥外展开激烈的辩论。

　　德国归来的森鸥外喜欢与人辩论，不在乎周围人的眼光，是一位暴脾气的医生。说起森鸥外和逍遥之间过节的渊源，还颇为有趣。当初，逍遥前去森鸥外的家中拿《早稻田文学》的原稿，临走时没有品尝森鸥外母亲专门为他做的荞麦面。"妈宝男"森鸥外生气地喊道："你竟然没吃我妈妈做的荞麦面？"顽固的逍遥当场拒绝了他："我和朋友约好过会儿一起吃饭，所以就不吃了。"依照逍遥专业美食家的角度来看，"荞麦面当属上野莲玉庵的最为正宗"。这些普通人做的荞麦面根本无法勾起他吃的欲望。这或许才是他内心真正的想法吧。

　　最后，森鸥外以绝对的优势获得了这场辩论的胜利。逍遥彻底败下阵来。逍遥把《早稻田文学》作为教授学生的教材，意在避开杂志中充斥的杂言乱评。

　　明治三十二年（1899，四十岁），逍遥的神经衰弱愈加严重，彻夜失眠，他不得不服用安眠药才能睡着。明治三十六年（1903，四十四岁），逍遥在参加尾崎红叶的葬礼中突发脑溢血。

　　据逍遥在明治三十六年（1903）一月到四月的日记内容记载，妻子森患有癔症，有时发起病来连自己是谁都不知道。同年十二月，逍遥不得已辞掉早稻田大学的校长职务。当时的他，在神田买麦芽糖、饼干，在名古屋买名吃红紫苏梅粉和青叶吃吃。外出时，他打算住在宫城县盐灶市的旅馆中。或许是家中的饭太好吃的缘故，他觉得当地的食物太难吃了，无论吃什么都尝不出美味。后来，逍遥来到松岛一家萧条的中餐厅吃饭，他觉得这里干什么都不方便，也没有美食让他留恋。于是，断然决定不做逗留，直接前往国府津。明治三十六年（1903），逍遥的身体状况越来越差，日记的内容也越来越少，对食物的兴趣已不再似从前那般跃然纸上，对难吃的食物更加排斥。

受妻子森的影响，逍遥开始尝试各种食物。自从森患有癔症后，她的身体也大不如前。即便如此，这对夫妇依旧倔强地品尝各种高级料理，就算是补充营养吧。逍遥努力克服身体上的不适，开始做一些力所能及的工作。

明治四十二年（1909，五十岁），逍遥在自己的地界上成立了文艺协会演剧研究所，终于如愿以偿地开始翻译莎士比亚文集。逍遥经常请研究所的同事到附近餐厅吃关东煮，或为大家点西餐外卖。小气的森夫人掌控着家里的经济大权，舍不得花钱。但是逍遥点了餐，森也不好直接当客人面拒绝。逍遥很大方，喜欢请人吃饭。

于是，森和家里的女用商量好接待客人时的暗语。当家里来人时，如果森说："来点儿喝的或别的什么……"表示要上红茶和糕点。如果说："来点儿喝的……"则只需要上红茶就行了。

逍遥的剧作第一次在东京座上演时，反响相当不好。逍遥把演员们叫到鱼十茶屋，从头到尾点评了一番。即使严厉地批评了同事，他也会请大家吃饭。这是逍遥特有的工作作风。

逍遥喜欢吃鳗鱼饭。在东京工作时，他会让桥本餐厅送鳗鱼饭外卖过来。服部嘉香回忆道："平常先生会和夫人一起吃一份饭。先生吃饭的速度快到令人吃惊，或许是性急吧。粥和糕点很快就吃完了。总之，先生是一位大胃王。他吃饭时筷子飞舞，时而低头不语，时而仰起头大嚼，面对着满桌菜肴，仿佛像面对一件件艺术品一样。"（选自《坪内先生的可见和不可见》）八木淳一郎也回忆过逍遥吃鳗鱼饭的样子。以前，逍遥吃完鳗鱼饭后，会直接吃生巧。患胃病后，逍遥要先吃胃药才能再吃其他点心。

逍遥和岛村抱月、后藤宙外曾一起在热海的别墅中工作。他们把会客室改成采编室，三人一起为《早稻田文学》冥思苦想。他们每天都吃鲷鱼天妇罗。后来，鲷鱼天妇罗在当地成为人人追捧的名吃。

逍遥的朋友西村真次是一位名副其实的美食家。他很怀念旧时在逍遥府邸吃过的咸鱼子干。他一见到逍遥就会问:"还有咸鱼子干吗?"分开后不久,逍遥便会派人送去,并附上字条:"长崎朋友带来的礼物,送你一点。"西村羞愧地说:"先生太客气了,这肯定是专门为我拜托别人从长崎寄来的。为了不让我难堪,非说成是别人送他的礼物。"逍遥对朋友体贴入微。特别是美食,总希望和大家一同分享。

逍遥有一篇随笔,题为《人生道乐》。内容如下:

"所有人都一样,无论讨厌还是喜欢,只要活着都必须吃饭、喝水。略作思考,我按照人们对待饮食的态度,分为三种不同的饮食理念。有的人吃饭只是为了活着、填饱肚子。正所谓饥不择食,不管三七二十一什么都能塞进肚子里,根本不去好好品味,更没有时间顾及卫生或者营养搭配。如此饮食权且称作农夫式饮食,虽然吃饭的意义淡薄,但是很实用。

第二种饮食理念注重营养平衡、味道、消化和价格四个要素。

这些食客不再是单纯地为了活着而吃饭。他们的目的是健康、强身、简单和快乐。和第一种食客相比,他们的日常餐饮内容丰富,且具有一定的目的性。因此,第二种饮食理念在某种意义上更具实用性。但是仔细想想,也只不过是比普通食客高级那么一点。

还有第三种食客,他们是讲究吃喝的贵族派,只关注味道,寻常菜肴并不能满足他们。

贵族派食客不再追求咸鱼子干、海胆和咸海参肠等山珍海味。只有那些真正能刺激到味蕾的美味才会令他们开心。普通人追寻芳香熠熠、沁人心脾的美食。但是,效仿古人做派的照烧辣椒,火辣辣的味道才会让人的味蕾铭记。有时,历经千辛万苦却吃到假的美食,大脑、肠胃受损,甚至会危及生命。"

随笔里总结的三种饮食理念,正是逍遥寻觅美食的心路历程。初到东京、生活窘迫的逍遥满足于粗茶淡饭,在小说《当代书生气质》中以轻蔑的口吻描写那些吃牛肉火锅的不良学生。后来,慢慢攒了一些钱，给娼妓花紫（森夫人）赎身。再后来，受森夫人影响，大吃特吃，对西餐等各种新式料理萌发出了无休止的兴趣。

森夫人为了迁就逍遥脆弱的肠胃，对各式美味进行了改良，没想到竟然带动了餐饮的新风尚。逍遥心中有数，始终没有沉溺于美食中不可自拔。逍遥写道：

"对待人生如同品尝一道美味，不可能总是一味地享乐或者受难。人生的酸甜苦辣被大众批判、解释或者唱说；人生的真谛、奇闻、趣事也任由他人玩味……从看客的角度而言，我们每个人不正如等待被烹制的食材一样吗？或者说山珍海味无非是爱吃者的钟爱之物，可在尝过之后，也变成了排泄物。当然每个人都会各自思考，这是一个悬而未决的问题。但可以说，某些问题都由此衍生而来。"

上述的"某些问题"指的是岛崎藤村的小说。明治四十年（1907），藤村在《文艺俱乐部》上发表小说《路旁的树》。逍遥对小说中阐明的观点进行了反驳。

逍遥的著作《小说神髓》开创了日本近代文学的先河。而藤村打着自然主义的旗号，在小说中大肆宣扬朋友之间的出轨、爱欲情仇和暴力。逍遥以美食为素材做文章，批判了藤村的作品，这也是他做文艺时评的初衷。逍遥内心不允许任何人以文艺创作的形式侮辱人世间的一切。

大正九年（1920，六十一岁），逍遥搬到热海水口村的别墅"双柿舍"居住。晚年创作的和歌集《柿红叶》带着恬淡的生活气息。摘录以下和歌供做参考：

鄙视假冒的西餐厅　热海土著美味最地道（热海有很多餐厅徒有虚名，特别是西餐，没有一家好吃的餐厅。表达了逍遥不满的情绪。）

难以停止的美味　送给演博品尝最为称心（"送礼物的致辞"）

喜欢鳗鱼的程度　以前开始就是隔月二三串（很喜欢吃鳗鱼，但

是每二个月才吃一次）

不喜欢的事物排行榜：第一，旧时点心、各式罐头；第二，煎茶、胡乱翻译（逍遥讨厌点心和罐头，但更讨厌随意胡乱翻译的文字。）

棒球手的汗水挥洒不尽　老朽的肚腩瞬间干瘪空空（逍遥生病的状态）

各式美味，比不过老友间的谈心最令人期待（昭和元年，在"羊"餐厅和早稻田大学毕业的朋友相谈甚欢。）

年轻时的逍遥，是名副其实的大胃王。年过七十岁后，食量开始下降。年轻时的逍遥吃饭狼吞虎咽、精力充沛，写了许多作品。老去的逍遥，在各个领域的成果也逐渐减少。结婚后，逍遥把事业重心转向演剧改良运动和文艺协会公演上，这也许是受了妻子的影响。如果森是良家女子的话，或许，逍遥会取得更大的成就吧。

逍遥深知吸烟有害健康，晚年后绝不再碰烟。他曾打算劝妻子戒烟，但又觉得："妻子如果不吸烟，会感到很孤单，还是算了吧。"这是逍遥疼爱妻子的一种表现。或许在他心里，更希望妻子不用取悦大众，永远率性而为。昭和十年（1935），逍遥结束了七十五年的生命长河。据说，他不忍心让妻子森看他病痛而伤心，选择了自杀。

逍遥去世的前年六月，第二次因肺病卧床休养。当时他创作的和歌如下：

老朽我治病后如同儿童　百无聊赖日日只为果腹
一日三餐餐餐饱受限制　每日只能选择特定餐饮
喝茶后更是辗转难眠　曾为美食特意外出追寻
早晚青菜中午火锅即可　身体懒惰或因体干无力

逍遥在去世的前四天，喝了少量的白葡萄酒和果汁。负责给逍遥看病的岩田畯医生这样说道："在半梦半醒之间，逍遥走向了往生。"

二叶亭四迷
（1864—1909）

生于东京。就读于东京外语学校俄语系，攻读俄罗斯文学专业，翻译了屠格涅夫的《猎人笔记》等著作。代表作有小说《浮云》《其面影》《平凡》等。从圣彼得堡回国途中客死他乡。

二叶亭四迷

滴酒不沾的豪爽男子

二叶亭四迷原名长谷川辰之助，笔名二叶亭四迷，音同日语古语中"见鬼吧"一词。据说，二叶亭的父亲认为写小说是不正经的营生，经常骂他"见鬼去吧"。因此二叶亭以自嘲的口吻选择了这个笔名。其实，二叶亭四迷的父亲是一位温厚笃实的幕臣，当然不会骂骂咧咧，他只是固执地认为当文人雅士不好。当时，文人墨客的笔名大都比较时髦、顺耳。比如，坪内雄藏的笔名是逍遥，尾崎德太郎的笔名是红叶，山田武太郎的笔名是美妙等。而二叶亭的笔名，则有着江户恶作剧一般的戏谑风格。虽然笔名令人感到好笑，但二叶亭的《浮云》这部杰作问世后，其他文人无不竖起大拇指。关于二叶亭的笔名，森鸥外曾这样说道：

　　"文人们可以选择一个普通的笔名。但是，二叶亭的笔名却充满着嘲讽。从古至今，哪怕是将来，任何一个国家都会有文人选择与身份悬殊的笔名来进行写作。但是'浮云、二叶亭四迷作'这八个字却十分矛盾，像是稀有的时代错误，就让它们永驻文艺史吧。"（选自《长谷川辰之助》）

　　文久四年（1864），二叶亭四迷出生在江户市，四岁时赶上明治维新。父亲吉数是江户临界尾州藩士，一家人搬至名古屋。明治八年（1875）战争爆发，日俄签订《库页岛—千岛群岛交换条约》。受时局刺激，二叶亭立志将来要当一名军人，保卫国家不再受俄国侵犯。考大学时，二叶亭以陆军士官学校为第一目标，但三年奋战最后落榜。

落榜后的二叶亭选择退而求其次，于明治十四年（1881）考入东京外国语学校俄语系学习俄语。师夷长技以制夷，要想对付俄国，必须先要掌握对方的语言。在学习俄语期间，二叶亭逐渐喜欢上了俄国的文学。正所谓有心栽花花不开，无心插柳柳成荫。明治二十一年（1888，二十四岁），二叶亭翻译了屠格涅夫的著作《猎人笔记》，这是日本第一部意译西方文学的作品。在此之前，二叶亭曾当面向逍遥口译过果戈理的文学作品。最初，二叶亭的著作《浮云》是在坪内逍遥的举荐下出版的。作品出版后获得大众好评。但真正确立其文坛地位的，是译著《猎人笔记》。

明治二十二年（1889）之后的八年间，二叶亭供职于政府内阁公报局，每月薪水有三十日元。后来，二叶亭辞去了内阁公报局的工作，装成中国哈尔滨德永商店的顾问秘密潜入了俄罗斯。

二叶亭从哈尔滨动身前往北京，托故友川岛浪速的关系在北京京师警务学堂谋得一份差事。川岛浪速是间谍川岛芳子的养父。明治三十五年（1902），二叶亭三十八岁。

二叶亭回国后，进入大阪朝日报业工作。明治四十一年（1908），作为新闻特派员前往俄罗斯首都圣彼得堡，回国途中，在孟加拉湾不幸去世。

二叶亭的人生犹如一部冒险小说，充满着跌宕起伏。身为明治时代的男子，二叶亭血气方刚。二叶亭身材高大，身高六尺，是一位美食家，特别爱吃。据女儿片山回忆："一句话来概括，我父亲身边总是围绕着不幸。我想，这句话才是我父亲生活的真实写照。"

明治三十二年（1899），二叶亭搬到本乡区森川町十七番地居住。这里是他自家的宅基地。不远处有一家三浦西餐厅。二叶亭常去三浦屋吃西餐，每晚在自己家中吃寿喜烧。

二叶亭在北京京师警务学堂上班时，掌管着全体警察的统辖大权。每期培养大约四百名学生，毕业生会成为上级警察官。当时的同事阿部精一回忆道：

　　"二叶亭相当能吃。在北京居住时，我和二叶亭还有久松都是单身汉，我们仨一起吃过饭。当时，有朋友从天津寄来了牛肉、鲷鱼等新鲜食材，久松做菜，我们一起吃。二叶亭说：'咱们仨以后做饭，我负责买菜，久松君负责做，你就只管吃就好了。'后来，我们还一起吃过刺身、寿司、牛肉火锅等各种美食。我作为一名资深吃货，远远不及大胃王二叶亭。"（北京警务学堂的长谷川君）

　　女儿雪子也曾说："我父亲特别爱吃牛肉火锅，每天晚上都要吃。他自己吃倒也无所谓，当走廊里走来一只小狗，他就顺手丢过去一块肉。附近邻居的狗闻着味儿来了两三只，也一样喂给它们肉吃。有时，父亲还会给小猫崽喝牛奶、吃米饭。父亲和人不太亲近，却很疼惜小猫小狗。"

　　二叶亭的父亲非常俭朴，他花钱却大手大脚。有时身上没钱，也热情地招待客人。二叶亭是独生子，却喜欢帮朋友照看小孩。他生活中特别喜欢小狗。他性格开朗，为人处世颇有领导范，朋友们对他很尊敬。

　　二叶亭在政府内阁公报局工作时，和第一任妻子常子结婚并生下了两个儿子。三年后，两人离婚。离婚的原因，是二叶亭铺张浪费的坏习惯。一般来讲，如果丈夫喜欢浪费，而妻子懂得节约，两人也可以勉强度日。但是据常子讲，二叶亭是毫无节制的浪费，常常导致生活陷入窘困境地，甚至没有钱给孩子们买布料做衣服。离婚的时候，二叶亭三十二岁。他想过要赚钱，于是，翻译了文集《单恋》，由春阳堂出版。对于翻译和小说，二叶亭有过如下表述：

　　"写小说不是我的本意，我只是为了赚钱而写。一味地说写小说是为了满足个人生存所需，这是毫无责任的人的论调，但也不是说不承担责任。我生性待人待事认真，不喜欢马虎应付。如果翻译，就一定拿出全部精力，胡乱写一通不是我的作风。翻译俄罗斯小说时，我会对照英译本和德译本，尽量忠实地还原原文的意思。这段时期创作的《其面影》《平凡》，虽说是为公司效劳而写，但出发点绝不是仅此一点。毋庸置疑，对我而言，写作是深思熟虑的创作成果。最近我在翻译安德烈夫的《血笑记》。总之，我想表达的是：创作小说不是我本来的职业，但绝不代表我的写作是无责任、无意义的东西。"（选自《难以无责任执笔的生性》）

无论吃饭还是工作，二叶亭都竭尽全力。二叶亭有维新志士一般的豪气，崇拜西乡隆盛。二叶亭大口吃饭、全力工作，人生的志向是当一名军人，写作只不过是生存的手段。虽然一心想要成为军人，到头来却成为了一名文学家。二叶亭明明不是很喜欢文学，却勉强自己成为文学家，二叶亭的内心也很煎熬吧。据说，二叶亭曾经不止一次对挚友内田鲁庵说过："我右手拿算盘，左手拿刀剑。背上挂着东亚地图，怀里揣着人类学。"

鲁庵曾经这样回忆道：

"二叶亭非常喜欢抽烟，但是滴酒不沾。但他竟然跟我说，我不是不懂酒，反而觉得酒很美味。虽然我俩关系亲近，却很少一起吃饭。具体记不清什么时候了，大概很久之前，我们一起吃过饭，他问我说：'要喝酒吗？'我回答说：'我不喝酒。'一听到我这样的答复，二叶亭立马很神气地说：'男人不喝酒简直太不像话了。'我原本一个人时，是不喝酒的。如果陪别人喝一点酒，也是没有问题的。当时我陪着二叶亭喝酒，一两杯下肚后，他就醉倒了。而我呢，一点事儿都没有。"

二叶亭性情豪爽，却不胜酒力，有着一身文艺气息。他喜欢劝朋友喝酒。正因为如此，他去了俄罗斯之后，交到了很多朋友。学生时代，二叶亭就拿父母的钱请朋友们吃饭。父母常常骂他："你什么时候可以自己赚钱呢？"文艺工作不赚钱，这也是二叶亭不喜欢写作的原因之一。

第二任妻子柳子曾回忆说：

"二叶亭滴酒不沾，但是很喜欢吃甜食。他不太喜欢普通的甜点，只吃最甜的点心，晚上经常会挑上几块甜点心带到书房吃。除此之外，他还喜欢喝茶。每晚十点过后孩子们都睡了，家中一片安静时，他就开始煎茶喝。有时为了能全身心投入写作，二叶亭选择自己独居。有时寂寞了，会找我聊很多，当然都是些稀松平常的话题。二叶亭还喜欢吸烟。不吸烟时，左手上也一定要拿着烟卷，否则就无从下笔。"（选自《我的丈夫——二叶亭的生平》）

二叶亭讲究吃喝，也经常琢磨如何赚钱。有一次他认真地说："如果有人资助的话，我想在海参崴开一家妓院。"听到此言，鲁庵和校友日向兵利卫无言以对。二叶亭的理由是，经营妓院的第一要务是赚钱，同时又可以让很多日本女性漂洋过海来到俄罗斯落脚讨生活，然后改头换面成为良家妇女，还可以传播日本文化，方便日俄交流，为抵制日俄战争做贡献。对此番言论，中村光夫说："明治三十四五年，日俄战争爆发迫在眉睫，很多人都心事重重，非常压抑。即使我们是过来人，但感觉这场战争非常危险，日本胜算不大。待快要开战时，更加意识到这是躲不过的劫数。"（选自《二叶亭四迷传》）

明治三十七年（1904）二月，正如二叶亭预料的一样，日俄战争爆发。当时，二叶亭刚从北京回国待了一年，已经年满四十岁了。回国后，在池边三山的推荐下，来到大阪朝日报社工作，作为东京特派员，每月领取一百日元的薪水。当时的工作很累，每晚都忙到深夜两三点。也就是从这个时候开始，二叶亭的身体开始垮掉，一度因脑梗死晕倒不省人事，被送进医院接受治疗。

身体恢复后，二叶亭开始翻译托尔斯泰的著作。之后在《新小说》上发表了迦尔洵的译作《四天》。明治三十八年（1905），相继在

《文艺界》上发表屠格涅夫的译作《不知道》，在《新小说》发表迦尔洵的译著《露助的妻子》，在杂志《太阳》上连载《犹太人的浮世》。在这期间，二叶亭没有完成朝日报社的新闻纪事工作，为此从大阪朝日报社辞职，随后展开《中国东北地区实业简介》的编写工作。简介内容类似于农业考察报告，记录了中国东北地区的面积、人口、耕地、荒地和农产品的详细情况。

以下是关于蔬菜的介绍：

"蔬菜　中国东北地区的蔬菜种植范围广，其中产量最多的是葱、蒜、白菜等多种农作物，现摘录主要产品列记如下：

马铃薯、芜菁、白菜、菠菜、萝卜、胡萝卜、葱头、芹菜、茄子、青芋、香瓜、冬瓜、丝瓜、黄瓜、西瓜、癞瓜、葫芦、吊瓜、芥菜、香菜、笋、百合、黄木、白木、木耳、红茄子、莴苣、紫甘蓝、菊芋。大凌河东面十三山附近种植的马铃薯最为出名，营口居住的欧洲人视之为珍宝……"

这样的简介内容犹如学术报告一样，烦冗复杂，最后，二叶亭决定不再编写此类文章。他回忆道："好不容易开始写，很多才华都埋没了。"但是，也只有二叶亭才会对中国蔬菜有这么多的兴趣，这并不是因为想吃，才会专注写作蔬菜和农作物。

随后，二叶亭在东京朝日报纸上开始写连载。明治三十九年（1906）十月，开始创作小说《其面影》。明治四十年（1907）十月，开始写连载《平凡》。《平凡》是一部回忆体小说，二叶亭借作品回忆自己的文学生活，同时也列述了自己对文学的怀疑。

小说《平凡》以"我今年三十九岁了"开始，书中对主人公的描写是："我从事务所回家的路上拎着竹皮包，包里装了两片鲑鱼肉，看似普通，对我而言却是一种安慰。"二叶亭喜欢美食，也很能浪费。"两片鲑鱼"这样的词句和他极不相符。文中描述的悲惨生活反映出二叶亭宽广的胸怀。

《平凡》是一部杰出的言文一致体小说①，现在看来仍不失其趣味性。

　　在二叶亭的笔下，小说中孩子撒娇想要买东西的画面变得活灵活现。例如："小男孩和奶奶撒娇说，家里有很多点心我都不喜欢，我只喜欢这个。这个点心家里没有，我只要一文钱的。我让妈妈买她不同意。所以才来找奶奶，起初奶奶有点儿犹豫，当被孩子缠住脖子奶声奶气地央求了几声后，奶奶就乖乖地给买下了。"

　　这段描写小男孩的形象具体生动，让读者不禁心生疑窦，这是少年时代的二叶亭吧？这样的写法兼具假设性的想象，但并不是二叶亭独创，是托尔斯泰常用的写作技巧。除此之外，还有以下段落：

　　"那天，母亲亲手做了鲣鱼干鱼松饭，我很喜欢吃。但是当我最喜欢的小狗走来时，我忍痛割爱将大部分饭喂给小狗，剩下的饭再好好地装入便当盒。"

　　二叶亭特别喜欢小狗，小说《平凡》中经常提到狗。例如："在和泉桥旁边发现了一只流浪狗，它和我家里养的小狗很像，于是，期待着第二天也能见到它。

　　第二天，我来到路边的小吃摊买烤鸡肉串，为了等小狗出现，我买了十五根烤串。慢慢地下起了雨夹雪，夹杂着凛冽的寒风。我站在寒冷的桥洞边，左手握着烤肉串，右手撑着雨伞，只想在雨夹雪中想等待得更久一点。可是等了很久，昨天的小狗也没有出现。倒是来了别的小狗，我便把手中的烤串扔给它们然后自己回家了。"（选自小说《平凡》段落荟萃）

　　小说《平凡》中有一位名叫雪江的姑娘，妩媚妖娆。"我"经过雪江家门前时，雪江打开窗户对"我"说："今天我家没人，就我一

---

① 指日语中使口语和书面语一致的文体。

人在家看门，进来坐坐吧。""我"想，趁这个机会可以跟雪江亲密接触。于是，我答应了她的邀请，走进家门后发现雪江正蹲在地上吃芋头。我进入她的房间后，全身燥热难耐。这时，雪江递给我一块烤芋头，还说："男孩子这样放不开可不好啊。"我伸手去拿芋头，结果指尖颤颤发抖。雪江一边看着我，一边说："手怎么抖成这样？"结果她自己慌忙中塞进了嘴里一大口芋头，还说："哎呀，糟糕！连皮也吃进嘴里了，应该剥皮吃的。"说着，便用纤细的手指开始剥皮。

二叶亭精练的写作手法使得小姑娘奔放热情的个性显得淋漓尽致，完全看不出这是一个性格豪爽的男人之作。小说写得如此细腻，当不了军人也是情有可原的。《平凡》出版后大获好评，作为嘉奖，朝日报社任命二叶亭为新闻特派记者，前往战后的俄罗斯取材报道。

明治四十一年（1908）六月，为给二叶亭送行，三十九名文人相聚上野精养轩，举办了大型欢送宴。到场的人有坪内逍遥、内田鲁庵、田山花袋、长谷川天溪、川上眉山、岛村抱月、广津柳浪、岩野泡鸣、后藤宙外、小杉天外、正宗白鸟、小山内薰、德田秋声、蒲原有明等。席间，大家吃着美味菜肴推杯换盏。无论是二叶亭，还是到场的朋友们，都没有意识到，这会是他们最后在一起的聚餐。

二叶亭抵达圣彼得堡后，找了个酒店住下。住宿费每晚高达五日元。后来，他又找了一家便宜的家庭旅馆，每月四十日元，含伙食费。二叶亭花钱大手大脚，身上带的钱在抵达圣彼得堡之前已经所剩无几，不得已，必须要省着花。俄罗斯属于高纬度地区，白昼时间长，到了晚上十一点左右天色才变暗，午夜两点左右，天色又开始放亮。由于不适应，二叶亭患上了神经衰弱。

通过朝日报业记者涩川玄耳的记述，可以了解到二叶亭在圣彼得堡的住宿条件。当二叶亭住进酒店，一切安排妥当后，涩川玄耳前去拜访他。涩川玄耳来到他的住处后，感慨地说道："别说是日本大文豪，就算是普通报社的通讯员也不会住那样的民宿。"民宿老板娘说，二叶亭半夜起床工作，天亮后再去睡觉，中午两点到四点之间吃第一顿饭。早饭通常是煎鸡蛋和萝卜泥。喝的茶是日本带来的，有时也喝点巧克力饮料或咖啡。晚上六点吃第二顿饭，一般是喝俄罗斯特色酸汤，不怎么吃肉，但喜欢蔬菜，经常吃生黄瓜。睡觉前喝一杯英国酒来代替安眠药，但是依然很难入睡。

二叶亭的神经衰弱日益严重。大使馆的学生从日本带来了吃的。俄罗斯的士官来到家中，二叶亭会邀请他一起喝科涅克酒。下酒菜只有一盘生黄瓜。妻子看到后，把黄瓜收了起来，说："好歹人家是士官，让士官啃黄瓜，像什么话啊！"二叶亭回应说："黄瓜怎么了？黄瓜难道是低级的食物吗？在日本这可是皇帝才能吃得上啊！"

二叶亭喝茶时一定要加柠檬。他嘴上说果酱太甜了不喜欢吃，却经常吃从日本寄来的甜纳豆和点心。二叶亭的房间里，有很多空的甜纳豆罐和甜点盒。

二叶亭身体不适时，也照样坚持工作，按时给东京朝日报社发回报道。报道内容主要是波斯尼亚和黑塞哥维那合并事由以及巴尔干半岛的形势。二叶亭经常从俄罗斯的其他编辑部获取新闻来源。一般读完早间新闻，他就会直接给国内发电报、发消息。池边三山曾回忆道："二叶亭除了没有参考《伦敦时报》的讯息，其他都参考过。"后来，二叶亭在大连编写《入俄纪》，书中内容就包括了在俄罗斯工作期间编写的新闻报道。

二叶亭靠体力支撑着工作，但是，不按时吃饭让他的身子骨日渐孱弱。他经常空腹工作，以致好几次昏倒在大街上。后来朋友们劝他戒烟。妻子曾回忆道："当时我在书信里说，你从八岁开始吸烟，现在戒除了唯一的爱好，真是太可怜了。"二叶亭在此前三十八年间从未停止过吸烟。戒烟后，他全身无力，一天能连睡十二小时。

后来，二叶亭的身体情况更差了，连续几天三十九度高烧持续不退，最后被诊断为肺炎。在大使馆和中国东北朋友们的劝说下，二叶亭很不情愿地回国了。他要先坐船经伦敦。在伦敦搭乘贺丸号时，他累得连抬头的力气也没有了，一直在头等客房睡觉。明治四十二年（1909）五月十日，经过孟加拉湾时去世。去世时，二叶亭面容安详，宛如睡着一般。

贺丸号事务长在报告中写道："船上的医生村山玄泽尽力照看先生，有专人负责先生吃饭。船长每晚都前去问候先生，特别关照先生的伙食，有粥、杂炒、牛排、牛奶、鸡蛋等。船内所有的营养品都按指示优先提供给二叶亭先生食用。"（选自《东京朝日报》）

二叶亭的遗嘱条理明晰，内容是："死后，朝日报社发放一定金额的抚恤金。家里所有成员不论年龄，按人头平均分配。"二叶亭家中有六人，分别是母亲志津、前妻常子、玄太郎和节子、第二任妻子柳子和儿子富继、健三。如果平分朝日报业发放的抚恤金，每人拿到手的很少。前妻的女儿节子说过，家里每个人都不容易。二叶亭四十五岁客死他乡，英年早逝。二叶亭四迷的大名如雷贯耳，家人在他去世后，倒不至于生活不下去。二叶亭堪称一代豪杰，心胸宽广，不拘泥小节。他去世后，家人们显得格外悲惨可怜。二叶亭生前在家做了寿喜烧也是独自享用，和家人围坐在一起吃饭的次数寥寥无几。

小说《平凡》是二叶亭的遗作，其中有段独白如下：

"很难说我们每个人都能体味到人生百态。不是每个人都有着美食家的味蕾。能很好体会到人生滋味的人，是艺术家。美食家不一定是料理达人。同样的道理，能很好地体会到人生滋味的艺术家，也不见得有一个圆满的人生。"

伊藤左千夫
(1864—1913)

生于千叶县,18岁来到东京以乳牛养殖业为生。因喜欢《万叶集》开始创作短歌。拜入子规门下后参加短歌运动。子规去世后,参与杂志《马醉木》的主编、发行工作。著有小说《野菊之墓》。

伊藤左千夫

挤牛奶的茶人

伊藤左千夫因创作纯爱小说《野菊之墓》被大众熟知。单看伊藤左千夫的名字，许多人会认为他是一个情感细腻、纯朴的美男子。但实际上，他是一位丑男。左千夫比老师正冈子规大三岁。同为正冈子规门徒的高滨虚子曾经开玩笑说："左千夫啊，是个好男儿、美男子。"两人第一次见面时，虚子四处张望，寻找左千夫，没想到自己身边粗壮如牛的丑陋男子就是左千夫。"乍一看，左千夫身材高大健硕，但脸上却经常挂着两道鼻涕。大家都开他玩笑，左千夫却丝毫不生气，总是笑眯眯的。"

《野菊之墓》是一部纯爱小说，书中讲述的是十五岁的政夫和年长两岁的民子之间的爱情故事。小说后来被改编成同名电影。民子因和政夫交往而遭到家长责骂，被迫和不喜欢的男子结婚，最后流产导致生病去世。政夫在民子墓前种下了她最喜欢的野菊。

伊藤左千夫原名伊藤幸次郎，农村出身，身形魁梧。笔名"左千夫"和他的外貌很不相符。左千夫的朋友都对他能写出如此细腻的纯爱小说感到诧异。《野菊之墓》一经发表就广受好评。左千夫从事乳牛养殖业，身形肥胖，脸色红润，眼睛高度近视，平日里一副乡下人打扮。

左千夫十七岁时（1881，明治十四年）从千叶县上总市武射郡成东村来到东京，立志成为一名政治家。最后由于眼疾放弃梦想。回乡养病后，再次来到东京，当了一名挤奶工。左千夫用平日节省下来的钱买了三头乳牛，自己动手挤奶并靠卖牛奶为生。三十六岁时（1900，明治三十三年）拜入正冈子规门下。同年，左千夫创作了著名的短歌《牛倌》：

当奶牛饲养员吟诗作歌时
新的诗歌
将出现在这世上

这首短歌充分展示了左千夫的自信。意思是，如果将来某一天连我这个牛倌也开始创作短歌，那么，迎接人们的必将是短歌新时代。正冈子规非常欣赏这首短歌，并将这位"牛倌歌人"吸纳到短歌会，对左千夫关照有加。左千夫什么都吃，没有忌口。彩云阁出版社社长冈麓曾回忆道："左千夫君年轻时身体壮硕，几乎不生病，从来不吃药。只是有一年夏天，他患了痢疾。后来，靠吃生鲫鱼片才痊愈。从那以后，他就光吃鲫鱼。"

左千夫每天挤牛奶，一天工作18个小时。为了保持体力必须吃得饱饱的。他常吃大碗儿盖饭，一顿喝好几杯牛奶。

左千夫的老师子规是理论家，自幼孱弱多病。在他看来，挤奶工出身的左千夫完全是另一个世界的人。他觉得，左千夫不懂教养，吃饭狼吞虎咽，又丑又胖，但创作的短歌充满着生活气息。左千夫拜入子规门下，对其他弟子们无疑是一种刺激。

左千夫子嗣很多，有九个女儿和三个儿子，其中四人幼年夭折。左千夫虽然是一位有名的短歌诗人，却常常为生计发愁。为此，他买了二十头奶牛。挤牛奶时溢出的奶汁让两手肿胀，他便放弃自己挤牛奶。很多朋友也说，和其他短歌诗人的双手相比，左千夫的双手厚实粗糙，一看就是农民的手。

左千夫的弟子中村宪吉回忆说："每当回想起左千夫老师，印象最深的，永远是那双肥胖粗壮、常年劳作的双手。"左千夫向茶道大师伊藤并根学习茶道，并用这双肥胖、辛酸劳作的双手泡茶。伊藤并根比左千夫年长二十九岁，是一位风流之士。左千夫写过几篇关于茶道的随笔：

"一般人会认为，茶道是那些悠闲、好玩的人才会热衷的事情。但真正悠闲的人，不会钟情于茶道。他们对庭院中漫布的尘埃丝毫不在意，这样是做不来茶道的。真正喜欢茶道的人，会留意屋内屋外每个角落，洗手池的水必须蓄满；地板上没有鲜花点缀会显得寂寞；房间里没有一件艺术品也会有莫名的失落感、隔断的门轨里如果有砂石摩擦声，势必会让人生厌；拉门的格棂里有一丝灰尘，也会心情烦躁。茶道的要求是非常严格的。厚颜无耻之徒，根本不懂茶道。"（选自《茶道记事簿四》）

左千夫学习创作短歌之前，先学习了茶道，一路走来非常不容易。左千夫在挤牛奶的间隙，会忙里偷闲点一些抹茶。左千夫讨厌所谓的茶道宗师。他认为，茶道风格应该没有拘束，自成一派。他曾经这样说道："世间所谓的茶道宗师，他们教授的茶道流于形式，徒有其表。茶道分成各种门类、派别，这是非常无聊的。……这些有偿的茶道教学，不过是他们赚取生活费的手段而已。所谓的茶道宗师们，正在扼杀真正的茶道。延续至今的，只是茶道的形式和躯干。"（选自《茶事漫录》）

左千夫曾在《茶事漫录》中提到过，自己崇拜的茶道宗师是丰公（秀吉）和利休。平日里，左千夫喜欢讲大道理。可当他讲解茶道时，总感觉有一种违和感。

其实，左千夫缺乏茶道所要求的品格。他为人傲慢无礼，没有一丁点儿茶道的美学气质。他脾气野蛮粗暴，且不修边幅。平日里穿着和服，走路时敞开和服两侧，呈"八"字状，坐下后，甚至会露出下体。

即使在老师子规面前，左千夫也会讲解茶道，而且还要点茶，因此被大家称为"茶博士"。子规的门生寒川鼠骨回想起在子规府邸第一次见到左千夫时的情形，是这样描述的："左千夫的皮肤是又黑又红，身形肥硕。看他的样子，应该是一位乡村个体户。……他的外表和温柔的名字非常不符。就算是一位牛倌，身材也有些过于壮硕。看他朗诵短歌时的样子，简直不忍直视。"

鼠骨曾是大阪朝日报业和日本报业的记者，也是一位文学青年，曾写过《子规俳句评释》。据鼠骨记述，子规曾经说过："左千夫是短歌诗人，也是牛倌，真是有趣的生活经历。"子规和子规的门生对左千夫在诗歌方面的才能是认可的，但是，他们又非常讨厌他平日里一副傲慢、自以为是的样子。左千夫潜心研究《万叶集》，子规去世后，左千夫发行文集《马醉木》，并大力培养后辈。虽然如此努力，人们依旧不认可他是子规的后继者。

左千夫的弟子胡桃沢勘内回忆道："老师左千夫撩起素白色的单衣下摆，手里拎一个豆沙色的小袋子，里边装着茶碗和抹茶，从停车场出来，慢悠悠地踱着步。想起他的样子，我都替他觉得难堪。"

岛木赤彦回忆和左千夫初次见面时的场景，这样写道："我觉得眼前的这位老师很奇怪。他亲自带着茶具来了。我不清楚茶道的流程，有些束手无措。老师说：'岛木君，你必须要认真对待茶具。要尊敬茶具，不能单手端茶杯……'他一边喝茶，一边分析日俄战争胜利的原因。"（选自《左千夫先生和信浓》）

对于日本取胜的原因，左千夫认为，日本人习惯跪着，这样便于快速行动，可以及早应对战事。这样的解释比较牵强，不怎么严谨。

虚子偶尔会去拜访左千夫，他回忆说："平日里，左千夫总是宣扬继承、发扬子规老师思想的言论。如此一来，却让子规很是为难。因为有时候，左千夫的言论容易让别人产生误会，会给子规老师带来许多不必要的麻烦。"

"每次拜访左千夫，他都会把茶釜里的水烧热，用乐烧茶碗点茶招待饮茶。大大的点心盘底部有少许灰尘和拍死苍蝇遗留的肮脏印记，但这些问题都不足以影响喝茶。虚子还强调说，这才是左千夫流派的茶道。如果待客之心上沾满灰尘，或沾上拍死苍蝇后留下的印记，那么，他将没有资格做茶人。"

明治三十九年（1906），左千夫四十二岁。这一年，他在虚子主创的杂志《杜鹃》上发表了小说《野菊之墓》。前年，夏目漱石也在《杜鹃》上连载个人小说《我是猫》并大获好评。秉承虚子的创刊理念，俳句杂志《杜鹃》不仅刊登俳句，而且也会发表小说。自传体失恋小说《野菊之墓》是左千夫的小说处女作。然而，小说问世后，大家对它褒贬不一。森田草平批判小说一文不值，而漱石认为森田过于死板，他说：

"《野菊之墓》是篇名作，小说风格清新自然而又不乏怜爱之情，意境美妙而又不失趣味性，是一篇非常杰出的文学创作。这样的小说阅读百遍，仍让人回味无穷。"

左千夫的《野菊之墓》得到了漱石如此高的评价，这也是他本人一直以来的夙愿吧。或许，是因为二人同在杂志《杜鹃》上发表过文章，漱石才会对他极力褒扬吧。

左千夫于明治三十九年（1906）发表了《野菊之墓》。同年，二十四岁的齐藤茂吉拜他为师。茂吉回忆起左千夫自成一派的茶道，说："先生的茶道不拘泥于任何形式，纯粹是自由使然。他对我们这些年轻学生们说：'这种自我流派的茶道，可不是谁都能随随便便学会的。'"

冈麓也回忆说："左千夫喝茶时，盘腿随便坐下来，嘴里还嚼着夹心面包。喝茶前会告诉我们：'待会儿给你们准备好喝的。'其实，就是把鲜牛奶、清茶和少许砂糖倒进杯子里面搅拌一下。"当然，这样的做法也十分符合左千夫的个性。

左千夫不怎么喝酒。和弟子一起赏花时，他会喝几杯啤酒。弟子胡桃沢勘内曾讲过一个不为人知的小秘密："有次我们去小金井，相约一起赏花、喝啤酒。老师看到我的酒没喝光，便说，我们是花了钱买酒的，应该把它喝完。说完，端起我的酒杯一饮而尽，最后醉得不行。"由此看来，左千夫以前过惯了穷日子，骨子里还是一个在意钱的乡下人。

茂吉曾经讲过左千夫和其他文人吵架的事情。左千夫性子急，脾气很大。一天，他招呼岛木赤彦、古泉千樫、中村宪吉一行人到家中喝酒。酒席中，他受不了这些人文绉绉的样子，直接开骂起来。当时左千夫上身穿着茶道披风，下身穿着睡裤。后来他跟茂吉解释说："那天我妻子不在家，我自己找不到和服穿。"长冢节是左千夫的竞争对手，他曾说过："长期生活在东京，又在艺术圈混，如此土气、低俗的人士，除了左千夫没有别人了吧。"夏天，左千夫戴着过时的绷布遮阳帽到处走，眼睛高度近视，必须佩戴高度数眼镜才能看清楚东西。

左千夫为人淳朴、品性纯正而又任性不羁。这可能也是艺术家的一种特质吧。外貌、体型给人压迫感，说话过于武断，常常斥责对方。左千夫自学《万叶集》并出版释义文稿，文中透露着过多的自以为是。年轻人应该认真踏实做学问，而左千夫缺乏基本的教养，时常露怯。

左千夫的死对头长冢节写道："左千夫的相貌令人生畏，感觉很难对付。他的眼界、嗅觉都远远不够。换句话说，他不具备当一名艺术家的条件。"他还写道："他没有资格和我一起喝牛奶，更不是高人一等的知识分子。"子规活着的时候，左千夫就在文学界颇有知名度。子规去世后，左千夫创办杂志《马醉木》，一时间风头无两。

左千夫唯一的挚友是坂本四方太。四方太回忆说："和左千夫在一起时，他经常说乡下人粗俗的话语，我感觉自己也变得粗俗很多。我和他之间，一开始走得不是很近。但是关系越发亲密后，我发现这些粗俗的话语会令人感到温暖。如果想要完全接纳左千夫，是需要一定的宽容心的。"左千夫有时也会说:"我可能会成为富豪,但是那不是我的愿望,我更想成为一名短歌诗人。如果能成为一位明治时代的短歌诗人,能够流芳百世,那对我来说,将是无上的荣誉。"听到此番言论,赤木格堂批判左千夫有几分孤傲自大。

左千夫喜欢吃纳豆,有次一气儿塞了十二个纳豆,惊到了妻子。当集中精神做某件事时,左千夫也会吃下大量相同的食物,而且深信它是美味的。平日里,左千夫从不浪费,只吃非常简单的家常菜,但是饭量很大。

左千夫喝茶时,也是咕嘟咕嘟大口地喝。在子规家里喝茶也是这样。子规的母亲劝他,"一下子喝那么多茶,晚上会睡不着的"。左千夫少言寡语,性格比较固执。异常执着的性格,偶尔会让那些所谓的社会上流人士感到惊讶。他的小说《野菊之墓》就是在这样的心境中创作的。

高岛米峰说:"左千夫经常跑来问这问那,真有些烦人。"胡桃沢勘内也回忆说:"左千夫老师创作小说和记叙文时,心里面很纠结。大家都嘲笑他的纠结,认为这是一种自然主义,是一种低级趣味。老师无论什么场合总是一根筋。他父母说,他们的儿子接受新式教育后变得纠缠、烦人,这样的个性也传染给了他的徒弟们。"左千夫和学生们一起泡温泉。脱光衣服后,大家看到他壮硕的身体上青筋隆起,从手腕到手上伤痕累累,面露惧色。左千夫把脸整个浸入水中,反复吞吐温泉水,并问大家:'温泉到底有什么功效呢?'总之,左千夫的行为举止完全不像一位有教养的短歌诗人,还是更像一个牛倌。

弟子蕨桐轩去过左千夫老师的唯真阁茶室。明治四十三年(1910),左千夫四十六岁,他四处筹借资金建了这间茶室。茶室颇为普通,左千夫却引以为傲。后来,茶室遭水灾受损。桐轩来到茶室后,左千夫以命令的口气对他说:"喝茶的点心没有了,你去买些回来。"这就是左千夫的做派,让人感觉缺乏风雅之气。左千夫崇尚利休的茶道精神，但是二者的美学意识和生活环境相差甚远。左千夫非常自以为是，所以他日日演绎着自己认为的茶道。

左千夫在《茶道记事簿 四》中这样写道：

"因为平日里走动太多，所以茶人的生性，就是要寻求静谧。真正的茶艺爱好者追求行往坐卧的所有乐趣，因此茶人整年间忙忙碌碌。"

"茶人整年间忙忙碌碌"并不是说为茶道忙碌，而是被其他事务所缠身。明治三十八年（1905），左千夫创作长歌《喂牛》，内容如下：

卖牛奶的我们

一刻不停歇

午夜二点挤早晨的牛奶

下午一点挤晚间的牛奶

怜爱老母牛搂住它

铁钎子、毛发修理钎、我的衣服

牛毛臭味瞬间遍布

贫穷的左千夫

左千夫的家位于茅场町，后来，家里人多了，便开始扩建住房。最初，房间只有四张半榻榻米大小。后来，扩建到八张榻榻米大，还建了厨房。之后又盖了一间屋子作为儿童房，约为四张半榻榻米大小。最里边是左千夫的书房，面积有八张榻榻米大小，房间上悬挂着子规书写的匾额"无一尘"。书房紧挨着牛棚，中间堆砌炉火灶做了隔断。

据左千夫的朋友回忆，每次去他家，都会看到牛棚旁边煮着一壶茶水。左千夫的茶道纯属个人流派，不拘泥于任何形式。左千夫平日到田间劳作，手指上总是沾满泥土。画家中村不折曾对左千夫大为称赞："左千夫的衣服基本是牛倌工作服，有时直接穿着兜裆布拎着水桶打扫牛棚，只有在空闲时候才能钻研诗歌。这令人联想到法国油画家米勒。人们歌颂米勒并且模仿米勒，但是，不知道米勒的左千夫却在不经意间变成了日本的米勒。"

  左千夫和世间其他茶人非常不一样。虚子曾说，姑且不看左千夫的茶，单看点心盘就脏得可以。或许，这才是左千夫真正的个性。从正统的茶道观点看来，左千夫的茶道是荒谬的。但反过来说，这也算得上是茶道的新流派。左千夫在《无一尘庵诗歌集》作诗如下：

寂静的冬日长夜　茶壶滚烫作响　令人心扉紧闭
炉火旁边的梅花盆栽　烧开水的烟雾缭绕　枝头的梅花若隐若现
茶壶煮沸热水的声音　令人回想起　秋日夜晚蚯蚓的叫声
赤乐茶碗色泽红润　难以言表　难以绘画　可比过去的神水容器
赤乐茶碗外形大而宽裕　不禁想到德川盛世

  牛棚旁边的一间破旧房子上，挂着子规题写的匾额。在这里，左千夫品茶吟诗，被大众熟知。忽然间，会觉得这间破旧小屋里文学的光芒熠熠生辉。另外，牛的臭味、叫声和稻草芳香也会飘散在小屋里吧。左千夫肥胖的手指因长期挤奶而皲裂，双手沾满泥土，洗净后直接在小屋里沏茶饮茶。

  左千夫明明是一个牛倌，却走上了短歌创作的文学道路，看上去总让人觉得有些别扭。可正是在这种别扭下，创作出来的短歌才会让人觉得耳目一新。仔细想来，现在哪里还有类似于左千夫演绎茶道的破旧小屋之类的地方呢？上野地铁站昏暗的地下通道、地铁施工现场地下三十米深处，抑或是新桥高架桥的角落里？我觉得，无论哪一个，都无法代替。

  左千夫使用的茶壶是初代寒雉的作品。初代寒雉是江户初期前田利常门下的茶壶烧制大师；茶碗是本阿弥光悦的孙子光甫的作品。

  左千夫穿着随意，粗布衣服搭配羽衣，佩戴一副眼镜，据说因为近视度数过高，点茶时，脸上紧张的神态和笨拙的躯体看上去很是可笑。最后冲好的茶水中甚至有小气泡。可能，利休也是壮汉吧。左千夫的茶艺非常接近利休的水平，太不可思议了。

左千夫曾经描写道：

"有人认为茶道呆滞死板，了无生趣。他们是茶道的门外汉，对茶道的历史简直一无所知。这正如同对俳句的自我认知一样，有的人认为三十一字和十七字的俳句没有趣味可言，当然这只是他们的愚蠢观点。无论俳句的字数多少，这都是我所在的领域。如果深入探究，会发现一个广阔无垠的新世界。因此，只有那些对诗歌和俳句毫无认识的人，才会认为它们是刻板无趣的。茶道亦是如此。只有潜心研究，才会领略到这个领域的宽广性和自由性。"

左千夫的茶道基本上不被身边的友人理解。他们认为，左千夫和茶道是不能相提并论的，是不协调的。因此，左千夫的茶室里通常只有他自己一个人。左千夫还写过以下的牛奶广告：

"○现在，敝店正在王婆卖瓜，自卖自夸。虽说商人的经营理念值得学习，但是我们也知道，一味地用文字打广告是非常无耻的。"

"○打广告只是表面光鲜，背地里却干着极为卑劣的勾当。卖的牛奶便宜到不可思议，经常卖弄狡猾之术，蛊惑消费者，并且绝不会改正，这样的经营者是危险的。大家都心知肚明：商人是虚伪的。"

"○特向各位顾客告知敝店的营业情况，无非是处于义务和良心。各位请注意那些危险、卑劣的无良商家。自古以来无商不奸。特此公告周知诸位，以下是敝店的营业告白书，敬启。"（选自《告白》）

这的确像是左千夫的风格，广告文笔都如此犀利。其他竞争对手势必会把他看作眼中钉、肉中刺。也许，左千夫还可以试着把部分无良商家的名单写入《明星与谢野宽》，还可以让子规老师讲一讲自己的心情和看法。短歌诗人左千夫的心中，拥有一间易燃易爆炸的茶室。

南方熊楠
（1867—1941）

生于和歌山县，曾周游美国、古巴、英国，在大英博物馆实习，1900年回国。居住在和歌山县田野边，致力于黏菌类生物的研究、采集工作。南方熊楠是一位奇人，同时也是著名的民俗学家。

深山怪人吃什么?

南方熊楠

南方熊楠是谁？

南方熊楠这个名字，会让人觉得，此人应该是一位隐居在深山老林的怪人吧。熊楠出身于纪伊（和歌山县），他既是生物学家又是民俗学家，在学术方面博闻强识。明治十七年（1884），熊楠进入东大预备学校，自觉授课无聊至极，两年后主动退学。十九岁去美国生活，二十五岁又去英国，之后在大英博物馆实习。三十三岁时，自己用做蚊帐的布料做成一件西服，然后穿着回国了。熊楠精通数十种国家的语言，直至七十四岁去世前，一心扑在工作上——潜心研究黏菌类生物。熊楠博学多识，在民俗学领域同样造诣颇深。

熊楠在大学预备学校的同级生有夏目漱石。漱石和熊楠同年出生，都是庆应三年（1867），也就是明治元年（1868）的前一年出生。明治三十三年（1900），漱石抵达伦敦。同年，熊楠从英国返回日本，二人的行程完全相反。熊楠旅居伦敦八年，明治三十三年（1900）九月一日从利物浦乘坐丹波丸号轮船返回日本。夏目漱石抵达伦敦的时间是十月二十八日。没准儿，在印度洋海域，时隔十四年回国的熊楠和乘船去伦敦的漱石交错而过。

在伦敦居住的日子里，漱石胃疾恶化导致神经衰弱，整个人几近疯狂。与之相反，熊楠身体甚是健康。漱石是公费留学生，而熊楠是自费留学生。熊楠当时住在马厩二层小屋里，经常要靠乞食度日，生活极端贫困。在伦敦，熊楠和孙文相识。当时的孙文因革命失败逃难海外，之后二人成为一生至交。如果熊楠能够在伦敦多待一年，或许漱石会带他一起出席各种酒会品尝美食吧。

在伦敦，熊楠一天只吃一顿饭，他把节衣缩食省下来的钱用以购买各种书籍。熊楠在寄给福本日男的书信中说，他认为自己"可以不吃东西，只喝茶水充饥"。熊楠自己步行前去和曲艺艺人美津田泷次郎见面，渐渐熟络后，便常到美津田的公寓做客，吃好吃的日本料理。在美津田的家中，熊楠和片冈王子相识。王子身份可疑，但可以确定他是一名古董商。经过片冈介绍，熊楠又认识了大英博物馆考古学兼民俗学部长威尔斯顿·弗兰克斯，从此开始了在大英博物馆的求学之路。

熊楠在科学杂志《自然》上发表论文后一举成名。威尔斯顿·弗兰克斯极力赞扬熊楠的论文成果，并设宴款待他。熊楠曾记录下当时的场景：

"就餐时，大大的银质餐具内盛着炖全鹅端了上来。威尔斯顿·弗兰克斯亲自用刀叉取出鹅肝款待鄙人。威尔斯顿·弗兰克斯年近七十，贵为英国学士会员的元老，取得了各个大学的博士学历。而我，只不过是来自和歌山一家经营锅店的毛头小子，无名无利，如同孤儿院的小孩子一样。当时的我，就是一个二十六岁的愣头青，竟然得到如此礼遇，真是不可思议。所以，我立志从今往后要尊敬学问。"

对于当时年仅二十六岁的无名小卒熊楠而言，内心一定是充满着喜悦的吧。不仅享受到美食款待，而且还立志要"尊敬学问"。之后熊楠多次向杂志《自然》投稿，名气越来越大。

熊楠在大英博物馆阅读英语、法语、意大利语、西班牙语、葡萄牙语、希腊语、拉丁语等众多文献，并整理成摘要文集《伦敦简摘》，一共有笔记五十三册，涵盖四万八千篇文章。熊楠离开博物馆后，会去街角的酒馆喝酒，人送外号"街角先生"。

"街角先生熊楠每逢经过伦敦的城市街角，一定会走进酒馆喝上几杯。据说，三井物产工会的职员合田荣三郎曾经是益田孝氏的随从，他不懂英语，直接称呼熊楠是街角先生。大概熊楠很熟悉伦敦市中部、西部地区的小酒馆，每天从博物馆回家途中会流连在各个小酒馆喝酒，一杯接着一杯地喝，直至脚步踉跄。每天晚上八点离馆，回到家中已是十点、十一点甚至两点。大家都叫他街角先生。"

熊楠协助大英博物馆刻制馆藏佛像和佛具名牌。三十一岁时，在大英博物馆因殴打白人而被禁止入馆。起因是白人公然挑衅日本人，并朝熊楠吐唾沫。不久后，禁令解除，熊楠被允许入馆。但第二年，熊楠再次因为粗暴的言行而被开除。此外，熊楠还拥有英国爵位。

因惋惜熊楠的才华，伦敦大学校长迪肯斯建议在剑桥大学或者哈佛大学开设日本学讲座，并聘请熊楠担任授课教师。这项建议最终没有得到落实，熊楠身无分文地回国了。熊楠刚回到日本，漱石便抵达伦敦。当时正好是明治三十三年，西历一九〇〇年。

孩童时代的熊楠非常调皮。十四岁时开始学习柔术。

"熊楠十四岁时用柔术和别人打架，结果被对方用膝关节打到前排牙齿，最后含着裂了缝的牙齿回了家。那时是冬天，裂开的牙齿受冻，回家后他又直接啃热乎乎的饼子，牙齿当场断裂。因此，熊楠的牙齿间缝隙较宽，大约前排第二十颗牙齿镶有金牙。"

父弥兵卫认为熊楠已经没有了野蛮粗暴的习性，不相信他曾是这样的小孩子。

熊楠二十一岁时，在美国密歇根州曾经大打出手。当时四五个美国不良少年想要欺负日本人，他们把熊楠和其他三个日本人的大门钉上钉子并用水管向房间冲水。熊楠和其他日本人进行反击，并用上了自己学了多年的柔术。一番激烈的打斗之后，熊楠一方占据了上风。

得胜归来的熊楠心情不错，还和一些关系不错的美国学生举办宴会庆祝。酒席上熊楠喝威士忌喝到酩酊大醉，最后裸着身子睡着了。最后，校方知道了斗殴的事情，熊楠被开除学籍。

明治四十三年（1910），因反对合并神社政令，熊楠喝了许多酒后，毛遂自荐来到纪伊教育委员会的夏季讲习会，强烈要求面见政府公职人员，结果被抓进警察局关押了十八天。他在监狱中阅读了柳田国男的书。合并神社是指一个町村只设一个神社，取缔那些极小的神社和祠堂。熊楠经常在神社的森林中采集植物，自然不赞成这项政令。

熊楠家住在田边。大正二年（1913），松本烝治约熊楠一起去拜访柳田国男。熊楠如约提前到锦城馆旅馆等候。等候期间熊楠先去泡澡，泡完澡后喝了整整两大杯酒。接着，他又邀请朋友楠本一起去小仓屋喝了三杯酒后，才去了锦城馆旅馆。来到旅馆后，熊楠趴在前台一边喝酒一边等候柳田国男一行。因为喝得太多了，熊楠甚至都无法和柳田国男正常交流。对此，熊楠的日记中也有记载："当时我烂醉如泥，还不断呕吐，后来醉倒在门口。"日本民俗学界大名鼎鼎的两位大家的会面，竟是这样的。熊楠表面支持柳田国男创办的杂志《乡土研究》，但是内心还是有所排斥。柳田是高级官员，熊楠只是一个普通老百姓。

熊楠喝酒时先喝一打啤酒，接着拿起酒杯大口喝下日本酒。喝多后，熊楠便会钻入被窝睡觉。每当这时，妻子就会跑到他枕边不厌其烦地进行说教。和柳田国男见面的当天，熊楠又喝到酩酊大醉。第二天下午柳田来访，熊楠仍然没有醒酒，到最后也没有从被窝里出来。

熊楠平时在家不喜欢穿衣服，每年的六月到九月中旬，基本上一丝不挂，还在房间里大摇大摆地走来走去。新来的女用看到熊楠的裸体后，大叫着跑开，最后辞职回家了。

熊楠工作时会把自己关进书房，写稿的时候也一步都不迈出书房的大门。他叮嘱大家说:"工作时别叫我吃饭!"连续三天不吃不喝是常有的事,困了累了,也只是打个盹儿而已。熊楠的精力是凡人难以匹敌的。工作结束后,他会来到客厅,嘴里喊着"太累了",然后开始吃饭。吃完后,把脚伸进桌子下面倒地就睡。午饭过后又开始睡觉。有客人到家里拜访,开口问道:"我想拜访一下老师可以吗?"熊楠回答道:"老师现在去了山里,不在家。他本人这么说一定没错。"

关于熊楠有趣的逸事还有很多。他去伦敦之前,一直在美国生活了五年十余个月。之后,他游历了古巴、墨西哥、基韦斯特,最后跟随意大利马戏团环游西印度群岛。与其说是学者,熊楠更像一位冒险家。熊楠到西印度群岛去了三次,每次都会采集整理动植物标本。

熊楠入乡随俗,来到每处地方都会品尝当地的美食,喝当地的美酒。旅居伦敦时,他经常一边开怀畅饮,一边阅读古文献,还会进行写作,可见熊楠的体力之旺盛。熊楠整个人气宇轩昂,和身子孱弱的漱石完全不同。

熊楠仪表堂堂,五官端正,一点儿也不像西欧人。有时酒过三巡会发酒疯,但多半是因为对方蛮横无理。熊楠性格强势,这点和漱石是完全不同的。性情天真烂漫、随性自由,身上没有一丁点儿忧郁的气息。柳田国男评价熊楠是"日本人的极品"。幸田露伴则认为:"到访纪州,最不能错过的就是南方熊楠。"

关于熊楠,我本人有两次深刻的记忆。第一次是在平凡社工作时,长谷川兴藏前辈正计划编集《南方熊楠全集》。兴藏想要在《全集》第九卷中收录稻垣足穗的解说,多次写信问都没有收到回复。于是他对我说:"你认识稻垣足穗吧?帮忙说一下。"后来在我的努力下,《全集》中刊登了足穗的回忆文章《南方熊楠少年谈话回忆录》。期间,长谷川和中沢新一在《新文艺读本》上还发表了对话文章《南方学的基础和展开》,作者一栏竟然写上我的名字,令我非常意外。昭和五十七年(1982),长谷川前辈去世。

第二次关于熊楠的记忆，则多了一份喜悦之情。我来到白滨纪念南方展览馆，看到熊楠的原稿、笔记和摘抄本无比激动。熊楠八九岁时手写的《和汉三才图绘》，总计一百零五卷，令人震撼，如此细腻的手工书写堪称天才之作。内容包括从《本草纲目》（五十二卷十一册）到二手书店门前站着阅读的《太平记》，非常全。熊楠在密歇根州安纳巴发行手抄报《奇闻评论》，无非是在密歇根州制作的日本料理被熊楠视为"奇闻"，取关键词来给报纸命名。报纸上的文字密密麻麻，如同蚂蚁一般。文集《伦敦简摘》也是如此，文字布局极其细密。如果不是亲眼看到实物，肯定难以想象如此之令人震撼。

纪念馆展示着有名的"森永牛奶焦糖箱"，有红、黄、蓝三种颜色。昭和四年（1929，熊楠六十二岁），昭和天皇对熊楠研究的黏菌学很感兴趣，命他在长门号战舰进行讲解。当时，熊楠带去的正是这个"森永牛奶焦糖箱"，里面收集了百十余种黏菌标本。人们拜见天皇时，都会用桐箱，而熊楠却直接呈上自己平常采集标本的箱子。据说天皇很开心，微笑着说："熊楠是个有趣的人。"这则趣事把熊楠淳朴的形象体现得栩栩如生。据谷川健一的视听回忆文集记载，关于此事，熊楠的女儿南方文枝解释说："父亲已经做好了桐箱，可无论如何都不满意，最后还是选择牛奶焦糖箱，他认为这个才是最合适的。"

熊楠从小学生时，就用便当盒收集藻类。早晨去学校途中，如果发现水底有水藻，他会当场把便当吃完，腾出空间放入藻类、昆虫和蟹。

黏菌上经常沾有动物的粪便和腐烂的植物残枝。熊楠经常在路边捡回一些牛粪、鹿粪，然后放到显微镜下观察。他还会在木材加工厂、寺庙回廊下仔细找野生蘑菇；每次到菜店买菜时也会询问："今年的松口蘑长得怎么样？"如果对方回答说："今年收获颇丰。"熊楠就会开始担心其他蘑菇的生长是否受到压制。

如果有人擅作主张清扫了庭院的枯叶，熊楠会勃然大怒。因为没有枯叶,黏菌就难以生长。一次,新来的女用把庭院打扫得干干净净,熊楠又重新把枯叶散乱了一地。外出洗澡时,如果发现木桶腐烂处生长了菌类,熊楠就会拜托澡堂老板不要乱动这些微生物。数日后再次观察,菌类变成了黑色的小蘑菇,熊楠就会喜出望外,把它们当作宝物一样带回家。然后,透过显微镜观察,并绘成图形。从最初的收集到最后的定图,一系列工作十分考验耐性。

  熊楠喜欢吃夹心面包。腰间左侧常常吊着装有夹心面包的纸袋,他喜欢撕着面包吃。熬夜时,他会拿六片面包回到书房。

  熊楠还喜欢喝蒜味味噌汤。熊楠会要求厨房提前做好蒜味味噌汤。如果熊楠说:"从明天开始我只喝味噌汤。"那就意味着先生买了本不错的书。心情好的时候,熊楠还会把味噌汤盛到碗里大口喝,手拿筷子走向庭院,鼻子里哼着小曲四处踱步欣赏花草。原味味噌汤不添加任何其他食材,熊楠一边喝着汤,一边在院子里散步,看起来特别像"怪人"。但熊楠并不是故意展现自己的奇特,仅仅是发自于内心的喜欢而已。正是这份自由自在,孕育了他惊人的、超人一般的专注力。

  熊楠一天吃两顿饭,非常喜欢吃肉。昭和年间,熊楠家附近开了一家西餐厅。熊楠经常点煎牛排外卖。因为在国外长期生活过,熊楠对牛排的煎法非常讲究。除了牛排,他还经常吃面包、芝士和味噌汤。熊楠经常用面包搭配味噌汤,他很少喝西餐里的浓汤。熊楠家附近住着一位外国传道士,他一次给了传道士很多日式烤面包。在自家院子里,熊楠种植秋葵、西红柿、洋芹菜、荷兰芹,成熟后摘下,自己做成蔬菜沙拉。

  熊楠喜欢吃蚕豆,煮熟后盛上满满一大碗开吃。熊楠不吃生鱼片。每当家里人吃生鱼片时他都会嫌弃地说:"小心有寄生虫!"总之,英国的饮食习惯,已经深深地扎根于熊楠的内心。

  熊楠的妻子松枝是神父的女儿。在丈母娘家做饭时,荤菜都会单独到另外一个房间做。松枝主要吃菜,基本不吃肉。每次吃饭的时候,熊楠都会要她吃肉,一个劲儿地往她盘子里夹肉。松枝当面不说什么,背地里把肉悄悄地扔掉。但是,每次都被熊楠发现。熊楠提醒她说:"必须把肉全部吃掉,而且要好好地咀嚼。"

妻子松枝非常支持熊楠的工作,是一位贤妻良母。同时,妻子也是熊楠的研究对象。他经常叮嘱妻子说:"不吃肉会变瘦。"熊楠还会记录和妻子的性生活。

"……直到四十岁之前,我都很少和女人说话。四十岁时,才结婚。有时为了统计学需求,我会在日记本中对性生活作详细记录。司马君实曾说,即使闺房秘事,也可以和别人说。我本人只不过是遵从先人教导,和回向院的大相扑一样,记录,只为了讲述心得体会。"(选自《履历书》)

熊楠年轻时喜欢年轻美男子,和歌山的玉扇兄弟是他的情人,他从来没有对此有过隐瞒。熊楠曾经回忆说:"我有过很多美少年情人,一度左拥右抱两三个美男子。"这和他的饮食喜好有很大关系。总之,对于熊楠来说,世界上的一切都是他的研究对象。黏菌、性爱和美食都是他的研究成果。女儿文枝也回忆说:"夏天的傍晚,会让我想起父亲身上的烟草味和福尔马林味。"

每逢正月,熊楠家里必须准备过年饭。他会把喜欢的食材煮到一起。但是,他不允许家人之间说"新年快乐"之类的话。熊楠常说:"过一年,寿命就减少一岁,有什么值得庆贺?"熊楠喜欢玩双六游戏[①],也会和孩子们一起玩掷骰子,他经常得第一。熊楠通常玩一会儿,便很快回到书房。他工作起来聚精会神,一般不会走出书房大

---

① 一种棋盘游戏。两人分别从竹筒中摇出两个骰子,根据两个骰子的点数走棋子,棋子先落入对方阵地者获胜。

门。熊楠是典型的明治男子，这也是他最大的性格特点。

熊楠的研究涵盖多个领域，他是生物学者、博物学者、自然保护运动的先驱者、民族学者和民俗学者，同时也是一位性情坦率的热血人士。熊楠在多个领域取得建树，并始终保持纯真的好奇心，得益于他思维缜密、不畏惧权威。在学术方面不拘泥于体系，培养真正的兴趣爱好，有着坚定的自我认同感，一旦认定，不会轻易改变想法。他个人信奉真言密教。即使在海外生活十四年，熊楠对基督教等宗教也没有丝毫兴趣。

世间万物生死循环，黏菌的生长亦是如此。熊楠经常提及《涅槃经》中的一句话："冥界众生的诞生日，正是婆娑界众生的死期。"熊楠把密教的奥义，比作是黏菌的原型体和胞囊体的生死交换。

熊楠的饮食生活同样深受密教奥义影响。熊楠是呕吐狂人，中学时，熊楠有一个绰号叫作"反刍"。因为他的胃异于常人，每次吃进去的东西都能吐出来。熊楠给宫武省三写信时竟然以此为傲，书信内容如下：

"我大概和释迦牟尼的后嗣牛首旃檀一样，都是反刍人。我可以无止境地吃个不停，这种情况越注意，越发变得严重。我的姐姐是和歌山为数不多的美女，所幸的是，她没有和我一样。我吃东西，就像是大脑组织异常，好像吸大麻后，不断分解、消化一样。"

熊楠的消化系统没有任何问题。他平时就这么反复呕吐，一直到七十四岁生命终结。熊楠如果遇到不喜欢的来客，会当场呕吐拒绝访客。呕吐物一直不打扫的话，会滋生细菌。对于探寻未知世界的熊楠而言，呕吐是一种非常有益的行为。每当吃了坏的东西，吐出来就可以了。如果没能吐出来，毒素就会在胃里堆积。

不仅享受美食如此，获取知识也是同理。每个人都在好奇心的驱使下，试图把所有知识塞进大脑。但如果不把消化不了的东西清理出去，大脑也会受不了。熊楠明白这个道理，所以，他的知识储备才能日益丰富。

　　熊楠喜欢手工抄写东西。如果想要记住一些知识，就读五遍，然后进行手抄。这也是认知的反刍，对想要掌握的知识进行反复记忆。胃的反刍就是二次品味食物，其中的奥妙自不必多言。

　　熊楠经常呕吐，而且是大量呕吐。熊楠认为，如果无论何时，无论什么地方都能想吐就吐，这其实也意味着吃进胃里的食物自己在蠕动。这样的想法令人大开眼界，确实是熊楠才有的思维。熊楠是呕吐狂人，同时也是杂食达人，因为他什么都吃得下。

斋藤绿雨
(1867—1904)

生于三重县。曾就读于明治法律学校，中途退学。用正直正太夫的笔名在《东西新闻》上发表《小说八宗》，备受好评。和樋口一叶是挚友。一叶去世后，校订出版《一叶全集》。小说代表作是《捉迷藏》。

斋藤绿雨

一支笔、两根筷子

"一支笔、两根筷子"是斋藤绿雨的名句之一。

明治时代的文人大都贫穷，绿雨也是如此。虽然名声在外，但是生活依旧很艰辛。"一支笔、两根筷子"是作者自嘲的说法，这句玩笑话出自明治三十三年（1900）绿雨撰写的随笔《青眼白头》。之后的文人们生活不如意，每每读到这句，便感慨："大家果然都是同样的境遇。"同时，对绿雨心生钦佩。

绿雨曾对朋友马场孤蝶说："晚上逃债前，先吃一大碗盖饭。"意思是，如果要准备逃债，动身前最好吃一大碗鳗鱼盖饭。如果饿着肚子，肯定跑不远。最好点外卖。因为，荞麦面馆和寿司店会在当天取回餐具，而鳗鱼饭餐厅会在第二天才取回餐盘。第二天如果有人来取盘子，那么逃跑就比较难了。而且，晚上逃跑的话，其实第二天还有零头可赚。第二天一早，路过二手餐具店时，可以把鳗鱼盖饭的餐盘转手，赚点零钱。然而，这些都是绿雨在逃债时的胡思乱想。

绿雨把对樋口一叶的情愫偷偷藏在心底。松本清张曾在小说《正太夫的舌头》（收录于《文豪》）中描述了他的孤独。"正太夫"是绿雨的另一个笔名。明治二十二年（1889），绿雨用笔名"正太夫"在《东京报纸》发表戏剧评论《小说八宗》，收到不错反响。这篇文章把当代人气小说家们细分为六大类，用诙谐、戏谑的手法对文学大家们进行冷嘲热讽。文章开头以一句"我们不能总是墨守成规地认为，放在井底的西瓜一定会变凉"确定了基调。

当代小说的第一流派是朦胧派。代表人物是春舍朦胧大家——坪内逍遥。绿雨调侃道："朦胧派的奥义，是作品主动关闭思绪的门窗。人们要使劲抓住那虚无缥缈的作品灵魂。"

当代小说的第二流派是二叶派，又叫四迷宗。迷宗是迷恋执着的意思。二叶派的特点是行文极其缜密、细致。比如，二叶派在描写一个人抽烟时，大抵会这样写："手持烟管，先把香烟弄平整，然后放入烟管上部，点火开始抽了一口，然后从嘴里面吐出烟圈。"他嘲讽这类作品"花五六分钟写怎么抽烟，真是不嫌麻烦"。

当代小说的第三流派是篁村派。绿雨把根岸派的饗庭篁村当成矛头来针对。他戏谑地写道："他们不让家眷吃肉，餐盘里摆放的只有柚子味噌汤和根岸地区特有的山椒煎饼，口感发甜。他们喜欢独自酌酒，倘若有菜肴，也只有汤豆腐而已。"篁村最初是《读卖新闻》的文字校正者，后来开始写短篇小说。他来到东京朝日报社，和幸田露伴相识，和尾崎红叶的研友社一直是竞争关系。

当代小说的第四流派是美妙派。绿雨认为："美妙派有一套秘诀，那就是言文一致。但是，他们过于沉醉在言文一致中，一喝醉，就只看到华丽衣装包裹的外表。"其实，这类派别的文章很好写，绿雨还模仿过山田美妙的文笔。他曾略带挑衅地写道："如果把酒倒入酒盅，那它就是酒盅的形状；如果把酒倒入酒壶中，那么它就是酒壶的形状。事实上，酒的形状随着盛酒的器皿而变。如果把水换作酒也是一样。只是，水不会让人醉。无论水，还是酒，它们都是流动的液体。"

当代小说的第五流派是红叶派。绿雨讽刺地说："这类派别全是大师。"他认为："红叶派擅长选取折中的论调，很容易忘记记忆中萨摩汤的传统做法。他们还是有一些优点的，因为他们尚且知道萨摩汤是煮成的。可他们不管是扁的南瓜，还是葫芦形状的南瓜，统统放到锅里面一起炖。"

当代小说的第六流派是思轩派。这类派别的代表人物是森田思轩。他翻译过法国小说家凡尔纳和雨果的作品。绿雨认为："翻译作品就好比问邻居借柴火做饭。"抑或是"喝多日前早上买的纳豆汤汁。说好听了,这是一种脱俗恬淡的风趣。但说得直白一些,这就是吃别人嚼过的馍"。

由上可看出,绿雨的评价极为辛辣。把文学比作料理,是绿雨特有的比喻方式。

绿雨生于庆应三年(1867),父亲是位贫穷的藩士。绿雨从明治法律学校中途退学。十七岁时,成为垣鲁文的弟子。最初,绿雨在鲁文主编的今日报社中担任校正工作人员,进而迈入文坛。之后,绿雨辗转于各个报社,包括《觉醒新闻》《东京朝日新闻》《江湖新闻》《大同新闻》《改进新闻》《二六新闻》和《万朝报》。他在每家报社待的时间都不长。

绿雨的《小说八宗》得罪了一众文坛大家,遭到砚友社的排挤,被篁村的根岸派挤对,就连叛道离经的内田不知庵(鲁庵)主编的《国民之友》也对他敬而远之。总之,绿雨在业界寸步难行。他自己也没有创立独立门派的野心。当自己尖锐、犀利的作品受到文坛大师很高的评价时,他的内心是诚惶诚恐的。俗话说得好,独狼不称雄。绿雨对文学界一直冷嘲热讽,其中不乏许多警句名言,反而开辟了新的文人写作风潮。据说,曾被绿雨文字攻击的岛崎藤村经常发牢骚说:"绿雨究竟有什么了不起啊?"

当然,绿雨也会遭到报复,比如,被"无视"。砚友社社刊《江户紫》第三期投票选出"文坛十杰",结果没有绿雨的名字。这是研友社故意为之。生气的绿雨在《读卖新闻》的文艺附录中极尽戏谑之能事,发表了题为《正直正太夫去世》的文章。内容如下:

"正太夫因没有对手深感寂寥,猛虎不食静卧的肥肉。我还是遁入埴生①的小屋，继续在发呆度日。""遍地都是正太夫的归西之处。舞枪弄剑，倘若伤人便入地狱；倘若救助他人便会去极乐世界。正太夫深信凡事皆因果使然，去世后，所有问题灰飞烟灭。"

文坛另外一位大家森鸥外心高气傲，他和岩谷小波展开激烈的争论后，勉强达成和解。绿雨也曾和吵架高手森鸥外过过招，但绿雨点到为止及时收手，没有造成太难堪的局面。由此可见，绿雨还是有一定胆量的。

二十五岁时，绿雨开始咯血。当时，他正和森鸥外的弟弟、剧评家三木竹二展开唇枪舌战。当时，绿雨和兄弟二人在一起生活。不久，绿雨父母相继离世。在东大就读的二弟让身患重疾，不得不休学。

为了照顾两位弟弟，绿雨开口向之前打过嘴仗的逍遥借钱。绿雨资助二弟让攻读地质学。三弟谦专攻医学，后来成为一名陆军军医。

绿雨一旦发起文字攻击，丝毫不避讳任何人，外界对他怨声载道。但他这样做，是为了要写稿赚钱供养两个兄弟。好友一叶病情恶化后，他托森鸥外介绍青山胤通医生去给一叶看病。一叶去世后，绿雨还筹钱为她操办了葬礼。后来，绿雨整理了《一叶全集》，由博文馆出版发行。博文馆是绿雨的支持方，和砚友社是敌对关系。

绿雨脑海中同时住着"好人"和"坏人"。为了好友一叶，他不惜屈身于博文馆写作。他深知生活不容易，是"一支笔、两根筷子"支撑起来的。

绿雨的稿费基本花在了一日三餐上。他总把评论文章的内容比喻成料理。绿雨有篇题为《酒之上》的文章亦是如此。他说："只有喝醉后，人才能畅所欲言。"绿雨写作之前，会对文字进行反复推敲，因此写作过程漫长。他在写作时从不喝酒，但他写文章的状态，却像喝醉

---

① 日本地名。

了一样。

每日新闻报社的记者批评绿雨说:"他写作的状态,就像手里拿着卷煎饼,嘴里却在品尝糕点。"而《霹雳车》持反对意见。他们的评价是:"如果对红叶、露伴和鸥外有质疑、胡乱猜测、肆意妄为的行为就如同怀疑萝卜泥的苦涩一样,不妥当。倒不如骂他们,尽情地骂。"

绿雨曾详细地写过料理,写有《总账簿》和《副账簿》,内容极尽讽刺。例如:

○有的老人吃鱼不吐骨头,即使吃沙钻鱼也不会剩骨头。

○有的人特别喜欢吃辣,同时又特别喜欢吃甜,我们身边也许会有这样的人。请别人到家里吃饭,如果给客人端上酱油,爱吃辣的客人会立即放下筷子;而给爱吃甜食的客人盛上一碗寡淡无味的挂面,客人一样会撂下筷子。

○鳗鱼店的座位上方挂着钟表,看不太清时间。悄声向小姑娘问门禁时间,姑娘闭口不语。于是,索性让钟表停摆。

○火锅应该是甜的。客人离开后,主人默不作声。食物的味道取决于食材。即使品尝鸡肉、大豆、芋头等各种美食的味道,大家依旧安静不语。

如果说火锅的味道取决于食材,那么文章中一定有组成味道的材料吧。绿雨喜欢吃荞麦面,他的很多评论作品都和荞麦面有关。他常去的荞麦面馆的店名用草书书写,其中"そ"字犹如小姐姐人偶一样。在他的家乡,有一位名医,当有病人来看病时,他会提前点一份荞麦面吃。别人问他:"不喝酒吗?"他笑着答道:"看情况而定。"

○有一位安房国人来做客,声称自己很会赚钱。中午给他做荞麦面吃,结果,他把吃剩的面条藏在橱柜里,晚饭时再偷偷地拿出来,一边吃荞麦面,一边吃米饭和菜。之后给他吃馄饨,他先吃馄饨后喝汤。

○古代有句谚语是:荞麦面缠住头发是为了连接我和你,永远在一起。

绿雨关于料理的文章，大都是评论性质的内容。有的段子，还成为了相声的素材，只是言语过于激进，不怎么逗趣。绿雨用文字讽刺美食家、乡下人的无知和贫穷书生的失意。绿雨的文章内容宽泛，创作时间长也实属无奈。绿雨经常去的餐厅有：霊岸桥的大黑屋、专做鳗鱼盖饭的大野屋和炸虾大碗盖饭的桃月餐厅。他最喜欢吃山谷餐厅的八百善料理。绿雨经常去人气餐厅取材，然后把料理和文字结合在一起，创作出畅销文集。

"喝酒脸会发红，抹白粉就好了。除了酒和香粉，大概没有什么特别喜欢闻的味道吧。"（选自《怀·谈义》）

绿雨还写过一位六十多岁的、性格固执的老头。一天，老头去买馒头，吃了一口，觉得不甜。于是他便问店主说："你店里的馒头没有放白糖吗？"店主答道："不放白糖就蒸不出馒头。"老头这样说道："看来是我买的馒头忘记放白糖了，那么不用还我钱了，请还我新的馒头吧。"

○有客人到访，主人想，用粗茶招待客人可不太好，结果越想越生气，也无心做饭。客人亦是心知肚明，可也只能奉陪，到最后还是吃了粗茶淡饭。

○有个傻大个儿，别人问他说："假如这里有两枚鸡蛋，再加上三枚鸡蛋，一共有几枚鸡蛋呢？"结果他瞪大眼睛，毫不迟疑地说："这里没有鸡蛋，我不知道。"（选自《供货簿》）

绿雨三十四岁时开始写《供货簿》，发表在博文馆刊的《文艺俱乐部》上面。三十五岁时，绿雨在《二六新报》发表了文章《长者短者》，文中谈及料理时，文笔更加辛辣。

○枯淡闲寂称之为山葵，可以使用土锅烹制山葵，可以做菜肴和煲粥。不宜搭配牛肉、猪肉等荤菜。

○如果内心可以忍受饥饿，那么肯定精通世故人情。这样的觉悟，可以通过绝食获得。

○四处筹明早买米的钱太难了，而今宵喝花酒花钱却很容易。不信可以亲自试一试。

○酒后吐真言的人，只是想要喝酒时借机说话。当今时代无酒不成友。

○流行是等不来的，我们不应该期待流行。不期而至的流行只有感冒。

○吃饭是本能，说话是内尽职责。只有张嘴的道理，没有闭嘴的缘由。

○女人的堕落犹如青花鱼腐烂一样容易。可是，在变坏之前，筷子更容易翻动青花鱼，女人则难以撼动。

当知道自己时日无多，绿雨便转而开始自我攻击，他曾凭借激进的言辞闯入文坛，其实他的内心是羞涩、胆怯的，很容易受外界影响。

后藤宙外也曾发文证实："绿雨和别人交流时态度谦恭，顾及别人的感受，时而会说几句奇言警句，也会说几句讽刺的话，但嘴角始终都保持微笑。如果对方没有心生怨恨，那么，一定会觉得他的文章风格别具一格。"绿雨年轻时路过柳桥的妓院，因害羞总拿手帕挡住嘴，大家笑他是"手帕先生"。

露伴也说："每次和绿雨见面，总感觉他内向，非常顾及别人，性格温和，少言寡语。但是拿起笔杆子的绿雨却讽刺话不断，满篇毒舌，非常可怕。"露伴对美食的爱好不输绿雨。据说，有一次露伴和绿雨深入探讨过美食。当谈及类似红贝的花贝时，露伴兴致盎然，侃侃而谈。几天后，绿雨直接拎着一大笼花贝来到露伴家中做客。露伴回忆道："能和绿雨有相同的爱好，很不错。只是他在为人处世方面比较古怪。"

绿雨曾就职于万朝报社。后来，幸德秋水也来这家报社工作。绿雨和秋水脾气相投，绿雨经常邀请秋水到自己家中吃牛肉火锅料理。绿雨为人大方，就算借钱也要招待好朋友。这样的性格，大概是受到父亲的影响。绿雨的父亲出身于旧时藤堂家族，自幼习得俳句，为人大度豪爽。父亲利光和俳句大师芭蕉的境遇相仿，明治九年（1876）全家搬到东京，父亲成为藤堂蕃家族的私人医生。绿雨儿时的朋友、国语学者上田万年（円地文子的父亲）也拜入藤堂门下，二人一起创办了回览杂志。

万年曾回忆说，当时为庆祝自己搬家，绿雨送了一只家鸭给他。自己没有把鸭子放进笼子，而是在门口放养，结果带来了不少麻烦。还有一次，绿雨送给万年一些柿饼，并附上一张纸条，纸条上面写道："这个柿饼是秩父（埼玉县西部城市）的非常有名的特产，很好吃。"万年看到后，却生气地说："送人礼物却如此炫耀，这样太没有礼貌了吧。"万年了解绿雨的性格。即使生气，也和绿雨一直保持着不错的关系。他曾经写道："绿雨爱慕虚荣，即使境遇贫苦，也能忍受。"绿雨曾经被债主追债，只好向朋友借钱还债。借钱的途中碰到别的朋友，然后结伴一起去吃鸡肉火锅，最后，花掉了一大半借款。

绿雨和幸德秋水经常凑到一起吃火锅。绿雨的弟弟谦曾说："绿雨从来都没想到，秋水后来能够干出如此大的事。"绿雨对弟弟也很大方，即使兜里没什么钱，也会带他吃好吃的。绿雨和朋友、和兄弟之间情谊深厚。秋水曾经感慨地回忆说："想起绿雨，最遗憾的不是他身患肺病去世，而是心疼他一直饱受贫穷的折磨。寒冷的夜晚北风凛冽，咳嗽声刺入骨髓。从本所的横纲（东京都墨田区）到有乐町，为了赚到不多的钱，他数次前来找我商量。直到去世前的两三周，绿雨仍在忍受着身体的疾病之痛，为了节省伙食费，来去都是步行。想起这些，让人泪眼蒙蒙。所以我觉得，绿雨的穷，更让人伤心。"秋水一生放浪不羁，之所以向往社会主义，多半是因为绿雨的去世而心有所感吧。单纯的穷人们难以生出复杂的思想，而这些思想，都是源于那些有钱人。

绿雨因女人问题被《万朝报》开除。当时，秋水在社长黑岩泪香的授意之下向绿雨传达了解聘的决定。

绿雨擅长撰写美食评论，自己花钱时，他通常会选择便宜的大排档和小吃摊。

晚年时，绿雨和马场孤蝶、浅草驹形一起去前川鳗鱼店吃饭。绿雨曾经对他们说："迄今为止，我都没有充分做过学问。为了让两个弟弟上学，我放弃了读书，开始写文章赚生活费。小时候母亲经常参拜浅草观音，省吃俭用给我买铅笔。想起母亲的恩情，每个月我都会去浅草观音堂祭拜。今晚虽然寒冷，你们陪我一起走走吧。"

上田万年回忆道："无论身在何处，绿雨从来没能够系统地受到过教育。"想到绿雨一生穷困潦倒，他不无同情地说："绿雨的境遇让人怆然泪下。"他还列举出绿雨讨厌的东西："狗、渡船、帽子、文坛大町君。最讨厌的其实是催债。"

绿雨讨厌的大町桂月曾在杂志《太阳》的文艺时评发表言论称："随着绿雨的去世，一切过往都已盖棺定论。我和绿雨只不过见过两三次面。我很佩服他的文才，不过我和他还算不上朋友，也没有理由悼念他。绿雨辛辣激进的评论足以中伤人，前无古人，后无来者。他的文章在日本文坛独放异彩。"

绿雨在文坛树敌众多，但是他对所有文人的攻击皆一视同仁。有的文人甚至认为，被绿雨攻击是一种荣誉。绿雨的攻击，像是一枚勋章。

明治三十七年（1904）四月，绿雨去世，享年三十六岁。马场孤蝶在《绿雨醒客》中回忆道："正所谓'穷死在陋巷中'，绿雨是在本所横纲町的派出所里边去世的，这里确实也是陋巷，但是一个小而漂亮的陋巷。……本来纯粹的文学是不会沾染任何铜臭的，但是为了生存，绿雨委身于文学，后来，反而觉得这是一件非常自然的事情。后人不会认为绿雨的晚年是悲惨的，也不会想到他是因贫穷而死。"

弥留之际，绿雨对孤蝶说："现在我连牛奶都喝不下。"他口述自己的去世通告，拜托孤蝶转达给秋水，并将其刊登在《万朝报》。死亡通告的内容是："我本月本日即将去世，特此公告。公告人：斋藤绿雨贤。"孤蝶听闻后，对他的家人说："赶紧给绿雨注射葡萄糖。"但是，他的家人拒绝给绿雨注射营养，并说："还是用茶碗喂水比较好。"

"过了一会儿,斋藤君要求家人给他喂水。感觉他当时有话要说。于是,我负责看护,他的家人去拿针管,然后喂给他水喝。想必,斋藤君是要告诉家人不能轻视朋友的叮咛。"(节选自《明星》孤蝶谈话)

明治三十五年(1902),绿雨撰写了《半文钱》,内容如下:

○通过血汗或是眼泪表达诚意、热心或者真心,这样的情感交流方式都是舶来品。在我们国家的文学作品中,语言的灵魂是难以捉摸的,至今仍是如此。鼎盛时期的德川文学如此,江户文学也是这样。洗净铅华,留在文学中的无非是茶和酒。

○博文馆备受读者敬重,但是翻看它的图书目录会发现,粗制滥造的厨房用书价格十钱,名声远扬的绿雨大作《雨蛙》价格八钱。由此可见,如雷贯耳的名作比蔬菜还要便宜两钱。

○饥饿时不能谈恋爱,谈恋爱时可以饿肚子。世间有人殉情,有人因饥饿而死,但绝没有人因恋爱而死。

绿雨一生靠写文章过活。明治三十六年(1903),即绿雨去世的前一年,他贱卖了作品《进货残留》的原稿,这也是他最后一次卖掉自己的文集。作品《进货残留》有如下内容:

"理发店的员工也会写俳句。但直接把写出来的俳句拿到文学圈,会显得很愚蠢。这些俳句晦涩难懂。这正如人们描绘现世美好的春天,手法非常粗劣。"

之后,绿雨列举出十二个俳句作结束语,例如"春雨、水壶烧开的声音"。

他还在文中解释道:"春雨和水壶烧开的声音都是春天留下的东西。上个月中旬因病卧床,两个多星期不能吃饭,至今也没有心思做事,也写不出好的俳句。这次,留给我的时日无多。要想成为文学大家,只看不练,是根本不可能的,还是要多下点功夫。只有好的作品,才会让读者发出会心的微笑。"

德富芦花
(1868—1927)

生于熊本县,是德富苏峰的弟弟。他厚积薄发,相继发表《不如归》《自然和人生》和《回忆录》,一举成名。后来和哥哥关系产生裂痕,加入基督教。在纷乱中度过了一生。

德富芦花

一碗红豆饭

明治三十一年（1898，三十岁）到三十二年间，德富芦花健次郎陆续发表小说《不如归》。明治三十三年（1900），发表小品集《自然和人生》，一举成为日本国民人气作家。小说《不如归》讲述的是中日甲午战争时期，遭封建家庭百般阻挠、被肺结核折磨的浪子与丈夫川岛武男之间哀凄的爱情故事。文艺小品集《自然和人生》歌颂了随自然永存的生命力，至今仍拥有许多读者粉丝。我手头的《不如归》是岩波文库二〇〇一年五月版的，已是第七十四次印刷。《自然和人生》是二〇〇〇年九月版的，第八十一次印刷。之前，我在神田二手书店买了民友出版社出版的《自然和人生》，是大正十四年（1925）出版的，现在已经是第三百四十五次印刷。德富芦花出生于明治元年（1868），历经了大正、昭和和平成年代，作品一直深受读者推崇。日本的人气作家，除了夏目漱石、露伴、藤村之外，大概就是芦花了吧。

芦花之所以拥有如此高的人气，大概是因为作品中不乏修行的觉悟和纯粹的精神吧。芦花把自己的作品定义为"自然和人生的写生本"。这两部作品出版之前，芦花一直在民友社担任校正人员、翻译和杂文记者。民友社是由年长芦花五岁的哥哥苏峰德富猪一郎创办的。当时的他，默默无名。

芦花的哥哥猪一郎,号称阿苏山勇猛果敢的苏峰。而弟弟健次郎喜欢芦苇的花朵,取名为芦花。其著作《自然和人生》(芦花)中对两人的名号均有提及。清少纳言说,芦花说过,自己最喜欢的是芦花,因为它平淡无奇,却又十分质朴。

哥哥苏峰在自己主编的报纸上发表国家主义言论。明治三十年(1897),苏峰就任松方·大隈联合内阁的内务省参事官。而芦花,却成了一名基督教徒,同时也是反战主义者。兄弟俩同生于熊本县水俣市,人生观、价值观却大相径庭。哥哥苏峰是一位国粹主义的有钱人,弟弟芦花却主张和平主义,过着清贫的生活。明治三十五年(1902),芦花三十四岁。此时的他和哥哥的矛盾达到了不可调和的程度。芦花成为人气作家后,明治三十六年(1903),在小说《黑潮》的开头宣布和哥哥的关系彻底决裂。

大正二年(1913),哥哥的国民新闻报社被群众放火烧掉。芦花第一时间给哥哥送去鼓励,并答应一定给他写小说连载。但后来,二人因为一些芝麻蒜皮的小事开始争吵,关系闹得越来越僵。直到芦花去世,兄弟二人绝交长达十四年。在人们印象中,哥哥性格强势,脾气火暴。而弟弟性格温和,忠厚老实。

但看过芦花兄弟二人的相片后,会让外貌党们大吃一惊。明治三十一年(1898),逗子(神奈川县)为兄弟二人拍了一张照片。照片中的哥哥身材瘦小,身形娇弱。芦花身材魁梧,肌肉凸起,瞪大圆眼。明治四十年(1907)的合影中,苏峰模样端正,眼神中流露出几分孤寂。芦花圆乎乎的胖脸上留着络腮胡,眼神中是不羁的目光。明治四十一年(1908),兄弟二人有过一次会面。因为芦花膝下无子女,苏峰把六女儿鹤子过继给他当养女。照片中,二人中间站着两岁的鹤子。

据说,苏峰乘坐人力车时,会用拐杖打车夫的后背,让车夫跑快一些。苏峰性格暴烈,非常小气,比芦花脾气更臭。明治二十二年

（1889），芦花来到东京参加考试。明治二十七年（1894），芦花和原田爱子结婚。父亲送给他们一亩田地和价值数千日元的布匹。婚后，芦花的生活非常奢靡。他租住在赤坂冰川町的旧海舟邸，每月租金四元五十钱。芦花很爱吃，每天晚上都要吃山珍海味。芦花在京都同志社上学时，哥哥很照顾他。后来，芦花回到熊本县，到哥哥开的大江义私塾读书。总之，芦花结婚前，哥哥一直对他照顾有加。

根据苏峰回忆，芦花非常任性，"如果便当不好吃，他就把饭盒直接扔到河里。"（选自《弟弟德富芦花》）。对此，芦花也专门说过："为了向父亲报仇，我母亲才生下哥哥。而之后剧情反转，父母相爱时生下了我，我才是他们真正意义上的儿子。"（选自《新春》大正七年刊）。芦花的父亲性情暴躁，蛮横专制，这一点芦花和他非常像。

父亲给了芦花一块土地。他在地上建了学校，赚了很多钱。芦花花钱大手大脚，租住在旧海舟邸，美味佳肴终日不绝。夫妻二人经常吵架，有一次，芦花殴打了妻子。后来，两人分居。芦花意识到自己不对后，跑去向妻子道歉。芦花甚至怀疑，妻子爱子和哥哥苏峰有不正当关系。对于一直疼爱他的哥哥，芦花竟然会有这样的疑心，并且这样的疑虑终生都未打消。

芦花因是家里的老幺，所以大家都很宠爱他。但是，他却憎恨哥哥的存在，憎恨父亲还要分割财产给他。父亲九十三岁时去世。芦花不仅没有参加葬礼，反而自己煮了一碗红豆饭来做庆祝。

明治二十九年（1896），芦花的神经衰弱日益严重。他撕坏了家中父亲的书法作品和父亲的老师横井小楠的画作。

芦花的食欲非常旺盛，他特别爱吃猪肉。竟然是因为哥哥叫作猪一郎。芦花曾经记述道："哥哥生于猪年，叫作猪一郎。……哥哥属猪，但是非常聪明。即使身处荆棘，依然鼓起勇气穿过，这点非常像猪。而且，猪很能吃，身上的肉也一定非常好吃。所以我没有理由不喜欢猪肉。……结果我的体型也肥胖得如一头猪，我如此嗜吃，最终

成为了一名资深吃货。"（选自《新春》）

《新春》中，芦花固执地认为哥哥抛弃了自己。他对哥哥的憎恶程度，已经达到"想要把他生吞活剥"的地步。芦花在《自然和人生》中倡导质朴单纯的生活理念，但现实中，他整日花天酒地，非常奢靡。

明治四十年（1907），芦花为了彻底告别过去纸醉金迷的生活，将住所搬迁至东京府下千岁村粕谷（现在的世田谷区芦花公园），成为一名田园生活者，真正开始践行《自然和人生》中所倡导的生活理念。田园中种植着四千坪的麦田，后面是小杉林和橡树，民宅建筑恢宏，还有三块土地和十五坪的稻草。总之，芦花模仿托尔斯泰开始了农家生活。芦花身穿洋装，肩挑粪桶，自称为"看上去很美的老百姓"。万朝报的休闲专栏曾转载过芦花的狂言论调。从明治四十年到大正二年（1907—1913），芦花的散文集《蚯蚓的梦呓》陆续发表。文章主要讲述了百姓的日常生活。书中出现了各种美食。现摘录散文如下：

"正月结束后，准备的年糕已经吃完。早饭前，系子和春子笑意盈盈地拿着牡丹年糕来到'美丽的老百姓'家中。"（选自《村里的一年》）

芦花的散文集中，极为详细地描述了各种美食。例如："辰爷爷制作的年糕又大又细腻，有别人家的三倍大小。金先生的年糕是黑砂糖馅，做得非常漂亮。菜子婆婆的年糕层层叠加，口感毫不逊色。"有人到芦花家中做客时，妻子会直接带客人来到田间，芦花正在焚烧火。芦花招待客人的美食，就是地头烤熟的芋头。

六月份，豌豆和扁豆堆成山，芦花无暇料理。东京煮豆餐厅的采购人员会直接到田里找他，认真地挑拣豆类食材。这样的记述方式非常严谨。《自然和人生》的叙述方式同样如此。芦花的文章行文豁达，描写充满张力。

秋天来临，杂木林间松茸丛生，有孢茸、口蘑、少量红茸等。有退伍士兵来到家中做客时，芦花会招待大家吃红豆饭、乌贼干、魔芋、芋头、红烧莲藕、豆腐芋头汁。在世田古市中的饭馆中，这些美食很常见。书中描写道："每家餐厅都会派人到我这儿来买新鲜的豆子。"

"每年秋小麦成熟的季节，'美丽的老百姓'就开始发愁，姑且称之为'麦愁'。先生家里需要种了大麦小麦总计一反（一反等于992平方米），最后不得已只能雇人收割。先生一直都是吃买来的大米，对于种的麦子，根本不在乎。……自诩为'美丽的老百姓'的先生见异思迁，自己都感觉很丢脸，甚至在心里骂自己。……总之，芦花彻底摒弃旧时的自我，融入了真实的乡村生活。"（选自《麦愁》）

芦花曾经描写自家叫小虎的猫吃蜥蜴的场景：

"蜥蜴可能已经死了，也可能是昏厥过去了，一动都不动。小虎试着摆弄蜥蜴。看到蜥蜴的尾巴左右摇摆，知道它应该还活着。小虎不急不忙，眯着眼、歪着头开始慢慢吃蜥蜴，神态宛如一头小豹或者小老虎，霸气十足。蜥蜴的脑袋最先进入小虎的胃里，褐色的尾巴被咬成一截一截的，犹如一只蜷缩着身体的小虫。小虎把蜥蜴吞进了肚子，躯干都所剩无几了。吃完后，小虎若无其事地开始晒太阳。"（选自《被吃掉的食物》）

芦花把小虎看作自己，当听到青蛙的叫声也会反省自己。他抓到小青蛙后，会把它们放生。芦花说每到此时，都会想起英国生物学家华莱士的话："蛇和青蛙的生存环境优越。当掐住蛇的喉结时令人有一种莫名的快感。"

融入田园生活的芦花，标榜着单纯的生活理念。但和之前相比，他的食欲更加旺盛。

"今天是妻子的生日。……只准备了红豆饭和豆腐汁。连一条沙丁鱼都没有。上午在果园散步，发现只有五颗水蜜桃成熟了。于是把

它们也摆到餐桌上，权且是一道水果甜点。"（选自《夏日的一天》）

芦花的著作《自然和人生》通过西方视角勾勒出日本的自然风情，是一部杰作。书中没有任何关于美食的内容。直到十三年后，另一部著作《蚯蚓的梦呓》问世，才暴露出芦花对美食的执着之心。哥哥苏峰对美食丝毫不感兴趣。

芦花的哥哥是家中的长子，兄弟二人出生于熊本县水俣市乡士家庭。家中父亲一敬整日喝酒，母亲为此很是恼怒。六岁的苏峰亲眼目睹了父亲醉酒后的丑态，他发誓终生禁酒。果真，苏峰这一辈子都没喝过酒。后来，他一个人来到东京创立民友社，二十四岁时发行综合杂志《国民之友》；二十七岁时发行《国民新闻》。他的文章体裁新颖，开启了报纸的新风尚，深受大众喜欢。苏峰喜欢读书，有人邀请一起吃午饭，他经常拒绝并说："帮我带回来就可以了。"

苏峰的编辑才华是与生俱来的，他能够很敏感地关注到时代的发展趋势。苏峰是一位民族主义者，但不是一位体制顺应者。他曾经被警察监视，公司两度被烧毁、打砸。芦花在文坛的崭露头角，离不开苏峰的庇护。最终苏峰凭借一己之力获得成功。苏峰对自己的要求很苛刻。芦花却一直在追求美食，身材肥硕，他也自嘲是一头猪。

芦花非常喜欢水果，他说，"我吃水果相当奢侈。对我而言，生命第一，水果第二。在水果上花多少钱我都不觉得可惜。家里的水果比较高端，例如一粒数钱的美国葡萄、一颗价值几日元的白兰瓜……我最爱吃柑橘，尤其最爱吃美国甜橙。原来是外国才有的水果，日本引进后口感略有不同。口感太甜的话，会感觉稍有一丝遗憾但还是喜欢。台湾的丑橘、雪柑和涌柑我都喜欢吃。……梨我也喜欢吃。遗憾的是日本没有榴梿和枇杷。东坡先生说过，'日啖荔枝三百颗'。另外，我还喜欢吃苹果。……提起葡萄，当属日本甲州的最好吃。果实累累，颗颗分明，犹如黑珍珠一样是半透明的，摘下来仔细看，又像一颗颗黑色的大眼睛。我还喜欢水蜜桃、樱桃、无花果、柿子、石榴、杏、李子、枇杷、菠萝、香蕉、栗子、胡桃、瓠瓜、西瓜、草莓、香瓜、甜瓜等。总之，只要是水果我都爱吃。"（选自《新春》）由此可见，芦花对于水果基本来者不拒。

"我总想尽可能地把鱼和熊掌同时吃下去。但如果只能选择一个，我会遵循古人孟子的教诲，选择熊掌。"（《新春》）

衣食住行中，芦花只看重食、住、衣。他曾直言不讳地说："生活中只要有美食就足够了。"

"无论如何，人活着总要吃东西。……古往今来，总有一些愚蠢的家伙们在吃喝方面失去自我。真主耶稣曾说：'我们的肉身源自食物，我们的鲜血源自水。'我原来一味地吃猪肉，是因为心里担心无论如何也不能被哥哥吃掉。回想一千九百年前，追溯到远古时代，世间万物是轮回的。猪和人类不一样，它们抓住了同样没有任何抵抗的耶稣，把耶稣从头到脚毫发不留地吃了个精光。"（选自《新春》）

芦花的散文集《蚯蚓的梦呓》发表于大正二年（1913）。芦花从十年前就着手准备。芦花解释道："马上就是大正三年，这是'死去'的一年。五月，九十三岁的老父亲去世。而后，我让养女鹤子，也就是散文集《蚯蚓的梦呓》里的俏姑娘，回到她的亲生父母身边。最后，我闭门谢客，在苟延残喘中度过余生。八月份，世界大战爆发，日本攻打德国。与此同时，整个世界陷入死亡的笼罩中。"（选自《致读者》大正十二年）

大正三年（1914），芦花四十六岁。这一年，第一次世界大战爆发，日本对德宣战。大正七年（1918），日本出兵西伯利亚。国际社会美元暴涨引起美国社会动荡，继而盟军国开始休战，随之而来的是全球经济大萧条。大正十二年（1923），日本发生关东大地震，震后形势严峻。

芦花之所以让养女鹤子回到亲生父亲苏峰身边，是因为他在鹤子身上看到了哥哥苏峰的影子。妻子爱子越宠爱鹤子，芦花就越发忌妒，认为鹤子是苏峰的化身。最终，芦花陷入妄想中难以自拔，不得已把鹤子送回到苏峰身边。芦花很有可能患有被迫害妄想症。

明治三十九年（1906），芦花拜访俄罗斯文豪托尔斯泰，他是托尔斯泰的忠实追随者。明治四十年（1907）回国后，芦花在千岁村粕谷过起了田园生活。据说，芦花前去拜访托尔斯泰的路费是哥哥苏峰向政界人士筹集的，然后偷偷地托人转交给芦花。芦花知道后勃然大怒。

妻子爱子回忆说，芦花忌妒爱子时，夫妻二人开始分居。托尔斯泰还专门问过芦花此事。苏峰和托尔斯泰见面时，一代大文豪已经六十八岁，精神矍铄，刚刚写完了巨著《战争与和平》。和芦花见面时，托尔斯泰已经七十八岁，不仅被家人抛弃，而且神志不清。四年后，托尔斯泰离家出走，死在了车站的站台。

芦花经巴勒斯坦历时三个月来到俄罗斯，途中吃了十个橙子，患上了胃膜炎。抵达托尔斯泰家中时，因过于劳累，饭量骤减。当被邀请吃一些不喜欢的食物时，芦花基本不怎么动筷子。大家就笑话他说："日本人饭量这么小，却偏偏长寿、好战。"时间一长，芦花不想再继续待下去，最后狼狈地离开了。

大正六年（1917），托尔斯泰的儿子雷奥来到日本。和兄弟二人见面后，雷奥感觉他们的性格截然不同。他甚至能感觉出芦花对哥哥很忌妒。芦花夫人爱子说，当时芦花请风烛残年的托尔斯泰吃豆腐，而招待雷奥的是豆腐汤、法国面包、甘薯天妇罗、鹌鹑饭、鸽子盖饭。水果有丑橘、苹果，还有红茶搭配安倍川饼。

以上所有的食物雷奥都爱吃。妻子爱子的厨艺高超，身为美食家的芦花，对厨艺极为挑剔。他平日相当能吃，长得胖乎乎的。

苏峰发行国民新闻报纸后，赚了很多钱。关东大地震后，报社被烧毁，事业一蹶不振。而此时，芦花在社会上广受好评，兄弟二人的境遇完全颠倒了过来。昭和元年（1926），苏峰得知芦花病情恶化前去看望他。他想:"我和芦花不见面已经十多年了,在他生病时,至少应该见一面,安慰一下他。"苏峰来到千岁村芦花的住处,却被芦花拒之门外。

苏峰曾说:"事到如今我已经不想再追问弟弟为什么拒绝见我。就算他同意见我,也不过是简单寒暄后分开。当时,我的私人司机(也是报社司机)陪我一起去的。吃了闭门羹后,我们垂头丧气地离开,他也觉得脸上挂不住。"(选自《弟弟德富芦花》)

苏峰去世四十年后,也就是一九九七年,中央公论社出版发行了苏峰回忆录,字里行间流露着哥哥对弟弟的深厚情谊。苏峰是一名国粹主义者,他的著作不被大众接受,回忆录得以出版,也只是因为大家想看他对芦花的评价。书中,苏峰还提到了弟妹爱子。对于和芦花的关系,除了在参加葬礼时,苏峰说过追忆芦花的话,其他场合,苏峰对芦花只字未提。

关于芦花的妻子爱子,苏峰这样写道:"我感觉她在家庭中没有受到尊重。主要原因还是因为芦花心里并不是很喜欢她。"

昭和二年(1927)九月十六日,苏峰收到一封电报,内容是"现在想和您见面,希望您能即刻赶来"。此时芦花在伊香保休养,石川六郎记述芦花的临终遗言,发表在《改造》十一月期刊。兄弟复合出现了契机。这其实是侄女静子的功劳。当时,她负责芦花家里的日常事务。静子对芦花说:"伯父(苏峰)很想和您见上一面。"芦花同意了见面,并大声说:"如果想要见面就快点。"他吩咐家里的厨师:"明天吃红小豆饭,庆祝一下。"

第二天苏峰来看他之前,芦花突然说:"糟糕!这样的话我岂不是输给他了?!"

看来,对于自己草率地答应和哥哥见面,芦花有几分后悔。这时夫人爱子说:"好了,这并不代表你输了。换个角度看,把哥哥使唤到这座小山头上,还是你赢了。"芦花听后很满意,他觉得,这个解释非常不错。

不久后苏峰到了。两人一见面,苏峰开口说:"好久不见。"芦花握着哥哥的手,哭着说:"我们闹成这样子,会给父母带来罪孽啊,是我不好。"接下来,两人聊到医药费的问题。芦花看病花了很多钱,苏峰担心弟弟没有生活费。听闻此言,芦花十分开心,高兴地说:"我有全日本第一的好哥哥。"苏峰随即也说道:"我有全日本第一的好弟弟。"二人说完后,不约而同地开怀大笑。芦花指着夫人爱子说:"她也很孤单,日后还请哥哥多多包涵。……她和医生之间的关系很微妙……"芦花怀疑自己的主治医生和妻子之间有不正当关系。此时,苏峰觉得很尴尬,开口打断了他:"啊,这个恐怕是你自己在胡乱猜想吧。"

芦花的夫人爱子听到后,当场斥责了他。芦花想要起身,爱子又安抚他说:"好了,不要说话了。大家都知道了。"

芦花还和苏峰一起吃了早饭。有红豆饭、苏峰带来的中华料理和香鱼鱼子。芦花一边吃一边说:"果然还是中华料理好吃啊!"这碗红豆饭,也成了芦花口中最后的美味。

如果有值得庆贺的事情发生,芦花都会吃红豆饭。红豆饭象征着一贫如洗和一片丹心。父亲一敬去世后,芦花也吃过红豆饭。他解释说:"夫妻吵架、兄弟纷争,是我们的家族命中的劫数。正如之前所说,吵架的目的当然是为了和睦。……我的前半生,对母亲和哥哥一直心怀执念。"

看来,芦花吃红豆饭不是为了庆祝和哥哥的再次见面,而是庆祝通过死亡能够脱离世间的纷争。苏峰吃着红豆饭感慨万千。而芦花一边吃红豆饭,一边想起的却是父亲的死。

国木田独步

(1871—1908)

生于千叶县。东京专门学校（早稻田大学的前身）英语系退学。甲午中日战争爆发后，作为『国民新闻』报社的战地记者，将发表的快讯收录成集，以《爱弟通信》为名发表，一时声名鹊起。之后创办独步社，仅维持一年后倒闭。代表作有小说《武藏野》等。

国木田独步

牛肉？还是马铃薯？

明治三十八年（1905），国木田独步的代表作《牛肉和马铃薯》收录入《独步集》。小说通过描述美食探讨人生观，是一部座谈会式的哲学小说。文中的"牛肉"代表"理想"，"马铃薯"代表"现实"。在明治年间，这样的假设引起了人们激烈地讨论：有人认为虽然大家一味地追随理想，但现实只能靠马铃薯过活；有人意识到现实中，大家每天都想吃牛肉。还有人说，煎牛排和马铃薯可以同时兼得。但无论如何，大家都期望文中的主人公（独步的化身）能超越理想和现实，抵达超脱忘我的境界。

　　独步嘴馋，最喜欢吃牛肉。但是身为贫穷官吏的儿子，他少年时很少有机会吃到牛肉。他经常吃的是马铃薯。所以他认为，牛肉就是理想的代名词。最终，他写出了《牛肉和马铃薯》，逆转了贫穷的现实，吃上了美味的牛肉。

　　独步的父亲国木田专八是播州龙野藩士，坐船时浅湾遇难，然后在吉野屋旅馆中休养。这期间，他爱上了旅馆的服务生，两人生下了独步。小时候的独步乳名唤作龟吉，别看长得矮小，却是一个十足的淘气包。独步指甲很尖，和朋友们吵架时，会直接用指甲去抓对方的脸，因此大家都叫他"猎龟"。后来，父亲专八因工作调动，一家人辗转于岩国、山口地区。独步自幼性格非常要强，特别崇拜拿破仑和丰太阁。

明治二十年（1887），独步十六岁。次年，考入东京专门学校（早稻田大学前身）英语系。独步十九岁时，对基督教产生兴趣，结识了德富苏峰。明治二十六年（1893，二十二岁），独步进入自由新闻报社工作，但仅仅工作了两个月，离开报社时只领取了三日元的薪水。弟弟收二回忆说："独步拿到的第一笔工资，全用来买牛肉吃了。"

明治二十七年（1894，二十三岁），独步被调到国民新闻报社工作。时值甲午中日战争爆发，独步作为随军记者乘千代田军舰来到战区，将快讯收录成集，以《爱弟通信》为名发表。《爱弟通信》中的文章，大都是独步写给弟弟收二的书信。读者读起来，会觉得像是自己哥哥的书信一般，亲近感倍增。如此特别的文章，明显是独步花了心思的。《爱弟通信》出版后，独步成为最有名的战地记者。独步在文中曾写过在千代田军舰上吃饭的场景：

"寒风凛冽，大雪将至。乍一看去，餐桌上摆放的是什么呢？两三个烫酒壶、四五个酒杯和一盘蜜柑，蜜柑已经被吃掉了一半。一盘柿子也只剩下柿子皮、果核和蒲团。一盘鱿鱼干已经所剩无几。一盘腌菜尚且'品相'完整。饭饱酒足后，大家依旧在高谈阔论，嬉笑怒骂，气氛相当热烈。一位少尉喝得满脸通红，开始就禅学、怪谈侃侃而谈……"

独步把军舰餐厅内士兵们聚在一起谈笑风生的情景描写得非常形象。如此细致的写作手法，像是在写《水浒传》梁山泊的好汉们。他还写过海上忘年会时的情境：

"会场从外面看上去很像一个巨大的帐篷。进入会场后，里面装着各国的军舰旗、各种信号旗，黄、红、白色彩缤纷。餐桌布置成两列，桌子上摆放空军饼干盒做成的餐盘。餐盘里有牛肉、猪肉、鸡肉，还有鱿鱼干、饭团等。空啤酒瓶也被利用起来装食物。总之，眼前的一切就是远征军忘年会应该有的场景，看上去很欢乐，实际上是费了很大功夫的。愉快的氛围感染着整个军舰。"

独步在宴会描写中才华四溢。经过巧妙的描写处理，文中粗糙的饭菜反而激起男人们的荷尔蒙。读这样的描写，即使不是军国主义青年，大概也会雄性荷尔蒙爆棚，期盼自己也要出征打仗吧。

《爱弟通信》给独步带来了相当高的人气，他本人也充满了自信。随后，他辞去报社工作，开始单打独斗。独步结识了基督教干事佐佐城风寿的女儿信子，二人不顾双方家庭的反对步入婚姻殿堂。独步性格强势，他既是军国主义者，也是基督教徒。他喜欢走在时代的前沿，喜欢新兴事物。独步在新闻业界声名鹊起，但单靠写作依旧难以维系生活。独步和信子过得极其贫困。对于当时的生活，独步是这样描述的：

"我们追求简单朴实的生活，其实说到底，还是没有钱。我们夫妻俩每天吃五勺大米，再吃些甘薯、豆类以及蔬菜。偶尔吃两钱或一钱七两的荤菜，或吃两条小鱼打打牙祭。我吃粗粮时，尝不到任何味道。但是，常吃粗粮会让人身体强壮。大家都不知道，常吃蔬菜人也会变得聪明。"（选自《诚实的日记》）

信子的父亲是资本家，打小过着优越的生活。结婚后，她感到难以适应。结婚仅半年，她便和独步离婚了。

独步的另一个笔名叫作乡下人。他喜欢新兴事物。和"牛奶一般"的信子离婚后，依旧喜欢喝牛奶。信子离开他后，独步在"涩谷的山庄"开始了伤心的单身生活。隔壁邻居是卖牛奶的，独步每天拿茶壶打一升牛奶，回到家中后，往牛奶中加入砂糖再喝。有客人到家里来，他也会用牛奶代茶招待客人。当时，牛奶加糖是非常时髦的喝法。独步还经常去新开的咖喱餐厅吃饭。

明治三十四年（1901），独步二十五岁。他和刚刚认识的田山花袋一起前往日光旅游。花袋和独步都是明治四年（1871）生人，二人意气相投，在文学道路上共同携手进步。可惜二人不被红叶的研友社所认可。来到日光后，独步和花袋寄宿在照尊院小庙中，彻夜饮酒畅谈。他们每天都喝掉一瓶酒，谈论的话题涉及恋爱、自然观和文学。经过两个月的取材，花袋写下了《春天的日光山》。独步在杂志《文艺俱乐部》上发表处女作小说《源叔父》。二人总共收到三十五日元的稿费。

花袋详细记录了二人的生活开销，伙食包括大米、酒和豆腐。偶尔有干木鱼、红豆糕、油炸食品。翻开花袋的账本，会发现买得最多的是豆腐。两个人两个月共花了十八日元，看到最后还有盈余，二人相视而笑，说道："多亏咱们省着花。"二人在一起时，经常是粗茶淡饭，过着苦行僧一般的日子。他们自诩是"乡下人"，对文学心怀憧憬。

明治三十一年（1898）一月，回到东京的独步在《国民之友》上发表小说《武藏野》（原题为《现代武藏野》），并和治子结为夫妻。随后，经矢野龙溪介绍，到报知新闻社就职，生活安定下来。但是，独步的酒量却大了起来。他一喝酒便会不分青红皂白地大声吵闹。据夫人治子回忆："当上报知新闻社的外交记者后，独步经常喝酒。"（选自《家庭中的独步》）当时，独步立志要成为一名政治家，因此经常和政界人士混在一起喝酒，酒后又常常吵成一团。有一次，独步还和电车工作人员发生争执，结果被警察带走。总之，独步与别人吵架，最后吃亏的总是他自己。有一次，独步在报社社长家喝酒后发酒疯，还砸碎了玻璃。他回家后，拿出短刀飞奔到报社，大喊着要杀人。这件事在当时闹得很大。少年时代，独步就是"猎龟"，长大后，还是一点没变啊。但第二天酒醒后，独步根本不记得发生过什么事情。

"独步吃饭非常挑剔，我（治子）也很是苦恼。因为要喝酒，所以独步不喜欢餐盘上摆着碟子。就算饭菜非常可口，他也不准放到桌子上来。"（选自《家庭中的独步》）

早晨起床后,独步就开始喝酒。半夜睡不着的时候,也会喝上几杯。独步经常去京桥的舞厅,每次喝到大醉。有次喝醉后,酒店老板还拿出木剑和独步对峙。友人小衫未醒回忆起独步酒后的样子,说道:"独步喝酒后气焰嚣张,非常任性,无人能敌,曾经好几次大动肝火。"(选自《独步的一面》)有时候很小的事情,就会让独步大发脾气。对小衫未醒也不例外。

独步自诩为美食家。明治三十六年(1903),他在知名日式料理杂志《东洋画报》上发表评论。其中有一篇题为《西京料理素人评》的随笔,文中比较了京都瓢亭和八新两家餐厅的味道,对每个菜逐一进行客观地点评。独步认为,"瓢亭位于南禅寺旁边,餐厅入口甚至有人卖杂物、草鞋。不知道的人会怀疑这真的是大名鼎鼎的瓢亭日式料理餐厅吗?"另外,他还写道:"漆器的盆子(没有盘子)里盛着三四颗煮鸡蛋、两个甜栗子和五片乌鱼子。"甲鱼汤太浓,烧鳗鱼"脂肪过多,算不得最佳口味"。紧接着,独步评价了"烧鸡肉","味道细腻,与其相比,东京的星冈茶餐厅、滨町的长盘餐厅都难以匹敌"。最后,他说刺身"和普通餐厅的刺身相比,味道相差无几"。

八新日式料理餐厅通常会先上味噌汤,然后是马鲛科海水鱼刺身加扇贝的蒸蛋羹和鳟鱼汤汁。独步对鳟鱼菜肴的评价极高,"三四条三寸左右的鲇鱼和拍松鸡肉一起煮好后端上来。特别是一月中旬的鲇鱼,味道棒极了"。之后,他又点评了菜品的味道。八新餐厅和瓢亭餐厅都有两元特价菜,"如此低廉的价格,想要品尝美味,还要兼顾分量,那么八新餐厅是不错的选择。如果想要吃新式料理,大家可以去瓢亭餐厅"。独步从细节处对两个餐厅进行比较,翔实的写作手法得益于他长期写新闻报道的积累。和独步的文学作品相比,纪实报道更能体现独步的才能。

独步在报知新闻工作了一年零一个月。明治三十三年(1900),独步二十九岁,他来到星亨的民声新报社想要干出一番事业。翌年六月,星亨被暗杀,事业一度搁浅。妻子暂回娘家居住,独步一个人住在神田骏河台的西园寺公望府邸。后来他和齐藤吊花、原田东风一起前往镰仓,期间接连创作了《巡查》《画的悲伤》《镰仓夫人》《酒中日记》等。这一期间,独步的文学作品滞销,生活穷困。

后来,吊花回忆起独步是这样说的:"他常常吃不饱饭,有客人到家里来,他竟然让客人做饭给他吃。"

"独步家每天吃牛油和牛肉,他很精通菜肴的烹饪方法。关于牛油,什么时候、如何烹制,独步都有自己的独到见解。他还会给别人讲如何做家常味噌汤,并告诉大家吃肉会发胖。每每提及吃的话题,独步都兴趣盎然。独步烹煮牛肉后,从来都不清洗炊具,令原田君非常生气。"(选自吊花《镰仓时代》)

明治三十七年(1904),独步三十三岁。他选择在这一年重出文坛。彼时,日俄战争爆发伊始,作为出色的战地记者,独步主编了杂志《战时画报》。《战时画报》一上市,人们争相购买。但随着战争结束,杂志销路下滑,独步于是创办了独步社。明治四十年(1907)四月,独步社宣布破产。

独步创作了哲学小说《牛肉和马铃薯》和描写武藏野风情的小说《武藏野》,被大众熟悉。可惜独步生前,这些文学作品并不畅销。有名气的,只是他的战地报道。独步创办的"龙土会"吸引了很多自然主义作家。明治三十七年(1904),《战时画报》大卖,独步也赚了很多钱。独步创办自然主义作家沙龙,其实是他的一种政治行为。

纵观独步的个人生涯,无非是牛肉和马铃薯的反复交替。

独步破产的时候,花袋为其到处奔走筹措资金,奈何进展并不顺利。据说,花袋奔波两三天后,精疲力竭地回到独步社,腹中空空如也,只能咯吱咯吱地啃火柴盒。这件趣事被《万朝报》报道,嘲笑花袋是"吃火柴的家伙"。独步也因破产身心俱疲,身体出现了一些问题。他来到汤河原静养,但是病情却更加严重。

夏目漱石没有刻意评价过独步的作品。后来经寺田寅彦推荐，他读了明治三十九年（1906）刊发的《独步集》。其中有一篇名为《命运论者》的短篇小说，漱石评价说："我不清楚这篇是不是自然主义小说，读起来很有趣，但是，并没有让我感到愉悦。"

　　"另一篇小说《酒中日记》以赞扬为主，我一点都不欣赏。直白地说，文中很多地方都不自然。如果非要说清楚究竟是哪里不自然，我也不知道。因为文中不自然的地方太多，我很难再读下去。"（选自《独步氏的作品中含有低级趣味》）

　　漱石从伦敦留学回国后，担任东大讲师，无论是语言功底，还是阅读量，都在独步之上。漱石在自己家中举办周四茶话会，很多学者、大家都来捧场。独步是没有资格参加的。当知道漱石委婉地评价其作品"不值得欣赏"时，独步流下了眼泪。

　　明治四十一年（1908），三十七岁的独步来到神奈川茅崎南湖院。五月二日，记者真山青果和花袋一起到南湖院拜访独步。随后，真山青果在《读卖新闻》连载刊发"国木田独步病情报告书"。独步去世后，还发表了《病情录》。书中记录了独步卧病时吃的饭菜。独步的暴脾气一如既往。文章最后写道："五月十九日下午三时，独步氏因久病不治身亡。"

　　我喜欢喝肉汤。肉汤凝聚了肉的精华。但是肉汤不一定是牛肉汤，牛肉汤没有色泽、没有形状、毫无生气可言。

　　肉汤的做法简单、快捷。为了生存，我必须摄取肉汤中的养分。其实对肉汤，我也并不是特别喜欢。

　　世间有很多人能为了某种目的奋勇前行。目的一旦达成，就不会继续前进。很多人为达到目的不择手段。

　　我每天必须吃十几种药。现在身体才是最重要的。国木田独步如此苟且偷生，想来也是极其可笑。

我卧床养病后，开始认识到朋友的可贵。咳嗽发烧时，亲友们不计一切前来看望我。当看到大家的脸庞时，感觉疾病就痊愈了一半。亲友的关心，就是我活下去的药物。

我的暴脾气是病痛的缓和剂。即使是医生、亲友的劝慰也不能缓解我的痛苦。正冈子规因苦痛难耐而哭泣叫唤，现如今我也感同身受。

草莓上市的时候想吃枇杷，枇杷上市的时候想吃水蜜桃，有了水蜜桃心里却想着吃葡萄。葡萄和栗子成熟时，又惦记着明年的草莓和枇杷。

关于酒，独步这样写道：

酒对身体的危害无须多言。我在健康时成天饮酒。现在想来，当时的暴饮应该是导致生病的诱因之一吧。

暂且不论过度饮酒对身体的危害，单看它对工作的影响就很大。尤其是对于创作来说，酒是凶狠的敌人。从我过去的经验得知，在暴饮酗酒的岁月中创作的文学作品，是一文不值的。

没有人比我更爱酒。我过去喝酒，给家人和朋友带来了不少麻烦。饮酒过度就是暴饮。面对曾经烂醉如泥的我，确实需要耐心。有时，我还会招来别人一顿乱揍。

我开始收敛，醉酒后虽然嚣张，但是内心大抵有限度。当我感觉快要喝醉时，就会立即停止喝酒，最多不过发发酒疯而已。

另外我认为，对于喝酒，善后最好的方法就是互相理解。赔礼道歉后，对方一般都会原谅。

喝酒让人聪明机灵。多数人参加酒席，一定要预先选好酒伴，以防酒后发生暴行。

我绝对不和风月女子一起饮酒。《读卖新闻》报社斜对面的摄影店内有一家舞厅。我曾经在《号外》中有所提及。在东京市中心喝一杯，大抵都有风月女子作陪。当然这是平民百姓的世俗话题。风月女子也有喜欢的男性，但基本是在居酒屋花钱买酒的男性。我妻子特别幽默。她对我说：

"你快点好起来，身体恢复后给你买青花鱼刺身，再叫几个风月女子陪你喝酒。"

我的胃口非常好。我每天垂死挣扎，只是为了满足胃的需求。

我认为，鲣鱼刺身的味道最佳。而有人认为金枪鱼刺身或者鲷鱼刺身最好。对此我难以苟同。初夏时分，坐在树下的大桌子上吃十片刺身，酌一壶酒，像是皇帝才有的待遇，惬意极了。

青果第一次来到南湖院拜访独步时，不仅带来了特产马铃薯和新潮社的礼物牛肉、蜜柑、梨，还有一份消夜——大船站的模压寿司。但是，模压寿司被没收了。独步即使躺在病床上，食欲也很旺盛，和大伙聊天后也会一顿乱吃。有一次，独步在一小时内吃了面包、红茶、菠萝和三块寿司。当然，独步最喜欢的还是牛肉。如果有美味佳肴，独步谁都不会给，最多三天，全部偷偷吃掉。吃完后，他还会担心"已经没有什么可以吃的了。明天吃些什么好呢"？独步喜欢吃鳗鱼，经常自言自语地说："如果吃了鳗鱼，我能比红叶多活一年。"

他对漱石有过如此评价："他的作品偶尔令人非常讨厌。……曾几何时，读小说后感动流泪，但内心是愉悦的。读完当今时代的作品后，也会哭泣，但心里面是恐怖、畏惧的。红叶曾经评价漱石是另一个世界的人，他深知读者们心中所想。"独步自认为是自然主义流派，个性执着。

正如自己的笔名，他想独自一个人前行。无论学术造诣，还是作品，独步都不能和漱石相提并论。在独步人生的最后阶段，他抛弃虚荣，不顾外界非议，创作了人间绝唱《病牀录》。明治三十四年

（1901），《病休录》文集中《仰卧漫录》一文提到漱石的盟友子规。独步认为子规比自己的食欲更加旺盛。独步在直面死亡时，可以摒弃肉身，以一种全新的视角洞察一切。独步在人生的最后阶段，创作出《病休录》，令众人为之惊愕。仅凭这个文集，我们完全可以对独步生前的作品重新考量。

这部作品由独步口述，青果做笔录，期间还曾一度拔掉了呼吸器。主治医生提醒说："病人需要多休息。"但是，他没有遵照医嘱，导致过早地死去。独步在创作期间大口大口地咯血。休息两三天后，又开始进行口述。他在《读卖新闻》连载的新闻报道大获好评后，许多读者慕名来拜访他。读者来到病房后，独步都是热情接待，这也让他的病情越发加重。独步在和病魔的斗争中，最终口述完成了《病休录》。

明治四十一年（1908）六月二日，独步咯出了两大杯血。医院院长谢绝了一切来访者。六月十三日，在神户新闻工作的弟弟收二来到医院看望他。独步和弟弟二人双手紧握，相互对视，无语凝噎。第二天，也就是六月十四日，独步再次咯血。六月十八日，牧师植村正久来到他的病房，看到独步形容枯槁的样子，甚至以为他马上就要去世了。

之后，独步被禁止吃一切固体食物。六月二十三日，独步吃了两个彩云阁送来的水蜜桃。至此，主治医生才允许独步吃自己想吃的东西。六月二十三日晚，独步自言自语地说："我想吃冰激凌。"六月二十八日，独步还被允许吃刺身。据说独步高兴地一个劲儿点头。不久，独步又开始咯血，病情进一步恶化，最后停止了呼吸。

幸德秋水
(1871—1911)

生于高知县。师从中江兆民。曾是《万朝报》记者，之后和堺利彦创办周刊《平民新闻》，成为社会主义运动的大本营。明治四十三年，日本当局制造假案"大逆事件"，秋水被当作主犯逮捕入狱，次年处死刑。

幸——德
　　　秋
牢狱中吃刺身　　水

明治四十三年（1910）六月一日，日本当局制造假案"大逆事件"，幸德秋水作为主犯被逮捕入狱。明治十四年（1911）一月十八日，秋水被秘密判处死刑，六天后被处以绞刑。明治政府残暴无道的黑暗判决，在历史上留下了不可磨灭的污点。幸德秋水去世时，年仅三十九岁。

"大逆事件"发生后，老百姓对当局政府提出强烈的谴责和抗议。以石川啄木为首的文人们坚信秋水是含冤而死。秋水是一位喜爱美食的作家。他被逮捕时，正在写《通俗日本战国史》。

秋水创办了周刊《平民新闻》，一直在写反对战争的无政府主义文章。同时，他也很擅长写随笔。他这一生，靠写文章赚取报酬维持生计。秋水的文辞论调向来激烈，宛如一把刺刀，但绝不是政治的直接产物。

秋水被捕后，坊间谣言四起，有些甚是可笑。有人猜测说"秋水是因为吃人肉被逮捕的"。当时的民众，因反对日俄战争而衍生"非国民"论调，主张言论自由。荒畑寒村被捕入狱后，秋水和寒村的妻子管野须贺子同居。狱中的寒村知道后怒不可遏，打算出狱后一枪崩了秋水。结果，秋水阴差阳错地躲过一劫。秋水是激进的自由恋爱主义者，他是热情、奔放的。这样的气质与四国土佐的风土人情有着很大的关系。

秋水的堂兄弟安冈秀夫曾说过："我们老家的人都非常浪漫，不拘小节。男孩子十二三岁就开始喝酒，对性很随便。现在的社会，淫欲风气日益严重，恐怕一些有姿色的小姑娘早在结婚前就不是处女了吧。当然，这也不能反映全部的社会生活。"（选自《云霄后》）秋水家里经营药店、酿酒，家境富裕。秋水小时候，放学回家的路上会买很多新鲜牛肉，然后拿到山上，用石盘当锅煮着吃。土佐是自由党派代表板垣退助的家乡，当地政治热情高昂。秋水十二岁时，嘴里经常念叨"自由和民主"，并发过革命手抄报。

明治二十四年（1891），二十岁的秋水来到东京。明治二十六年（1893），秋水到板垣的自由新闻报社担任翻译记者。明治三十一年（1898），秋水二十七岁，他辞职转入黑岩泪香主导的《万朝报》。《万朝报》发行最多的是一些低级趣味的新闻报道，政治、财经界人士的丑闻是最大的卖点。

这段时期，秋水和同事们过得相当颓靡，终日饮酒大醉。据《秋水日记》记载，当时他和堺利彦经常去新桥有乐轩西餐厅和园城寺清红叶馆吃饭。新桥西餐厅有艺能表演，秋水还曾对演员动手动脚。那时的秋水，终日流连于松本楼、风月堂、银座竹叶等餐厅。有一次，清新轩日式料理餐厅的账单寄到秋水家中，秋水要求来访的朋友斋藤绿雨替他拿钱，还颇为骄傲地记录下这件事情。秋水中午喝酒后，经常乱丢帽子。他还会提前支取工资买酒喝，家庭开支一度吃紧，有时连一分钱都拿不出来。明治三十二年（1899）十二月二十三日，秋水在日记中反省自己："由于我整天喝酒，让母亲生气，妻子苦恼，我真是一个不孝之子、不仁之夫。我真是太羞愧了。"

秋水度过了一段浑浑噩噩的日子，对家庭不管不顾，是个十足的花花公子。明治三十三年（1900），他创作了论文《宴会的不完全》。

《宴会的不完全》是一篇风潮评论文，批判了当时的宴会风气。

文中提到，"无论是送别会、茶话会、典礼仪式、祝贺宴请等所有以宴会之名举办的宴会，都是无稽之谈。特别是在日本料理店里举办的宴会，充分暴露出我国低等的交际做派。为此，我们应该改进宴会的形式、食物量、时长以及服务人员的服务时间。总之，关于的宴会所有规则、方法都应该重新制定。"当时，秋水二十九岁，如果没有亲自参加过无数次宴会，肯定写不出如此详细的报告文学。

明治三十四年（1901），政府提议修订未成年人禁酒法案。秋水写了《老人禁酒法案》来嘲讽当局。秋水从少年时开始饮酒，人生座右铭是："十五岁开始饮酒，直至人生的尽头。"对秋水而言，政府的举措简直不可理喻。

秋水写道："根据未成年禁酒法案出台的缘由，提案中明确写道，酒精和吗啡一样是毒品。诸位了不起的议员先生们，我佩服大家的博识。只是我不禁想到，诸位了不起的议员们，你们每天都在喝咖啡啊。以前经常听说有人吸食吗啡殉情至死，但是很少听说有人喝酒死掉。想想，这真是不可思议啊。"他直言不讳地嘲讽道："如果酒精有毒，那么喝的人一定会中毒，中毒后只需服用解药即可。"秋水认为，真正需要禁酒的是老年人。作为一名酿酒人的儿子，只有秋水才能写出这样赤裸裸的嘲讽文章。

明治三十五年（1902），秋水三十一岁。针对宴会的繁文缛节，他又一次倔强地提出自己的看法。

"参加宴会的人每人最多花费四五日元，最少花两日元。有人因多次参加宴会而捉襟见肘。可又不得不去，收入的一半大都花在宴会上。月薪百余日元的有钱人可能觉得不算什么，可对于月薪三十日元、五十日元的普通人，确实承受不起。有送别会、欢迎会、乡友会、同窗会、某学术会、某研究会、某协会，每月都要参加数个宴会。"（选自《高价的宴会》）

宴会费用高涨，秋水对此颇为生气。明治三十六年（1903），秋水在《万朝报》发表了《社会主义神髓》，文章标题是模仿坪内逍遥的《小说神髓》。

同年，《万朝报》发表日俄非战争论的言论。秋水对此很是不满。他和堺利彦、内村键三一起离开报社。十一月和堺利彦创办周刊《平民新闻》。明治三十八年（1905）一月，周刊被禁止发行，仅发行六十四期。禁刊后，秋水作为编辑责任人被判处五个月实刑，被关押在巢鸭监狱。次年十一月，秋水出狱。为躲避当局的政治监视，他引渡到美国，在国外生活了八个月。

从横滨出发的船只上，秋水给厨师讲解了中国料理和日本料理的烹饪方法。船上的菜很难吃，加上晕船，这让秋水几乎吃不下饭。秋水的侄子幸德幸卫随秋水一同前往美国，据他回忆："我叔叔非常讲究吃喝，在吃喝方面很有话语权，大家都听他的。"（选自《回忆叔父秋水》）秋水一行抵达美国后，经西雅图来到旧金山，身上的钱已经所剩无几。当到达美国港口城市伯克利时，已如流浪汉一般。秋水便写了数十张传单，贴在伯克利的日本人住宅区，呼吁大家帮他渡过难关。传单上写的内容是："我们没有钱，也没有食物。"

明治三十九年（1906）一月二十七日，秋水在旧金山写的日记中记录道："一杯冰激凌下肚，浸湿喉咙。回望日本，在遥远的大海的另一端。注视着海平面，感慨许久。"他还写道："我深爱着日本，但是却遭受着来自日本人的厌恨、诅咒、驱逐和流放，这痛楚令人难以忍受。"

在美国生活期间，秋水开始信奉素食主义。论文《素食的研究》从三月十五日开始提笔，在美国居住期间完成。明治四十年（1907），隆文馆发表了这篇论文，同期发表在周刊《平民主义》上。后来，周刊遭到禁刊。

秋水曾说："我对食物很有研究，实在不济就开一家餐厅谋生。"每次和别人见面，秋水都会问："你靠什么谋生呢？"秋水从少年时代就喜欢吃肉。当时，他认为西方人富强就是因为吃肉的缘故，而日本人的劣势是因为长期吃素造成的。后来，他读了托尔斯泰的《First Step》，秋水才发觉自己过去的观点是错误的。《First Step》的主旨是宣扬积极的人类道德心。秋水读后学会了律己。后来，秋水从营养学的角度分析，认为素食最好。他认为，日本人是在明治维新后才开始吃肉的，"日本能取得现在的文明和成就，是萃取了大米饭、小麦饭、味噌和梅干的营养元素凝练而成的。现如今，在韩国受苦的日本士兵，大部分是来自一直吃素的老百姓家庭"。

他还认为："斯巴达勇士也是素食主义者。他们仅凭借三百勇士力挫百万大军，丰功伟绩千古流传。古罗马帝国初期也是素食主义国家。再看动物，最强健的动物是素食动物，例如马、大象、羚羊和驯鹿。狮子吃肉，虽然凶猛但不是最强壮的。素食不仅可以让身体强壮起来，还可以孕育智慧和道德。古印度诞生了很多伟大的思想家，他们都是素食主义者。古希腊的大哲学家毕达哥拉斯、柏拉图、苏格拉底都是素食主义者。古罗马的圣贤塞涅卡、普鲁塔克、柏夫卢等人从来都不吃肉。"

秋水最擅长的论证方式就是举例。他会接二连三地举下去。最后说到蔬菜的优点时，秋水是这样解释的："无论西方人常吃的肉食，还是日本国内以蔬菜为主的料理，都是为了适应身体机能，利用诸位食客做实验而已。"秋水是性情中人，一旦决定，就会全身心投入。

秋水对料理和酒颇有研究。秋水五短身材，身高不足五尺。他经常口出豪言："我要喝一升酒。"但是，他根本喝不了那么多。并且，喝完酒后，第二天早上总是起不来。于是，他发誓要戒酒。人们很难想象身体虚弱的秋水能写出如此尖锐的文笔。秋水是社会主义者，他有一肚子理由说服人们吃素。

明治三十九年（1906）六月二十三日，秋水从美国回到日本后，前往神田锦鹏馆参加日本社会党欢迎会。秋水发表了题为《世界革命运动的潮流》的演说。在演说中，他呼吁组织工人罢工。七八月份，秋水连续参加多场演讲，连日劳累导致肠胃炎发作。

明治四十年（1907）一月十五日，三十六岁的秋水再次创办日刊《平民新闻》，四月十四日，日刊被禁止发行。随后，秋水来到汤河原温泉天野屋进行疗养。当时，社会主义者被认为是"一伙不良青年男女""狂犬之徒"。秋水在寄给白柳秀湖的明信片中写道："我现在是自由恋爱倡导者，我是浪子秋水。"秋水自称是浪子。

秋水患上肠结核，在温泉接受疗养后，他离开东京，和妻子千代子一起住在乡下土佐中村专心静养。这一期间，他翻译了克鲁泡特金的《争夺面包》。明治四十一年（1908），"红旗事件"爆发，许多革命同志被捕入狱，秋水再次返回东京。

途中，秋水经过纪州新宫，到朋友大石城之助医生家中住了两周左右。大石城之助亲自为他诊断病情。随后，秋水又拜访了箱根大平林泉寺的禅僧内山愚童，二人相谈甚欢。一路上，秋水见了很多人。不久后，秋水就成为"大逆事件"中首当其冲的被害者。当局诬陷秋水的这次行程，是"暗杀天皇"的秘密会谈。当然，这一切纯属无稽之谈。

明治四十二年（1909）三月，秋水和妻子千代子离婚。千代子的姐夫是名古屋的法官，他协同其他法官一起认定秋水是社会主义者。千代子的姐夫，或许因为妹妹离婚对秋水很有怨言吧。秋水的朋友接连不断地被逮捕进千叶监狱。秋水的家，成为了入狱者家族成员接济中心，和寒村同居的管野须贺子也在这里落脚。

管野和许多男人上过床。生母去世后，管野惨遭继母虐待。十六岁时，在继母的授意下，一名矿工凌辱了她。十九岁时，和小宫某结婚，不久后两人离婚。管野师从小说家宇田川文海，结果被禽兽老师强奸。她曾经还和新闻记者毛利柴庵有过婚约，只是因为毛利有妻子，后来才作罢。管野和柴庵的友人清泷智庵交往颇深。最后，她选择了和小她六岁的荒畑寒村同居。结果寒村刚刚入狱，管野便开始勾引秋水。秋水和管野一见钟情。二人同居后,引起很多人的不满,大家纷纷和秋水绝交。秋水虽然是一位社会主义思想家,但在个人思想上却相当不成熟。他对待女人漫不经心,甚至只是为了性。管野性生活混乱,且无悔改之意,秋水第一次碰到这样的女人,有些束手无措。

在汤河原居住时,秋水曾经写信给寒村:

"……想必寒村兄对我一定很生气,心怀怨恨吧。那么,我负荆请罪,寒村兄你可以来把我一枪毙了。正如兄弟你所言,我和你之间,是有什么深仇大恨吗?又或者是我故意在侮辱你吗?……我和管野的事情,已遭到社会谴责,人们把我们当罪人来看。我生性愚钝柔弱,性情悲观。因为我不得体的行为让你失望、自暴自弃,我本人也很痛苦。恐怕自己既是罪人,也是恶人吧。如果我这样的罪人能得到应有的制裁,那么兄弟你一定会大快人心吧。现在,我死不足惜。从去年夏天开始,因为和管野相恋,我被很多同志嫌弃,大家纷纷离开了我。我本人也很受伤。期间,我还被安上了各种罪名,遭受了迫害,缺衣断食。借钱无果,我只能卖家中的藏书、刀剑和祖母的金银首饰,就连乡下老母亲的房子都被我卖掉了。我千方百计才活下来。管野从去年被抓进牢狱后,精神受到刺激,变得不正常了,随时都有可能发疯,情况不容乐观。"

最后,秋水写道:"我知道,只有我流出鲜血,才能让您消除怨恨,别无他法。"写信的日期是五月二十日,十二天后,也就是明治四十三年(1910)六月一日,秋水被逮捕。秋水做好了被处死的准备,他知道,欲加之罪,何患无辞。

秋水被捕入狱后,拜托前妻千代子给他送东西,千代子一开始拒绝了他。但是,经过堺利彦一番劝说后终于答应了。秋水在八月三十一日的信中写道:"我要的便当在二十三日已经领取,这些已足够。"千代子知道秋水对吃很讲究,于是便给他送去了上等的便当。

十二月六日，秋水给千代子写信说：

"这是我入狱以来吃的第二顿刺身。现在是吃秋刀鱼的季节，我还担心自己再也没有机会吃新鲜的鲑鱼和干鱼子了。这个夏天以来，我也吃过青花鱼了，还吃了松茸。我还吃了黄瓜、西红柿、茄子和萝卜等蔬菜，吃了苹果、梨子、栗子、柿子、蜜柑和其他的节令水果。我现在完全没有伏姬纳多愁善感的心情。对于坐牢的人，每天送来的便当才是生活的日历。我现在，每天都满心欢喜地期待着饭菜的来到。随季节变化，饭菜的内容和味道也会变。我期待着监狱里面的食物，期待着看报纸，这样的生活是不是挺有趣呢？我在狱中最苦恼的事，莫过于缝补破烂的衣服。绣花针比笔杆子要沉重得多。十二月六日。"

书信中出现的"伏姬"，是马琴的小说《南总里见八犬传》里的女主人公。"绣花针比笔杆子要沉重得多"这句话，是模仿朋友绿雨的名言警句"一支笔、两根筷子"。秋水苦中作乐，同时也安慰了情绪失落的千代子。千代子虽然答应给秋水送便当，但是走路到东京监狱也是一件苦差事。"送来的便当才是生活的日历。"这样的句子是秋水亲身经历过的，所以才有感而发。

明治三十二年（1899），秋水发表论文《胃的问题》。文中提到："人类不能只靠面包生存，但没有面包也可以维持一天的生活。现在，国民的胃出现了问题，有人给出正当的解释了吗？换言之，我们的国民理所当然地认为，吃面包就是最正当的解释。"如果作者不是一位讲究吃喝的社会主义者，肯定写不出这样的论点。秋水在狱中吃刺身、青花鱼和松茸。当时的宪法规定，揭发大逆罪行人人有责，入狱后国家保证罪犯有饭吃。这点来看，也算是仁至义尽。但是长期吃牢狱饭，秋水的胃应该不好受吧。

明治四十三年（1910）十二月十七日，秋水给木下尚江的信中提到："社会上可能猜测幸德已经去世了吧，但是我还活着。和往常一样,我吃的是病号饭米粥,但是我的意识清醒。像我这样的罪人被绑缚街头示众,或被殴打,或疾病缠身,可能都不会死去。虽然也能吃到便当,但是,还是喝粥的好。"

秋水在狱中写出了《基督抹杀论》。他从堺利彦那里得知,十二月二十八日,母亲多治子因病去世。多治子去世前一个月,秋水还和她见过面。多治子见到秋水时,没有流一滴眼泪,还对秋水说:"你要做好死的心理准备。"当时秋水已经知道自己会被判处死刑,尽管如此,他依然毫无惧意。秋水说:"革命家到最后关头,会痛痛快快地死去。"多治子是病死的,但是秋水认为她是自杀身亡。明治四十四年(1911)一月一日,秋水知道自己母亲去世后,在给堺利彦的书信中写道:

当我拿到便当盒时,突然感到胸口莫名的疼痛,几滴热泪落进粥里。我勉强喝了一些粥。我曾经对母亲说,我可能再也见不到她了。母亲说她也以为是这样的。我叮嘱母亲一定要好好保重身体。说完便离开了我的母亲,母亲的音容笑貌,至今历历在目。一想起和母亲见面的往事,眼泪便止不住地流。后来我疏于问候母亲,只知道母亲说她自己很健康。母亲去世的讣告抵达前两三天,我收到母亲的来信。信是别人代笔的,信中写道:"你前途未卜,不要惦记我,我的身体很健康。你自己读书写诗,保持好心情。"……啊,万事皆是命运使然。直到风烛残年,母亲不管病痛和心中的创伤,一味地安慰我、鼓励我。而我背弃了母亲,忘记了人生应该奋力前行,这让人追悔莫及。牢狱中没有倾诉的朋友,我总是独自一人黯然神伤。我现在什么也做不了,唯有赋诗一首来怀念母亲:

辛亥(?)岁朝偶成

狱里泣居先妣丧　昨宵荞麦今朝饼
何知四海入新阳　添得罪人愁绪长

新年前夜吃的是荞麦面，今天早上吃的是大饼。虽然这首诗有点不像样子，但却是我真实处境的写照。和堺利彦兄抱怨这么多也无济于事，请见谅。我已经丝毫不留恋这个浮世。不孝的罪名让我觉得，自己死有余辜。

一月一日

致堺贤兄

秋水敬上

田山花袋
（1871—1930）

生于枥木县。最初在尾崎红叶的砚友社工作，第二年转而信奉自然主义。1907年发表作品《棉被》，并阐明创作理念"还原事实的真伪，自然地写作"。《棉被》被看作是私小说的开山之作。

田山花袋

乌冬面和棉被

田山花袋原名录弥，出生于栃木县（现在的群马县）。大胃王田山花袋很喜欢吃栃木县馆林市的乌冬面。花袋年轻的时候并不怎么能吃，晚年时胃口反而越来越好，每天早晨吃四碗米饭，雷打不动。他曾对孙子说："爷爷老了，饭量却大了，想必大家会笑话我吧。"

乌冬面一定是自己手擀的才好吃。可田山花袋刀工不行，把乌冬面切得七零八落，味道也好不到哪儿去。

田山花袋的儿子回忆说："在家里，基本是我母亲做面。父亲很讨厌和大家伙一起吃面条，而且，吃饭时要用好筷子。父亲喜欢吃凉拌豆腐、老辣椒、馄饨、荞麦等简单的食物，就算连着吃两三天，父亲也不会厌烦。"（选自田山瑞穗《讲述父亲》）

明治四十三年（1910），田山花袋和蒲原有明、洼田空穗一起去奈良旅行。他们到春日公园的茶店喝甜酒。盛甜酒的杯子上有黑色的污迹，大家感觉太脏了，不打算喝了。花袋说："又没有其他可以吃的东西，虽然嫌弃这里脏，但我们还是一块喝了吧！"听闻此言，大家一起端起杯子，一饮而尽。（选自洼田空穗《三个印象》）

田山花袋生长在乡下，从小磨砺出了不屈不挠的性格。同时，他又很豪爽、洒脱。

花袋生于明治四年（1871），父亲田山销十郎是旧时馆林秋元藩士。明治十年（1877），父亲参加西南战役，战死沙场。花袋十岁时来到东京京桥有邻堂书店做学徒，业余时间刻苦学习汉学和英语。二十岁时，花袋拜入尾崎红叶门下，却不被老师看好。花袋性格木讷、一根筋，整天净写一些不成熟的文学论调，这样的乡下学生，离砚友社的要求相去甚远。

明治四十年（1907），花袋三十六岁。这一年，其代表作《棉被》问世。花袋从默默无名到出名，经历了很长时间。他曾解释说："以前很穷，我为了谋生忙于工作，很难集中精力去写一部小说。"《棉被》顺应了当时盛行的自然主义风潮，是一部告白实录小说。

小说讲述了一位名叫竹中时雄的中年作家收留了年仅20岁的横山芳子作女弟子。慢慢地，竹中时雄爱上了芳子。后来，和芳子发展成恋人关系，但是芳子最后还是离开了竹中时雄的家。最后，竹中时雄趴在芳子曾睡过的棉被上，贪婪地嗅着芳子留下的味道。芳子的原型是住在花袋家中的时髦女子冈田美知代。她接受了中年作家花袋的表白，展开了一段师生恋。花袋对棉被有一种恋物癖。当时流行自然主义创作风潮，主张还原现实。花袋为读者全盘描述了自己的爱欲过往。

花袋的朋友国木田独步宣扬恋爱至上，而花袋与他相反，推崇自然主义先行的理念，首先考虑的是情欲。美知代住在花袋家中时，正值花袋的第三个儿子出生。

对于小说《棉被》，很多读者是不认可的。他们认为："小说只是纯粹的爱欲告白，没有任何实质性的内容，是一部无节操的作品。"花袋作为一名有社会态度的作家，却把自己的性欲隐私揭露于大众，还标榜是所谓的"标新立异"。同时代藤村的《破戒》也被称为摆脱旧文学的破壳之作。

小说《棉被》畅销，花袋非常开心。他来到赤坂一家名为鹤川的艺伎酒馆喝酒。在酒馆里，他结识了年仅十七岁的田代子，两人一直保持情人关系。

花袋和田代子的情人关系维持了十七年。花袋以代子为原型创作了长篇情爱小说《弓子》和《白鸟》。花袋和藤村的小说属于自然主义流派，作品皆源于自己的亲身经历。

小说《棉被》曾描写中年作家竹中时雄因忌妒芳子的恋人而独自喝闷酒：

"妻子费尽心思准备了丰盛的晚餐，有新鲜的金枪鱼刺身和紫苏叶凉拌豆腐。但是时雄没有心情品尝，只是一杯接一杯喝着闷酒。"

花袋是当时文坛的中坚力量，以他的身份和地位完全吃得起金枪鱼刺身，他本人也很喜欢吃紫苏叶凉拌豆腐。小说中的场景大都是现实的写照吧。关于花袋的喜好，次子瑞穗曾回忆说："相比食物的味道，父亲更重视食物的气味。"花袋特别喜欢院子里柿子熟透崩裂时发出的浓郁气味。

"清晨，霜还没有褪去，熟透的柿子有些冰冷。父亲十分喜欢这时候的柿子。他摘下柿子开始吮吸，汁液沾满了胡须，像个大男孩一样。现在想来，当时父亲的内心，应该有几分孤寂。"

花袋对气味很执着，因此才会去闻女学生的棉被上的气味。小说《棉被》的结尾是这样写的：

"……时雄的内心深处，翻涌起曾经熟悉的少女体香和汗味。少女天鹅绒睡衣的衣领处已经脏了，但是时雄还是用它盖住自己的脸，肆意地闻着少女留下来的体香。

突然间，性欲、悲哀、绝望充斥了时雄的心胸。时雄盖着少女的棉被和睡衣，头埋进冰冷而又脏的天鹅绒睡衣衣领里，独自一人哭泣了起来。

屋内冷清昏暗，窗外寒风呼啸。"

小说《棉被》中的中年男子执着于一份荒诞的情爱，是明治文学史自然主义的开山之作。棉被是花袋小说中常出现的道具之一。明治四十年（1907），小说《一把葱》中写道："棉被中的婴儿穿着和服睡觉。"这个婴儿之后被杀了。花袋在晚年的随笔《沼泽》中写道："当孩子听到森林里怪鸟的声音时，害怕得用被子盖住头。""夜晚时分，大家都躲在棉被中睁大双眼思考着沼泽的事情。"花袋从少年时就对棉被有一种依赖感。

花袋的随笔中经常出现他喜欢的食物。除了乌冬面，还有泽庵咸萝卜、茶泡饭、麦麸味噌汤、萝卜泥、咸烹海味、洋姜等。饭菜都很普通，但是味道很好。

明治四十二年（1909，三十八岁），花袋创作了长篇小说《乡村教师》。小说是以一位小学教师的日记为原型进行创作的。当时日俄战争战事正酣，这位乡村教师满腔报国热忱却无处发泄，最后郁郁而终。小说中出现的美食大致如下：

便当盒里装的饭菜是玉子烧和泽庵腌咸菜，咬起来嘎嘣脆。还有用竹子皮包裹的饼子和点心、芋头和炖竹笋、土当归熬煮的汤汁、鲤鱼条、酒、水晶糕、豆沙黏糕、黄瓜菜、荞麦面、沙丁鱼干、咸鲑鱼、红烧芋头、酸甜鲫鱼、油炸品、饼干、红豆糕、蒸蛋羹、炖鸡、鸡汤、猪肉小火锅、红小豆鹿子饼、青豆粉豆馅儿糕点、土当归、三叶草、马蹄莲、腌菜、草饼、牡丹饼、天妇罗、盐烧川鱼、乌冬面、大葱、牛奶、鸡蛋、鳗鱼、野鸟拍松、泥鳅、炖煮河鱼、咸油饼、清心丹。

小说《乡村教师》的主人公林清三患有肠胃病，平时会吃一些补品。花袋有着和清三相同的嗜好。主人公喜欢喝酒、吃甜食。小说中同样出现了棉被。花袋描写主人公年纪老去时，是这样写的："棉被稍薄，为了取暖，整晚像虾一样弓着身体睡觉""借了一床四布棉被盖在身上"。四布棉被是指用四块制作和服的布匹（约三十六尺）缝制而成的棉被。小说《棉被》中,芳子棉被的被面是明黄蔓草图案花纹,被子中塞了很多棉花。不同的情形下用不同的棉被,于细微之处见真章,这是自然主义文学的核心要领。

乡村教师清三在新家的二楼睡觉。书中描写道:

"打开一扇窗栅,光线明朗。清风吹过绿色植被,飘入房间。墙上,蚊帐青蓝色的倒影微微摇曳。清三在房间正中铺好床铺,看着夜空中闪烁跳动的星星,准备入睡。"

花袋对生活的观察非常仔细。小说《乡村教师》中曾描写过利根川附近一家名叫"青阳楼"的风俗店。

"远处传来一阵阵女人的笑声,她们脸上涂着白粉,身着红色衣服,打扮艳丽。放眼看去,前面的桌子上摆满了酒,是供初次来的客人和女人们一起享用的。常客一般有固定的作陪女。店内也提供外卖。大大的盘子上只有少得可怜的寿司。剩下整个二层都是一些中年女性服务员。"

"下了台阶,就是卫生间。这里摆放着石制圆盆,倒挂着葱草,玻璃箱子里点着微微亮的电灯泡,红色的草鞋上系着湿漉漉的草履带。厕所里安装着巨大而又气派的青蓝色濑户烧便池。走进厕所,消毒液和臭味夹杂的混合气味扑鼻而来,刺激得眼睛都睁不开。"

陪酒女的房间在后院二层,面积有六个榻榻米大小。房间里有着陈旧的衣柜,火盆的锡铁皮已经脱落,旁边挂着一个廉价的烧水铁壶。主人公清三在此过夜,一直睡到次日晌午。后来,清三成了这里的常客。清三流连于风俗店,手头几乎没有钱,吃不起糕点。但是桌子的抽屉中原本有糕点和饼干,而此时,只有"散落的红色、绿色的胭脂粉"。

小说《乡村教师》讲述了一位老师的日常生活。老师始终没有实现自己的作家梦。小说最精彩的部分是美食和风俗店的描写。花袋在写作时侧重于食欲和情欲,并着重描写了两者的气味。晚年时,花袋开始厌烦自然主义文学，投身于宗教。可即便如此，他对自己创作的小说《乡村教师》非常满意，认为这是一部完美的作品。

昭和二十七年（1952），新潮文库首次出版了花袋的《乡村教师》。平成十一年（1999），印刷次数达一百次。福田恒存负责小说的解说部分，她的定义是："很无聊。"

"这部作品中频繁出现'理想''羡慕'等词语，但仔细推敲后发现，根本没有特别的含义。"

"文章构架平淡无奇，是因为主人公的性格所致。主人公虽志存高远，但通篇故事没有跌宕起伏的情节。……主人公对风俗女的执着、被欺骗后的痛苦，好像都未曾给他留下很大的伤痕。读者阅读后，感受不到主人公是一个有血有肉的人物。最为悲剧的是，整部小说就像一幅浅色、影迹模糊的风景画。"

文库本的解说很少如此贬低一位作家。福田的解说好像有失偏颇。小说《棉被》也是相同的命运。如果这些作品不是近代文学史上的名作，文库本的印刷次数不可能达到百余次。如果花袋的作品真的一无是处，那是怎样俘获读者的心的呢？小说中主人公闻棉被的气味，让读者们感同身受，被深深地吸引。

大正五年（1916），花袋四十五岁，他独自居住在长野县富士见高原租借的一栋别墅中。他的情人代子会时不时来找他。代子一进到房间，就会脱掉外套，换上一身薄薄的睡衣。然后，坐在桌前从手提袋里拿出纸和笔，开始写随笔《独居山庄》。

"手提袋中有甜纳豆、咸烹海味、卷海苔煎饼、旅行用的化妆工具等。……过了大概十年，只有这些才令我回想以往的种种。"

这个手提袋也散发出特有的气味。化妆工具是花袋和代子发生关系后的第二年送给她的，过了十年后已经变得有些陈旧。这正如"我们的欢乐，已不再是最初的欢乐"。

代子还发牢骚说道："我都不想继续坐在这里了。"花袋没钱后，代子维持一切生活开支，常常和他发生争吵。二人在烧洗澡水时，闻到柴火燃烧的气味，然后急不可待地拥在一起。

"我们沉浸在铺天盖地的情欲中。度假别墅坐落在空旷的群山中，四周没有一个人影儿，听不到任何声音。……男欢女爱之后，炉子里的火焰半明半暗，柴火慢慢燃尽，火焰逐渐熄灭。"

代子洗澡后开始午休，笔落在榻榻米上。

"手提袋、化妆工具、有女性气味的衣裳、孤独的我、空寂的别墅书房，这一切带给我妙不可言的感觉。"

一段时间后，N君（中村星湖）和K君（国木田独步）来到别墅拜访花袋。傍晚时，花袋收到了妻子寄来的包裹，里边有洋姜、辣椒、生姜。代子看到后，充满醋意地说："这是妻子送来的吗？你开心吧？"每次二人都会因此发生口角。代子认为，"无论花袋自己骂自己，还是自己吃自己的肉都不足以消除我的火气。"争吵后，花袋都会回到自己家中。

"我隐居在别墅中远离尘世，棉被里边有女性弓形垫木枕、梳子和女性专用的香皂盒，这些都能将我的情欲一点点勾起。……我拿出棉被铺好，撑起蚊帐，双手抱着膝盖，一个人孤独地睡觉。有时会想起当时身边的女人为我宽衣解带。我把衣服卷起来给N君当枕头使用。"

手记中的描写宛如小说《棉被》的情景再现。花袋整日沉迷于棉被中包含的情欲。代子走后，长女礼子来到别墅，发现有人用了房间里的女性专用香皂，她向父亲追问。花袋佯装不知，只在随笔结尾处写道："这是一个爱欲横流的世界。"比起小说内容，这样的场景更加有趣。花袋笔下描述的都是真实的情形。代子和妻子应当都读过这篇手记，如果向花袋提出反对意见，可能又会变成他写作的素材。花袋和藤村一样，都是自然主义文学家，他们把妻子和情人之间的私事公然暴露在世人面前。对于读者而言，他们只是知道了知名作家的丑闻。倘若在现代社会,这样的行为如同明星在午间综艺节目中大谈私生活,实在是令人发指。为了使文章更博人眼球,花袋在描写食物时,会适当地加进性丑闻。手记中还提到,代子从别墅回家后,像花袋的妻子一样,用纸包裹了洋姜、生姜等一些气味很大的干货给花袋寄去。

对于自己的写作风格,花袋曾在《小说作法》中提到:"我的写作素材一定是令自己忏悔的事情,并不单纯是为了暴露自己生活中的丑陋。如同左拉的作品一样,写自己人生中真实发生的事情,让大家能毫无保留地正视它们。"

花袋继续创作情爱小说。大正七年(1918),花袋四十七岁,他创作的情爱小说《灯影》被禁止发行。春阳堂在交纳了百余日元的处罚金后才得以出版。即便如此,花袋依旧不修改作品内容。这篇小说直到十个月后,才得以出版。

花袋的作品曾多次被禁。大正八年(1919)创作的小说《河岸的春天》,通篇丝毫没有涉及情欲内容,只有对宗教的领悟和救赎。小说的结尾部分,主人公在观音堂祭拜时,灵魂得到救赎。小说结尾非常通俗。这时的花袋患上了肺病,他戒掉了烟和酒。

小说《棉被》再版后,花袋得到一笔不菲的稿费。大家一开始都以为花袋夫人是小说中女主人公的原型,许多人不怀好意对她恶语中伤。于是,花袋夫人要求分得《棉被》的再版稿费。花袋夫人是花袋朋友太田玉茗的妹妹。她向花袋撒泼、耍横,想尽一切办法讨要稿费。花袋最后只得答应了她。

花袋戒烟后,更加沉溺在性爱和美食中无法自拔。之前,花袋体重大约六十公斤,后来,一路飙升到七十九公斤以上。

大正六年(1917),博文馆出版发行了花袋的随笔集《东京三十年》。这部随笔集是花袋仿照《巴黎三十年》创作的,以此来纪念自己在东京生活的三十年。据花袋记载,东京的物价从他十岁当学徒时就一直在涨。现在一块小饼售价是一天保钱。而最初，一枚天保钱可以买到一块豆腐和满满一袋荞麦面。书中还记载了他在东京生活三十年吃到的美食，详细写了寿司店、红小豆汤店、关东煮小酒店、大福饼和疙瘩汤。和小说集相比，花袋的这本随笔集评价较高。

京桥西边有一家店，店主在门口支起一口大锅，里边炖着牛肉，热气腾腾的，散发出诱人的香味，来往的行人无不咽口水。有钱人会买一份吃。哥哥请花袋吃了一份天妇罗和两碗荞麦面，这让花袋感动地流下了眼泪。花袋十六七岁时，报社的前辈请客，他有幸吃到了天金的天妇罗、淡路町中川的牛肉火锅、两国松的寿司和忍池池边莲玉庵的荞麦面。花袋请尾崎红叶的新妻子菊子夫人一起吃过蚕豆。菊子夫人在花袋的小说《绵绸被》中曾出现过。

花袋第一次拿到稿费后，买了鳗鱼饭吃。二十六岁时，花袋和藤村一起在一家西餐厅喝茶，花了十钱。和母亲一起居住在山伏町时，花袋常吃的是芝麻烤芋头。他还到国木田独步家里吃过咖喱饭，盛了满满一大碗米饭，就着咖喱汤汁，吃得一干二净。花袋曾说："从来没吃过这么好吃的咖喱饭。"麦町的英国大使馆里边，有一家名为快乐亭的西餐厅，一开始，是蒲原有明介绍花袋到这儿来吃的。成名后的花袋，常常一个人手拿地图寻觅东京各处的美食名店。花袋吃过炸肉排、菜包肉等外国美食后，来到麻布竜土轩品尝法国料理。

花袋经常念叨的美食有：人偏日式料理餐厅的鲣鱼干、小田屋的腌菜、十轩店的油炸豆腐寿司、同条街的湖月餐厅、神田明神境内三河屋的纳豆和日本桥日式餐厅的寿司。

晚年的花袋，体力渐渐不支，但想象力却大放异彩。他继续写情爱小说。花袋的人生主题就是爱欲和食欲。后来，妻子离他而去。

昭和二年（1927），花袋五十六岁。一月份，《朝日新闻》报道，花袋的长子先藏被捕入狱。先藏喜欢早大教授吉江孤雁的女儿，来到教授家门口想和他女儿见面反而遭到拒绝，一气之下打了教授，被警察抓了起来。后来，先藏的精神出了问题。他在虎门的佐多医院接受治疗，最后被送入精神病院。花袋的家庭，彻底四分五裂。

独居的花袋，仍然没有放下自然主义文学的创作。他以年轻人的恋爱、令人烦恼的亲子关系为主题创作了小说《心的珊瑚》。另外，他还以和情人代子的生活经历为素材创作了小说《百夜》。小说以一个传说作为开端，讲述了深草少将连续九十九个夜晚来到小野小町，最后被冻死的故事。而他自己，恰恰也和代子厮混了一百个夜晚。随着年纪越来越大，花袋也越来越胖，体力和精力都大幅度下滑，最后没有力气再写下去。

昭和三年（1928，五十七岁），花袋在情人田代子位于碑文谷的家中突发脑溢血，被送入佐多医院。经过抢救，花袋逐渐恢复了神志。痊愈后，他在日本桥偕乐园请大家大吃了一顿。

后来，花袋的身体越来越不济，患上了喉癌，只能吃流食。昭和五年（1930）五月八日，花袋发高烧达四十三度，呼吸困难。五月十三日，花袋没有坚持到五十八岁生日，便撒手人寰。

人们对花袋的评价是："这位作家迟钝、性急、粗俗、不灵光。"花袋在《我归来的路途》中曾这样说道："我是天才，就算是胡编乱造的事情，我也能把它写得像真事儿一样。"

高滨虚子
(1874—1959)

生于爱媛县。从京都三高转学至仙台二高,最后退学。师从子规学习俳句,和河东碧梧桐一起参加俳句改革运动。之后主办俳句杂志《杜鹃》,活跃在文坛上。

高滨虚子

嘴里吃着关东煮,
心中想着俳句

虚子曾经说过："一边吃花生一边读书，是一种罪过，也是一种惩罚。"当时是昭和十二年（1937），六十三岁的虚子写下了这句话，意境缥缈。年轻的时候，我感觉这句话晦涩难懂。当时看小说《罪与罚》通篇没有任何关于落花生的描写，反倒觉得小说结构松散。待我年过五十岁后，才越发深切地明白这句话的妙处。

虚子生于明治七年（1874），于昭和三十四年（1959）去世，享年八十五岁。在漫长的生命中，虚子一直在创作俳句。虚子去世后，久保田万太郎曾断言："世间如果有巨匠，那么高滨虚子就是唯一的巨匠。元禄年间以后，几乎没有作家像他那样创作了如此多的俳句、诗歌。"虚子创作了许多著名的俳句，个中好坏，仁者见仁，智者见智。我最喜欢的是以下三句：

远山处太阳照耀下的枯野（明治三十三年，1900）
过早消弭的萝卜绿叶（昭和三年，1928）
犹如一根长棍，从去年贯穿到今年（昭和二十五年，1950）

"远山……"这句是虚子二十六岁时所作。当时已初现大家风范。"过早消弭……"这句是虚子五十四岁时有感而发，他迅速捕捉到日常生活中的瞬间，有着敏锐的文学嗅觉。"犹如一根长棍……"

是虚子七十六岁时所作,他的观察更加细致、内敛。虚子的俳句从禅学观点出发,令很多前卫诗人膜拜不已。昭和二十五年(1950),虚子重回俳坛,反对俳句新倾向运动。他自认是守旧派,主张吟咏花鸟风月。虚子固守在旧俳句的堡垒中,认为自己仍是报纸俳句栏的最佳候选人,自称狐狸大叔。其他前卫俳句诗人嘲讽虚子的时代早已经结束。但是,老去的虚子,无视周围的目光,继而创作了许多俳句。我想,俳句中所说的长棍,并不是传统意义上的棍子,而是暗指男性的生殖器吧,虚子的创作热情反而愈加旺盛。大家称他为"怪物"。虚子二十六岁时,已是一名青年才俊,能够独立完成俳句的创作。同时,他开始尝试打破固有的创作模式,追求自己一生的梦想果实。

虚子生于四国松山,本名高滨清,老师子规送给他"虚子"的名号。后来,虚子创办俳句杂志《杜鹃》。明治三十八年(1905),在虚子的推荐下,夏目漱石发表了自己的小说。最初小说名为《猫》,虚子强烈建议改成《我是猫》。《我是猫》顺利发表后,漱石作为小说家在文坛开始崭露头角,虚子功不可没。

明治二十八年(1895),子规预感到自己行将就木。于是,他把虚子叫来,二人促膝长谈。子规对虚子说:"我希望你能在文学上继承我的衣钵。"虚子推辞说:"我难以胜任如此艰巨的任务。"子规还有一个得意门生,叫作河东碧梧桐。但是,子规更看重虚子的人格魅力。虚子一直守在病床前照顾子规,在老师弥留之际,虚子整理出文集《病状六尺》。子规临终时,虚子不小心在他身边打盹睡着了,等他醒来时,发现子规已经咽气了。虚子为人正直诚实,只是有时容易逃避责任,不愿担当。这样的性格,在他的俳句中有所体现。

明治二十九年(1896),虚子二十二岁,他创作了俳句"怒涛侵蚀岩石 神灵庇佑我等凡人 在这朦胧的夜晚",第一次受到子规表扬。子规称赞虚子的俳句"人情味浓郁,主观色彩鲜明"。子规从来没有如此夸过别人。大正二年(1913,三十九岁),虚子创作了俳句:"站在山

丘上　春风和斗志一起昂扬。"这句话充满了男子汉气概,给人一副斗士的形象。这句话也是虚子的代表作,备受好评。从这些俳句大抵可以猜测到,虚子是一个大胃王。但是实际上并非如此。虚子十八岁时患慢性胃病,吃不下东西,体质孱弱,不能吃油腻的食物。他经常独自喝酒,肠胃疾病日趋恶化。二十五岁时,虚子患大肠黏膜炎住院,开始长期静养。年轻时候的虚子,虽然体弱多病,但是充满着斗志。

昭和五年(1930),新潮社发表了《年代顺虚子俳句全集》。其中,有一篇虚子写作的随笔《不能吃饭》。出版社根据年代顺序编辑文稿时发现,这篇优秀的文章,竟是虚子在年轻时所作。虚子手头没有原稿,只记得当时写作的内容。为此,子规还表扬过他。文中的内容大概是:"我的家庭条件并不富裕,学问也一般。一想起吃穿等杂事,心情就会变得阴郁。……因此我的身体特别不健康,甚至曾经暗暗想到,自己能活到二十五岁或三十岁就很不错了。"(选自《不能吃饭》)

虚子立志从事文学创作。这也是从经济层面考虑的结果。因为虚子长期患有胃病,无法从事体力劳动。虚子育有六个女儿、两个儿子,光是抚养他们就已经让虚子苦不堪言。虚子本来打算从《年代顺虚子俳句全集》中删去随笔《不能吃饭》,思来想去,还是把它保留了下来。

据虚子夫人回忆,明治三十一年(1898,二十四岁),虚子到万朝报社工作,月薪是二十日元。虚子的二儿子曾回忆道:"家里的生活算不上贫穷,但也绝对不富裕。平日里我们吃得很清淡,但每周都会吃一次炸牛肉薯饼和炸猪排。偶尔还会吃大锅炖竹荚鱼、蒸马铃薯、蒸南瓜等。我们每个人把饭菜盛在自己的碗中。任何奢侈的食物,对我们而言都很遥远。"(选自池内友次郎《父亲·高滨虚子》)友次郎描述的是自己从小学开始到大正二年(1913)期间的饮食情况。虚子的俳句也能证明其言非虚。比如说大正八年(1919),虚子曾创作了一首俳句:"晚餐的竹荚鱼　搭配黄瓜花。"

虚子三十二岁时创作了一首俳句:"炖煮蔓菁　鲜汁浓郁沁人心

脾。"令人读起来感觉香气四溢。这样的作品非常贴近生活。虚子三十四岁时，到国民新闻报社工作，并担任新成立的文艺部部长。当年他创作了这样一句"摇晃着挖芋头的双手直接来到东京"，读来不禁觉得恐怖。如果这位文艺部长伸出双手对大家说："这是挖过芋头的双手。"年轻的报社记者或许会非常震惊吧。

虚子四十一岁时创作俳句："下垂的大肚腩　不知道吃还是不吃。"虚子肠胃不好，但却很胖。小说《两颗柿子》在东京朝日新闻连载，虚子的名气也越来越大。看着自己日益凸起的大肚腩，虚子创作了这首俳句来嘲讽自己，既体现出他不凡的自信，也有几分戏谑及反省。虚子肠胃不好，每次疼起来都会大病一场。虚子六十三岁时，吟道："干瘪的大肚腩上　肚脐犹如沉浸在水中。"年迈的虚子终于没有了昔日的大腹便便。听起来，虚子应该很在意自己的大肚腩吧。

虚子的俳句有五个句集。第一句集题为《五百句》，包含明治二十四年（1891）到昭和十年（1935）的作品；第二句集题为《五百五十句》，包含昭和十一年（1936）到十五年（1940）的作品；第三句集题为《六百句》，包含昭和十六年（1941）到二十年（1945）的作品；第四句集题为《六百五十句》，包含昭和二十一年（1946）到二十五年（1950）的作品；第五句集题为《七百五十句》，包含昭和二十六年（1951）到三十四年（1959）的作品。每个句集都没有起名字，只是用简单的句数作为题目。这也从侧面反映出虚子的自信。

虚子四十二岁时写道："扔下吃杂烩的勺子逃跑，究竟算什么呀。"虚子很喜欢招呼友人们来自己家一起吃杂烩，碧梧桐、内藤鸣雪、佐藤红绿等人常到他家中做客（选自高木晴子《遥远的父亲　虚子》）。子规对大家说："咱们一块吃猪肉吧。"于是，大家就抢着去买。鸣雪买回的是蛤蜊，虚子买的是大肉。众人把买回来的东西放入锅中一起煮，味道也很好吃。

虚子四十四岁时创作的俳句，让人感觉有点拿腔拿调。例如，"夏

天月亮的印染下　盘子里苹果的红润消失殆尽"。当芥川和久米来家里拜访时，虚子会创作一些晦涩难懂的句子，这也是虚子的个性所在吧。虚子大概认为，夏天夜晚煞白的月光照耀下，苹果都失去了红润。虚子喜欢吃苹果。晚年时候患有便秘，每天早晨醒来都会喝一杯苹果汁。

虚子五十七岁时，在家庭俳句会上吟了这样一句，"蜂斗菜的花梗逃离舌头　或许是因为太苦涩"。到了虚子的年纪，就很自然地能捕捉到味觉上的甘苦。当时创作这句俳句的时候，虚子一定很激动吧。毕竟描述苦涩时用上"逃离"这样的字眼，虚子在文坛算是第一人。

虚子五十九岁时创作的俳句是"烤芋头零落的　是乡下源氏的味道"。六十岁时创作的俳句是"白饭中味噌滴落　混浊了色泽"。六十一岁时创作的俳句是"奈良茶泡饭做好的间隙中藤蔓开花"。

虚子从六十一岁开始，慢慢展现出惊人的创作力。六十一岁之前，虚子尚未出版第一句集，这是因为长久以来，虚子一直立志成为一名小说家。他在《国民新闻》连载个人小说《俳谐师》，在《东京朝日新闻》连载小说《两颗柿子》。对于当时的虚子来说，俳句是可有可无的存在。它不像小说一样，在虚子心中占据主要位置。明治四十二年出版的《俳谐师》是一部自传体小说；大正四年（1915）出版的《两颗柿子》是一部回顾体小说，主要讲述了虚子和子规的关系。虚子立志成为小说家，大概是深受漱石成名的刺激吧。二十七岁的虚子迫于家计，加之当时的出版社俳书堂讽刺他说："俳句诗人分得四分七厘，出版商分得五分三厘。"所以，他当时的主要精力，放在了小说上面。

虚子的前半生，一直被轻视，作品也卖不出好价钱。就连漱石都贬低虚子说："他的小说充满低级趣味，十分无趣。"虚子也同样认为漱石在杂志《杜鹃》上发表的《我是猫》充满着低级趣味。漱石也深知这一点，所以他以后的文学作品更加注重精神层面的诉求。小说《俳谐师后续》发表于明治四十三年（1910），文中表明自己非常排斥过去作为商人的经历。虚子想要通过成为小说家来挽回自己的名誉，通过作品问世来表明自己的决心，这一点是可以理解的。当时，虚子认为"自己的俳句创作只要超过碧梧桐就可以了"。随后，他出版了第一句集《五百句》，从此，虚子重返俳句的舞台。

昭和十二年（1937，六十三岁），虚子出版第一句集，其中有一句俳句这样写道："一边吃花生一边读书是一种罪过，也是一种惩罚。"虚子创作俳句的信条是："恍惚、会意、无为、愚钝"。虽然一方面他的作品被人们批评是低级趣味，但是另一方面，虚子更加坚定了自己的创作风格。虚子到了六十五岁时，心境趋于淡定，创作的俳句是"无论小麦饭还是稗米饭都可以接受"。昭和十五年（1940，六十六岁），虚子写道："小孩子跑来想要买零食 我拿出了祭祀用的钱。"当时，日本、德国、意大利三国结盟，日本天皇呼吁国民"浪费是最大的敌人"。如果被警察发现浪费行为，是要被抓起来的。昭和十七年（1942），虚子担任日本文学报国会俳句部会长。昭和十五年（1940），虚子担任日本俳句作家协会会长，并整理出版了第二句集《五百五十句》。

昭和十六年（1941）创作的俳句是"菊花和牛奶糖 都是贡品"。

昭和十七年（1942），日本卷入纷乱复杂的国际局势中。这一年，虚子的句集大放光彩，其中，不乏关于食物的名句。例如，"三九天的鸡蛋打开一看是双黄蛋 可喜可贺""流失的既有咸沙丁鱼串的苦涩还有酒""给我的不仅有新酒还有酒糟"。由此可见，虚子的饮食非常简单、朴素，但普通的食物在他眼里，却光彩熠熠。昭和十八年（1943），日本举办俳句诗人松尾芭蕉诞辰二百五十年纪念大会，虚子也创作了俳句追忆松尾芭蕉。他写下这样一句："如果有切后晒干的萝卜片那么也会供奉前辈老翁。"昭和十九年（1944），为了躲避空袭，虚子和妻子一起来到信州小诸町避难，当时创作的俳句是"山国的冬季刚来临 我们开始喝牛奶"。停战后的昭和二十年（1945），虚子创作的俳句是"为了抓住老鹰 用了五六根萝卜"。

昭和二十年（1945），虚子发表了第三句集《六百句》。当我把句集中有关美食的句子摘录出来时发现，每个俳句都是时代的缩影。虚子年轻时候肠胃不好，很少外出吃饭。子规老师食欲淡薄，排斥外出胡乱吃喝，认为这是一种不良的行为。想来，也许是虚子深受老师影响吧。可原本虚子也不是美食爱好者，与其说他在寻找美食，倒不如说他在寻找创作的灵感。

战后不久，虚子拍了一张照片。照片中的他皮肤黝黑，略微发胖，看上去很健康。大概是因为避难地小诸的饮食搭配合理，蔬菜丰富，而且还有味噌汤，很合虚子的口味。虚子在避难所还能喝到牛奶，吃到爱吃的苹果。虚子患有便秘，早晨如果不喝苹果汁或牛奶，一整天都难以排泄出来。虚子有一篇题为《苹果》的随笔，讲述的是曾经和两个女儿一同前往鸟取县皆生泡温泉，因为晚上没有牛奶和苹果引发了一系列的麻烦。女儿立子曾回忆道，自己确定在行李中放了一个苹果。但是当时另一个女儿晴子因为吃炸虾引起食物中毒，并找医生来看。第二天，立子把那一个苹果给了晴子吃。结果，没有苹果吃的虚子果真排泄不出来。米子买了苹果送来，可是苹果太酸难以下咽。文章讲述了许多和苹果相关的故事。我本人读的时候，刚开始觉得作者思绪乱飞，怕是最后很难收尾。但是随着作者的讲述，慢慢地读完后，越发感觉回味无穷。

第四句集中有一句俳句是："刚吃了几口的苹果放入手提包。"这也只有爱吃苹果的虚子才会创作出这样的俳句。句子描写很有画面感，让人联想到旅行的场景。

昭和二十一年（1946），一度停刊的《杜鹃》杂志重新复刊，虚子变得忙碌起来。虚子的俳句集中，每个句子都是独立的。但是整理上万个句子，还是需要一定的精力的。虚子把自己叫作"选择的机器"，他要从上万句中挑选出合适的句子。如同小说家构架故事情节一样，需要串联起无数个记忆的碎片。每个俳句是独立的，通过整理数百个俳句，虚子能够构建出个人的俳句文学世界，这是创作小说所不能比拟的。为了寻找俳句创作手法，虚子放弃了写小说。第四句集堪称虚子的集大成之作，其中有许多和美食相关的句子。

昭和二十一年（1946，七十二岁），虚子先后创作了俳句"寻找肉冻　结果找到了蜡烛段""煎豆把手灼伤　现出梅花斑点""惊讶于疙瘩汤　最后也能吃干净""傍晚光线微暗　窥视后发现了茄子""洒落了万物之源的西瓜汁""与其说来帮忙　不如说是品尝咸菜的美味"。昭和二十二年（1947，七十三岁），虚子还创作了"食量变小后　开启健康的冬眠模式""用特别小的杵捣磨芝麻""一把抓住新米和百万担粮食""生姜汤涂抹脸面如同驱除感冒的神药"等诗句。

昭和二十三年（1948，七十四岁），虚子创作的俳句有："喝水犹如吃柿子酒醉后最舒适"。昭和二十四年（1949），七十五岁的虚子创作的俳句是"重点保护摇摇晃晃的牙齿　终日吃炖煮食物"，这句形象地描绘了一个老人一边吃炖菜，一边顾及摇摇欲坠的牙齿的神态。战争结束后，生活趋于安逸，虚子创作的俳句体现出了自己怡然自得的日常生活以及旺盛的生命力。

昭和二十五年（1950）十二月，七十六岁的虚子轻微脑溢血，导致舌头僵直，手脚发木。因此，他创作了俳句"舌头开始打结　可喜可贺　老年的春天来到了"。此后，虚子完全放弃写小说。看着自己的身体日渐衰弱，虚子开始以一种旁观者的眼光深刻地剖析自我，写出了"犹如一根长棍从去年贯穿到今年"这样的名句。

虚子一生清贫。在家人的印象中，他是一位慈祥的父亲、温和的丈夫。每年家里都会召开一次家庭成员大会。会后，虚子带领全家去上野和浅草的餐厅吃饭。妻子生病后，虚子花大价钱给她买想吃的甜瓜，还会给她买喜欢的豆沙馅儿点心，这些都是虚子平时都舍不得吃的东西。有一次，虚子从"忍川"餐厅借来制作汤豆腐的炊具，然后拿到子规家中，让老师吃到了当时很流行的汤豆腐。甚至有一次，虚子还直接把西餐厅的牛肉盖浇饭和餐盘都拿到老师家。虚子对所有的朋友都很热情、诚实、情深义重，待人接物非常沉稳。

昭和二十九年（1954，八十岁），虚子接受文化勋章。这是俳句诗人首次获此殊荣。十一月三日，虚子来到皇宫接受颁奖，感慨万千，创作除了俳句"即使是一朵菊花　日暮时分也会倍感疲意"。得奖后的虚子，来到子规墓前扫墓。当年，虚子还创作了"咀嚼青鱼干　衰老的牙龈发出声响"这样的句子。虚子年事已高，牙齿一个个脱落。在他看来，这是一件可喜可贺的事情。于是，他便咯吱咯吱地咬青鱼干。这也证明，虚子的食欲依然不错。

昭和三十年（1955，八十一岁），虚子写道，"吃大豆饭时总想吃咸沙丁鱼串"。昭和三十一年（1956，八十二岁），虚子创作了"逝去的唯有吃进去肚子里的炖杂煮"。每年虚子吃杂煮时，都会创作出相关的俳句。有时候，灵感飘然而至，转瞬间就消失殆尽。八十三岁时，虚子变得只关心日常饮食。在这个时期，他创作的俳句不加任何炫技，只是如实地反映生活。由此可以看出，虚子炉火纯青的写作技巧，以及他回归宗教后的觉悟。昭和三十三年（1958，八十四岁），虚子越发怀念自己的母亲。他创作俳句来寄托自己的思念之情："留恋母亲烤饼用的火盆。"

虚子也创作了很多关于酒的俳句。年轻的时候，虚子很能喝酒，经常和朋友两人喝光一瓶威士忌。虚子在作品集《虚子俳谈》中说道：

"我以前喝酒时特别能说话，芝麻大的小事也能跟对方唠叨半天。后来，只记得自己聊了一些关于酒的话题，具体内容早已忘得一干二净。但是我觉得，我酒后说的话肯定有高明之处。因为在酒精的作用下，我不需要怎么思考，说的话是内心感情的自然流露。写作也是如此。有时候为了写作我会事先喝点酒。或许是酒喝多了，才会发脑溢血。"（选自《酒》）

虚子四十六岁时因轻微脑溢血住院。之后，开始控制饮酒。五十六岁时，虚子创作的俳句是"略备薄酒　温热后畅饮"。只要和朋友见面，虚子便忍不住想要喝酒。虚子喝酒时喜欢吃关东煮。

昭和十五年（1940），虚子六十六岁。同年十二月虚子创作了俳句"从关东煮和日常生活开始低吟岁月"。这句话大概是酒后有感而发吧。随后，新潮社出版了《年代顺虚子俳句全集》（全四卷），三省堂出版了《季语集》。由此想来，虚子老年时的收入是相当可观的。十二月时，虚子担任日本俳句作家协会会长，他只吃了一份简单的关东煮略作庆祝。虚子的俳句充满了正直、坦诚。

昭和十六年（1941），虚子六十七岁，创作的俳句有"窗户的玻璃上关东煮的热气飘散""窗户的间隙中关东煮的热气消逝"。这一年，日本宣布对美国开战后。十二月二十一日，虚子来到银座参加预祝日军胜利大会并吟诵俳句。当天，日军登陆棉兰老岛后，攻陷达沃港。

昭和十八年（1943），虚子六十九岁，创作的俳句有"不回头 不答复　一心吃关东煮"。当时虚子特别喜欢吃关东煮。他吃关东煮时，即使有人和他打招呼，他也丝毫不理睬。

昭和二十五年（1950），虚子七十六岁，创作的俳句是"关东煮店家的女儿非常漂亮"。虚子面对美色，会非常直白地表达自己的情愫。想必关东煮店的老板女儿的长相一定很出众吧。

昭和三十三年（1958），虚子八十四岁，依然坚持创作和关东煮有关的俳句。例如，"立志在俳句的世界里品尝关东煮"。这也是第五句集中最后一句描写食物的句子。第五句集题为《七百五十句》，虚子去世后出版。文集中的句子由儿子高滨年尾和女儿立子挑选。和第四句集相比，第五句集中许多和饮食相关的俳句，听起来都比较文雅。或许，年尾和立子是有意把"关东煮的俳句"放在第五句集的最后。

昭和三十四年（1959）四月一日，虚子突然晕厥。当天中午，子孙们前来看望他。虚子吃了两碗红小豆米饭后来到书屋，他吟诵道，"推敲一个句子　结果推迟了"。夜晚十点左右，虚子大叫一声后，倒在地板上不省人事，原因是突发脑出血。虚子直到去世的前一分钟都在朗诵俳句，一生都在反复推敲、品味俳句，完全称得上是一位俳句怪才。

柳田国男
(1875—1962)

生于兵库县。东大法学系毕业后进入农商务部工作。立志成为诗人,和作家群体接触颇多。后来转攻民俗学,成为日本民俗学协会第一任会长。代表作有《后狩词记》《远野物语》等。

柳田国男

讨厌美味

柳田国男三十五岁时发表民间文学集《远野物语》，于明治四十三年（1910）出版。作品一经问世，就受到广大有识之士的追捧，柳田一举成名。其中，第二十八章有一则关于"饼"的童话故事。内容如下：

大山里住着一位猎人。有一天，他在山间小屋中烤饼，突然来了一位身材高大的和尚，直接伸手拿起饼子吃。猎人有些怕他，主动把剩下的饼递给他。和尚很开心，吃掉了整整一张大饼。第二天，猎人烤饼时，故意在饼里面加了两三粒白色的小石子。这时，大和尚又来要饼吃。当他咬到石子后，惨叫一声，从猎人的屋子飞奔而出，消失得无影无踪。最后，猎人在谷底发现了和尚的遗体。

这则童话故事背后，暗含了作者对饥饿的恐惧。昭和三十四年（1959）出版的柳田国男自传体小说《故乡七十年》中，讲述了作者对饥饿的切身感受。明治十八年（1885），柳田国男刚刚年满十岁，当时国内正闹饥荒。柳田家住在贫民窟，他亲眼目睹了那时的惨状。有一次，街上一户有钱人家支起一口大锅为大家煮饭，但也只是米汤，几乎见不到一粒米。大家伙儿足足挨了一个月的饿。后来，柳田感慨道："可以说，曾经贫穷的生活促使我走向研究民俗学的道路。我想远离饥饿，所以研究农学。包括后来到农商务部工作,也是这个原因使然。"

柳田留下了大量的著作,其关注点集中在研究日本人的衣、食、住方面。但是,作品中对料理味道的描述少之又少。例如,柳田写了很多关于饼、饭团和大米的研究报告,但是文中根本没有出现过"好吃""难吃"等词汇。同样,他的个人日记中也鲜少出现形容食物味道的词语。对柳田来说,人类生存的主要问题是有饭吃,味道是次要的。柳田在作品中提及味道的次数,可谓少之又少。大正十二年(1923,四十八岁),柳田在《瑞士日记》中写道:"广东料理真好吃。"彼时,柳田来到上海,一位中国老师带他出去散步。这位老师厨艺高超,非常擅长烹饪蛇。人们把蛇分成五种。制作菜肴时,人们会按照不同的烹饪方法来处理五种蛇,最后配着米饭吃。

柳田这样描述道:"这样做出来的菜,仅用美味二字形容,是远远不够的。中国人对美食很执着,他们喜欢烹饪出美味可口的饭菜。他们相信食补,认为饭菜可以治病。"他还这样写过中国的乌鸡肉:"乌黑的肉汤中,是一整只乌鸡。吃一口下去,很是美味,让人忘记了旅途之苦。"柳田对烤鸭的描写也很到位:"烤鸭的制作方法很独特,先用小火煮半天,然后烤,最后把鸭肉切成薄片。这也是中国料理中广为流传的美食之一。"

柳田有意回避"好吃""难吃"这样的词汇。上述这篇随笔发表在杂志《新家庭》。或许是大意,也可能是柳田认为他对蛇羹和乌鸡的描述让人感觉味道寡淡,特意用"美味"一词补充说明。

大正十年(1921,四十六岁),柳田写了一篇名为《未来的巧克力》的随笔,内容取自柳田到瑞士参加欢迎会上的一篇致辞。随笔开篇写道:"日内瓦最有名的美食是巧克力,很多朋友托我买些回去。牛奶来自南阿尔卑斯山脚下饲养的牛群,从非洲进口可可粉,砂糖是从亚洲运来的。总之,做出一粒小小的巧克力,需要集合好几个国家的原料。"后来,柳田侃侃而谈,竟从牛奶扯到了税收的问题,最后自己都忘记说了些什么内容。柳田很擅长高谈阔论。有一次,柳田在松本市演讲,演讲的题目是《扇子和人的生命》。他开头是这样说的:"接下来该说些什么合适呢?我不知道,暂且先开始今天的演讲吧。"

昭和十五年(1940,六十五岁),柳田在杂志《妇女之友》的附录上发表文章《东北的腌芹菜》。文中写道:

"寒冷地区的腌咸菜最令人怀念,味道独特,还有着专属的气味。坚硬的黑土地上,残雪依旧。大地被雪水充分滋润,在这样的土壤中长出来的芹菜非常嫩。

初春时分,村里的小姑娘们带着便当,结伴来到山上,度过一天的时光。此情此景,宛如古诗中描绘的画面一样。年轻姑娘们在山间一起挖野菜。大家拿着两三把野菜回家做成菜肴。剩下的野菜,做成腌菜。

腌菜大都用芹菜和蕨菜做成,芹菜是翠绿色的,有着长长的根茎,非常漂亮。先把芹菜在高汤中泡几次,待叶子颜色变淡后,撒入大量盐腌制。轻轻按压,注意不要破坏菜叶的形状。第二天盐水渗出后,腌菜就大功告成了。第二天吃口感最好。对美食爱好者来说,春天不吃腌菜,就会感觉少了点什么。"

昭和二十四年(1949),柳田在民俗学杂志《民间传承》五号期刊发表文章《梅树的祈愿》。

柳田曾说:"《梅树的祈愿》这篇文章和民俗学没有直接的关系。它呼吁我们老一辈应该多种梅树,为后代留下一片广阔的梅林。当地的林业发展和我们的生活息息相关。我是研究所的创始人之一,因此一心想要尽自己最大努力造福子孙后代。我们会从山脚下,或从全国各个村落收集来梅芽。这些梅芽会先种在院子里面培育几日,待稍微成熟后,再分散着插在各处。到时候,每个月都会有很多人来参观梅林。总之,这是一个十分美好的设想。整个项目的费用由我承担。但是,我们要尽量做到,收集花种时不花钱,同时还要保证花种的多样性。另外还要确保，一一记录好梅芽的采摘处。恳请社会各界予以支持。"

柳田喜欢吃日本传统美食，也就是祖祖辈辈代代相传的食物。他曾多次出国。他曾到过荷兰所属东印度群岛进行调研，还去过日内瓦和库页岛。

明治三十九年（1906）出版的《库页岛纪行》中，柳田说他在旅途中只吃一些黑面包。柳田在九月十七日的日记中写道："午饭是烤成黑色的面包。"柳田讨厌饭菜粗糙，连续多日吃黑色面包，让他无比痛苦。九月二十九日，柳田受邀来到日本军队驻地。他在这里吃了美味的牛肉火锅。

柳田生于松冈家族，祖上世代从医。柳田有八个兄弟姐妹，其中三个夭折，他排行第六。柳田的哥哥弟弟们都很优秀。二哥泰藏氏过继到井上家当养子，改名为井上通泰。他不仅是一位眼科医生，而且还是一名御用歌人，负责皇宫中和歌的编撰、整理。他对《万叶集》的解释最具权威和影响力。二弟静夫曾是海军大佐，晚年后成为一名语言学大家。幺弟松冈映丘是东京美术学校的教授，培养出了山口蓬春、山本丘人和衫山宁等美术才子。兄弟中通泰、国男和映丘均是艺术院会员。柳田和他们比起来，也丝毫不逊色。昭和二十六年（1951，七十六岁），柳田荣获文化勋章。

虽然家境清贫，但是，柳田的母亲却教育出如此多优秀的子女。柳田曾回忆道："我的家庭，是日本最底层的家庭。自小家境贫寒，家里一度想要把我送到寺庙当和尚。"少年时期的柳田国男体弱多病，挑食，还经常尿床。十岁的时候被寄养在父亲的朋友三木承太郎家中。三木是一位藏书家，家中有一个两层的仓库，大约有八个榻榻米大小，藏书多达四万余册。国男住在这里时，如饥似渴地饱览群书，仅用一年的时间，便博学多识，为以后成为杂学家奠定了夯实的基础。

十二岁时，二哥通泰带国男来到东京。二人先乘船来到横滨，然后又换乘火车。在车厢中，国男看到两个有钱人家的孩子在吃饼干。顿时，他两眼放光，眼睛一眨不眨地盯着对方看，心里想："哇，这就是饼干啊。"国男对于东京夜晚的初次印象，就是那两个吃饼干的孩子。可是，柳田从未说过自己也想吃饼干。或许他也想吃，只是故意没有写出来吧。

二十一岁时，柳田的父母相继去世。二十五岁时，柳田从东京大学法律系毕业。攻读研究生时，直接被农商务部农务局选中，开始工作。柳田在到农村调研时，开始了对民俗学的研究。二十六岁时，柳田国男正式加入柳田家族，改姓柳田姓。柳田的养父直平是旧时饭田藩士，担任过法院的法官。二十九岁时，柳田国男和柳田家族的四女儿孝子结婚。柳田婚后的人生，犹如乘坐火箭一般，一帆风顺，直冲云霄。

明治三十七年（1904），也就是柳田和孝子结婚当年，日俄战争爆发。日本国内战争热情高涨，但是柳田心中却五味杂陈。柳田的收入足以买得起大量的饼干和食物，但是，他的心思明显不在这上面。

当时的政府宣扬"富国强兵、粮食增产"。柳田不同于其他的有钱人，他站在农民的立场，提出这样一个疑问："农民为什么贫穷？"或许是因为童年时代的贫穷给柳田留下了深刻的印象，他对贫穷的问题一直挂在心上。

柳田讨厌美食，他认为，"要想解决当前粮食匮乏的问题，除了死亡别无他法。西南战争以后，日本大约有三千万人。后来，政府通过控制生育的方法来缩减人口。但是，死掉这种方法显然更加直接。"（选自《故乡七十年》）这样的想法，是柳田在寻找日本人饮食根源之路上，摸索总结出来的心得。

吃饭时，柳田总会讲一些关于食物的故事。吃，是人的本能。柳田心中所系的"老百姓"，他们吃饭是为了活下去。什么样的饼好吃，什么样的饭团味道不错，这些关于味道的话，是柳田的禁语。柳田认为，吃东西时，"真好吃！"这样的话会招致老百姓的厌恶。也不知道柳田内心柔软的想法源自何处。积极地看，柳田的民俗学，是为了发现和"美味"相关的另一种价值所在，是一个庞大的研究过程。

柳田在农村研究语言时，居住在大和初濑的旅店。当时，房间里没有脸盆。柳田便对店里的女服务员说："麻烦拿一个洗手的盆。"后来，柳田和女服务员多聊了几句。柳田问她来自哪里，女服务员说来自大阪。

"直接问洗脸盆是不礼貌的做法，所以柳田才会多跟服务员聊两句。用手指东西时也是一样。主要是因为太少的语言让人感觉不舒服。在东京，朋友之间递碗和盘子等餐具时就不会有这样的担心。倘若问洗手盆时会比较失礼，因为这句话含义模糊，语境不同会引起不同的语义。总之，这是古人的做派。随着时代的发展，语义变化不尽相同。"（选自《身上的饼等词汇》）

手洼是手掌弓形后形成的小窝，洼是日本太古时期土质食器的一种。当喝茶、吃点心时，会用手洼代替盘子，吃完后还会舔舔手掌。

研究表明，在日本社会中，"手洼是私有化的开端"。这是因为，"食物分配是用手完成"。饭汁盛入碗里表示"配给原则"；把饼平均切成又小又圆的块状表示"平等的私有化"。另外，追溯语源，日语动词"拿"也是一个合成词。综述，研究总是从假设开始，为了论证假设的语源，继而走访全国各地收集数据，最后进行客观的论述。

对于柳田而言，这样的论证别有一番乐趣。那时候的柳田，在乡村旅馆常住，吃得也不怎么样。但是柳田却认为，这是民俗学带给他的快乐。柳田研究了许多大家所不知道的知识。例如，日本正月里供奉用的"镜饼"是一种圆形年糕，其实，是为了平均分配才设计成圆形，本意还是出自食物分配的理念。

昭和十五年（1940），柳田出版了文集《食物和心脏》，上述随笔收录其中。在书的卷首，柳田阐述了关于"镜饼为什么是圆形"的论证。他还提到"饭团为什么是三角形"等看似不起眼的问题。柳田经过分析、论证，最后得出结论是，"无论圆形还是三角形，都和心脏的形状相似，古人认为，最重要的食物应该像人体最重要的器官"。共产主义者志贺义雄在狱中阅读了柳田的文集，并选出其中认为不错的观点。出狱后，他表示非常感激老师的文字陪伴。随后，他把整理出的有益论点整理成书，送给了郭沫若。

柳田在随笔《生、死和食物》中，研究了日本人在死者灵前供奉食物的意义。他提出，生者为死者供奉的"枕饭"究竟是什么呢？供奉完毕后，这些饭菜又该如何处理呢？其实，这是源自田间劳作带饭的传统。古时，农民在田间劳作直到晌午，因此要提前准备好午餐，一般是鱼干。所以，田间饭也特指鱼干饭。对于柳田这样的解说，初看会觉得十分有趣。深层次剖析后，会被他的论述所吸引。但最后，读者也许会认为，讨论味道是低等物种的行为。但是，柳田的考证，也是从普通百姓的低等饮食生活中发掘而来。柳田的理论和实践存在矛盾。晚年的柳田常常陷入焦虑，他逐渐认识到，民俗学并不是一门实用的学问。

柳田的作品不乏杰作，他有着高超的写作技巧。随笔《小豆的故事》内容如下：

"为了庆祝第一次世界大战中日本同盟国获胜，政府发给民众每人一茶杯小豆。这让我想起，以前曾说过要写一篇关于小豆的文章。因为当时没有合适的切入点，所以计划一直搁浅，久而久之便忘记了。这次，我开始重新注意到小豆，这得益于日本政府的举措。为民众发送小豆是一件让举国上下非常开心的事情。如果现在追溯、考证小豆和上古时的渊源，应该比较容易得出结论。因为现在，民众的配合度肯定很高。"

最后，柳田列了十个章节，进行了翔实的论证。最后得出的结论是："最后都集中到豆馅的问题，考察的范围不能只局限于儿童和女性。"柳田在实际考察中，以普通百姓为调查对象，尽力做到全面、真实、准确。

中村光夫曾批评柳田身为和歌诗人却不创作和歌。中村回忆称，有一次他和柳田一同前往北海道旅行，柳田竟然参加火车上临时举办的聚会，实属难得。当时一行人还有久米正雄、川端康成、小林秀雄、河上彻太郎和龟井胜一郎。柳田入座不久就喝醉了，然后一个人打着节拍挥动手臂，身体随着威士忌酒瓶一起倒在了车厢的地板上。柳田不像普通的老人，他脚步轻盈，出入房间犹如鸟儿一样无声无息。在中村的口中，柳田一喝便醉。

折口信夫和新村出曾一起来到成诚学园拜访柳田。柳田叫女儿来帮忙准备午饭。柳田的女儿拎着购物袋来到商店买了鲷鱼。回家时路过一片杂木林，发现很多熟透的栗子散落在地上。于是，她捡了很多栗子带回家，准备做菜用。后来，柳田女儿做了栗子饭和清蒸鲷鱼。柳田看到女儿用捡到的栗子做成饭菜后，非常高兴。他叫来平日负责做饭的伙计，要他向女儿学习。

柳田按照农民的生活水准过日子，平时节衣缩食，乐于在简单的饭菜中寻找美味。总之，柳田在吃饭上，时刻以农民的标准来约束自己。

柳田看似心胸开阔，做事沉稳，但是，中村重治却非常了解他。中村认为，柳田内心"情绪波动非常剧烈，是一个容易激动的人"。曾经有很多人敬仰柳田，拜入他门下。但最后，大部分学生都被柳田逐出师门。

柳田内心有一种特有的孤独。如果别人随意踏入他的研究领域，柳田就会觉得被冒犯。然后，柳田会给他们强行加上罪名。年轻时候，他就曾因这样的原因，毅然抛弃一起从事文学创作的伙伴岛崎藤村和田山花袋。柳田创办的竜土会是自然主义文学的聚集地，位于牛込加贺町的柳田府邸，同时也是他养子的住所。藤村回忆，当初在涩美半岛和柳田见面,他以童话故事《椰子的果实》为素材创作了同名诗歌。这样的行为在柳田看来,也算是剽窃吧。花袋曾以柳田为人物原型写过小说。藤村暂且不论,就连曾经十分亲密的花袋,柳田也丝毫没有犹豫地选择了抛弃。这样的处事行为,和柳田复杂的家庭情况无不相关。柳田的父亲和强势的母亲感情不和,最后导致神经衰弱。大哥鼎和柳田相差十五岁,母亲虐待第一任大嫂,逼得大嫂一年后不得已逃回娘家。母亲和后来的第二位大嫂一度剑拔弩张,最后这位大嫂跳河自杀。

柳田看透了亲人之间的丑陋,过惯了贫穷的生活。

柳田还有一段不为人知的恋爱经历。花袋以柳田为人物原型创作了小说《妻子》,于明治四十二年(1909)出版。小说讲述了主人公西君(柳田的化身)抛弃了大学时代的恋人,为了获取功名,最后和有钱人家的小姐结婚。柳田把自己的恋爱日记转交给花袋,由花袋选择其中的一部分发表在杂志《文章世界》上(明治三十九年四月刊),并特意标明作者不详,但很快被柳田的妻子孝夫人识破。

作为柳田家族的养子,柳田的生活并不幸福。他的二女儿曾用笔名柳井统子创作小说。小说讲述了父亲孤独的家庭生活。柳田想要摆脱养家庭的束缚,他经常以各种借口外出调研、取材,实则为了逃离家庭。养父母家教严格,而国男又十分固执,因此他们之间相处并不融洽。

柳田故意装作不关心料理的味道,大概是因为年轻时候自己寄养在别人家,对食物、味道有很强的抵触心理吧。柳田十岁时寄养在三木家,十二岁时寄养在茨城县布川町大哥家,二十六岁时成为柳田家的养子。柳田这一生都是别人的养子。而身为养子,是没有资格谈论饭菜是否美味的。柳田进行的调研、考证工作,从民俗学角度来说,也可以称为寄养的学问。对自己抑或对读者,柳田总是表现出"已然脱离饥饿"的样子,但是,他的内心仍有着"养子充满悲凉感的斗争"。昭和十五年（1940）四月，《早稻田文学》刊发了柳田女儿创作的小说《父亲》。文中，父亲对女儿说："结婚应当基于双方的爱情，谁都不会理解父亲我这一生。"

昭和三十七年（1962），《定本 柳田国男集》月报中收录了森铣三写的随笔《煮鸡蛋》。有一次，森到恩师井上博士家中做客，柳田国男恰巧也在。后来，大家都饿了，井上博士让家人煮了很多鸡蛋。井上博士担心让柳田先生吃水煮蛋很不得体。果然，柳田连续吃了两三个鸡蛋后，满脸嫌弃，然后用纸包着剩下的鸡蛋走了。虽说柳田常吃粗茶淡饭，但是水煮蛋实在太不像样子了。

昭和六年（1931）刊发的《明治大正史 世相篇》中，柳田曾这样写道：

"明治以后，日本的食物大概有以下三个显著特征：第一，出现了更多温热的食物；第二，大众开始喜欢吃柔软的东西；第三，众所周知，甜食越来越受欢迎。而且，甜食的种类越来越多。当然，这也可以看作第四个特点。但是我认为，它是第三点衍生出来的。人们首先从现有的食物出发，逐渐研究其他美食，继而发明出更多的烹饪方法。"

现如今，柳田总结的饮食特点，有越发加速的倾向。

对比后发现，当今社会中，冰冷、辛辣的食物越来越多了。大家对味道的要求更加细分化。而偏远地区的传统饮食，则渐被淡忘。

铃木三重吉
(1882—1936)

生于广岛县。考入东大英语系,是漱石的学生。经夏目漱石推荐,他的短篇小说《千鸟》刊登在《杜宇》杂志上。他活跃在文坛,之后转为创作儿童童话。创办童话杂志——《红鸟》。

铃木三重吉

因喝酒荒废《红鸟》杂志

铃木三重吉创办《红鸟》杂志，荣获"儿童大王"美誉，在日本儿童文学史上留下了浓墨重彩的一笔。杂志《红鸟》的成员个个背景显赫，有北原白秋、芥川龙之介、丰岛与志雄、菊池宽、江口涣、小川未明、岛崎藤村、佐藤春夫和谷崎润一郎。只有《红鸟》杂志，才能够网罗如此多的文学大家，可谓前无古人，后无来者。杂志以童话和自由诗为中心，其中以白秋的作品最受欢迎。三重吉倡导的"作文理论"在童谣界有着很深远的影响。

《红鸟》的创刊号上刊登了白秋的作品《松鼠、松鼠、小松鼠》。除此之外，白秋相继发表了童谣《红色的小鸟》《繁忙的理发店》《咕嘟咕嘟千鸟》《摇篮曲》《雨》。其中，《红色的小鸟》的内容是："红色的小鸟/为什么是红色/是因为吃了红色的果实。"白秋创作的童谣，经作曲家山田耕筰和小松耕辅谱曲变成了脍炙人口的歌谣。《红鸟》杂志还刊发了芥川龙之介的《蜘蛛的丝》、小川未明的《月夜和眼镜》、有岛武郎的《一串葡萄》等名作。

三重吉曾批判当时的儿童读物"低俗化、在商业主义的恫吓下缺乏童心"。在三重吉的呼吁下，儿童文艺获得一众文坛大家的支持。作为《红鸟》杂志的发行人，三重吉创作了儿童故事《好孩子的朋友》。

三重吉曾说过:"《红鸟》是儿童、老师和家长必备的读物,是唯一一本纯艺术性和教育性杂志。"但是,三重吉因为经常酗酒,最终导致杂志日落西山。

三重吉很早便在文坛崭露头角。明治三十九年(1906,二十四岁),三重吉的小说《千鸟》得到漱石认可,成为漱石门下的学生。其他学生包括高滨虚子、寺田寅彦、小宫丰隆、野上白川、松根东洋城、森田草平等。随后,三重吉发表小说《山彦》《小鸟的巢》《桑子》等,一跃成为人气作家。大正七年(1918,三十六岁),三重吉创办《红鸟》杂志,转向儿童文学方向发展。

三重吉嗜酒如命,夏目漱石的夫人夏目镜子曾回忆说:

"铃木特别爱喝酒。他喝酒后心情大好,睡眠质量也会提高。当他受到别人冷落时,也会喝酒。对三重吉来说,喝酒是生活的一切。新年和元旦的时候,他第一个到我家里来。从早上十点喝到下午三四点,和不同的人连续喝酒。午饭过后,家里来了新的客人,三重吉又开始招呼喝酒。总之,他是一个离不开酒的人。到最后,我一心想要他快点回家。于是,我叫了出租车开到门口接他回家。这时候,他双手耷拉着,身体跟跟跄跄地坐上出租车。刚把他塞到车上又掉下来,如此反复两三次后,终于坐上车回家了。看着他远去的身影,我不禁长吁一口气。"

镜子夫人还回忆道:

"但是,三重吉平时为人和善,对我的事情也很上心。偶尔还会送给我些鱼干、甜瓜等。他总说自己吃这些东西太浪费了,不如给夫人吃。因此,只要一有好吃的,他都会给我吃。参加九日会时,一过八点,他就会命令大家说,夫人累了,大伙也早点休息吧,然后让大家各自散去。总之,三重吉不喝酒时,是一个非常有爱、有礼貌的人。"

三重吉是漱石的得意门生。但是他经常酗酒,而且酒品不好,大家都很讨厌他。三重吉最亲密的朋友小宫丰隆曾回忆称:"三重吉很任性,患有肝病,却依旧喝到酩酊大醉,身边的朋友对他束手无策,非常烦人。"朋友们后来都对他敬而远之。小宫还说:"三重吉以自我为中心,性格要强。喝醉酒后更加严重。喝醉后,他经常对身边的朋友发号施令,坚决要求别人都按照他的想法做事。……如果他不开心了,一定会从身边揪出某个人来发泄脾气,态度非常粗暴。"(选自《三重吉的事情》)

从小宫的描述中我们得知,三重吉是一个以自我为中心的人。"他歇斯底里,像女人一般任性。其实,三重吉内心很脆弱。和孩子们走夜路时,会高唱军歌。"森田草平也曾如此评价过三重吉。草平和三重吉同为漱石的门生,草平是三重吉的师哥。草平颇有不满地说道:"三重吉虽然后来才拜入漱石老师门下,但是他非常任性,又经常酗酒。我很忌妒他。无论三重吉还是丰隆,他们都能融入老师的家庭中,像在自己家中一样。先生搬家时,他们忙前忙后地整理书架、卸推拉门。而我根本就不会去做这些事情。"

"三重吉的酒品和醉酒后所做的荒唐事儿,我们大家都领教过,心知肚明。他被餐厅女老板痛骂过,夫人也曾在客人面前严厉地批评过他。本来夫人准备菜肴款待客人,结果被三重吉搅得一塌糊涂,客人们连酒都没有喝就走了。"(选自森田草平《处女作时代的三重吉》)

日常中的三重吉大概如此。他会对自己的后辈们肆意发脾气,横行霸道。其中,芥川龙之介就是他的眼中钉、肉中刺。

当时,芥川忙于《新思潮》杂志的准备和发行,但最后不得已停刊。三重吉当着所有人的面,大声说道:"芥川,你一定是拿到了稿费才打算停刊吧。"然后,三重吉开始絮絮叨叨数落起芥川来。言语中满怀恶意,非常伤人。芥川后来回忆称:"我当时气愤至极,想把三重吉当场切成生鱼片。"

据说，三重吉还欺负过里见弴、泉镜花等人。川口松太郎年轻时也曾被三重吉欺负过，暴怒的川口，拿起木刀和三重吉打成一团。其实，三重吉只是嘴巴臭，打架根本不行。有时喝醉了想和对方吵架，但只要对方态度一强硬，他就会把头缩回去，甚至摆出一副哭相，十分没出息。

三重吉喝酒时的下酒菜一般是两片鲜鱼刺身和海苔。他喜欢吃清淡的京都料理，每份料理在小盘中摆得精致，然后从午饭开始慢悠悠地喝起来。据三重吉的长子铃木珊吉回忆，父亲三重吉喜欢故乡广岛的鱼干、咸菜和生牡蛎，尤其喜欢吃咸菜。三重吉甚至写过一篇关于咸菜腌制方法的随笔，文笔、内容不输美食家。他还喜欢吃鲇鱼干。有一次，广岛的朋友给他寄来家乡特产，三重吉收到后非常开心。三重吉只喜欢喝广岛当地酿的酒。他甚至请酿酒商给他运来大量的广岛酒。外出吃饭时，也要带上一升酒。

"三重吉原本每个月喝三斗酒，现在身体不行了，每个月只喝一斗酒。喝酒时要吃口味清淡的鲜鱼，一条即可。他一边嚼着大豆一边喝酒，一次可以喝下一升左右。但是他没有因为能喝酒而自豪，也不会在别人面前故意显摆自己的酒量。三重吉喝酒后不能写作，因此，他经常在睡前喝酒。他通常一觉睡到上午十一点，而晚上睡觉是在半夜两三点左右。三重吉说自己不喜欢吃东京料理，讨厌甜食，反而喜欢高级餐厅的清淡饮食。"（选自《文人的生活》）

三重吉写过多篇关于料理的文章。其中有一篇名为《栗子和柿子》的随笔，极具个人特色，文笔也很不错。其中这样写道：

"栗子啊。栗子是甜食，像我这样脾气急躁的人，会觉得剥掉栗子坚硬的外壳和苦涩的果皮，是十分烦琐的事情。仅仅是剥掉果皮，都会令指尖疼痛。……栗子适合指尖利落的女性，只有她们才能从容地剥皮，吃到完整的栗子。"

三重吉的文章内容尺度也很大。他谈到过柿子。他在文中自豪地写道:"广岛的西条柿最好吃。"然后贬损柿饼,他认为,"柿饼就像黑人的生殖器,看到它令人恶心作呕"。这是三重吉特有的写作风格。褒贬两极化,言辞狠毒。他在住旅店时,斥责女服务员说:"不要让我看见你们脏兮兮的脚底板。"他还嘲讽祇园的艺伎:"这些人一定会在别人看不见的地方抠鼻屎。"总之,他对所见之处、所闻之事极尽挖苦之能事,想法、态度极其恶劣。

三重吉在不喝酒时,也会说一些好听的话。比如,"蜜柑里居住着女皇。"可一旦喝酒,他就变得异常狠毒,言语具有很强的攻击性。有时他说:"随便吃什么都行。"而此时他内心是很烦躁的。关于凉拌豆腐,三重吉有过以下描述:

"这仅仅是我在家做豆腐的一种方法,未必适用于所有人。豆腐和海带汤一起煮,会变得很软。在锅中放入海带,然后再放入豆腐。如果还没有彻底煮好海带汤就吃豆腐,会发现豆腐很硬,也没有什么味道。因此,可以提前做好海带汤。一升水煮一大张海带,要用大火咕嘟咕嘟煮三十分钟。煮至五成熟后,把汤汁全部倒进煮豆腐的锅中继续炖。炖豆腐时间越长,豆腐越硬。一定要事先算好人数,按照人头放豆腐。当锅中的汤汁温热时,就可以起锅吃了。做豆腐海带汤,一定要注意别让豆腐粘锅。最普通的配菜是海苔,要放入豆腐锅中央。有人会在汤中加入鲣鱼干粉和生抽。我们家做豆腐时,会加入二十毫升水和大量鲣鱼干粉,然后大火炖煮,熬至剩余五勺汤汁时,加入十五毫升生抽和半勺日式甜料酒。加生抽和甜料酒时,一定要快,最多不能超过五秒。如果生抽炖煮超过一分钟会影响汤汁的味道。煮好汤汁后,应当先慢慢倒入茶杯中,最后把汤汁淋在温热的豆腐上。用茶杯盛海带豆腐汤,大概让人感到意外吧。这是因为汤汁需要慢慢盛出,如果直接让豆腐接触餐具,会有一股药味。我们可以沿着豆腐的边沿浇上锅中的汤汁。如果从豆腐上面直接浇汁,会让豆腐变得松散。最后,可以在豆腐上放一些海苔消除腥味。"

三重吉对豆腐的烹制过程描写得颇为烦琐。他做豆腐海带汤，大概需要的食材有：烘干的海苔、大葱、生姜、柚子皮（最好是细长条状）。大葱剥皮后切成圆环状（消除辛辣味），把所有食材都放入水中咕嘟咕嘟炖煮。三重吉的朋友吉本正太郎在他家吃了他做的汤豆腐后赞不绝口，回家后还写信询问做法。待吉本收到回信，发现制作方法竟然长达两大页。三重吉显然是花费了心思的，两大页纸，赶得上菜谱了。这其实和三重吉的性格有关，话题一旦打开后，常常难以收尾。如果被要求以一句话简单概括，他便会对对方说："这根本不是一件简单的事。"对料理，三重吉非常执着。

三重吉曾让女儿凉子做过汤羹。女儿做好后，却被父亲训斥说："味道简直就是四不像！"

"……父亲非常挑别，脾气又很臭，我觉得自己离他很遥远。父亲只是为我们兄妹三人寄生活费用。我父亲脾气太不好了，喝酒后更是糟糕。因而，我在朋友中有种莫名的羞耻感和自卑感。女子学校毕业后直到结婚，我从未和别人提起过自己的父亲。"（选自《父亲和我》）

凉子是三重吉最宠爱的女儿。小宫曾经写过，凉子小时候，家人会给她穿上可爱的和服，三重吉就会得意地领着乖巧的女儿到外面溜达。《红鸟》杂志中有一篇名为《鸽子的记事本》的童话故事，主人公就是以凉子为原型。三重吉在有自己的孩子之前，非常讨厌小孩。师母夏目镜子回忆称："三重吉曾对我说，小孩太烦人了，最好把他们都塞进衣橱的抽屉中。"当时，三重吉在老师夏目漱石家中说这些，肯定会招来讨厌的目光吧。漱石的女儿笔子非常清楚地记得这些话，所以她对三重吉一直没有什么好印象。但是，当三重吉的长子珊吉出生后，他爱上了孩子。因为喜欢孩子，他创办了《红鸟》杂志。这些事，都体现了三重吉以自我为中心、善变的性格。

小宫丰隆证实，三重吉很爱说谎。有一次，三重吉自吹自擂道：

"漱石老师要借我五十日元。"大家竟然都相信了。三重吉擅长吹牛、说谎,捏造事实更是手到擒来,还能让听者们信服。三重吉还讲过一则"艺伎和小便"的故事:

三重吉曾在千叶的艺伎酒楼短暂住过。一天,他一觉睡到晌午,起床后打开二楼的窗户,朝着下面"嗖嗖嗖"地尿了起来。当时,几个倒霉的士兵在窗户下休息,被尿液溅到后,其中一个士兵生气地脱下靴子扔到二楼,并大喊道:"刚才是谁撒尿啦?"和三重吉在一起的艺伎走到楼下,淡定地对士兵说:"我刚刚不小心从楼上洒了一些洗杯子的水,溅到您身上了吗?请见谅。这可不是小便,如果是小便的话,一定很臭。"说完,把嘴凑到士兵肩膀上,用舌头舔干净溅湿的地方。士兵当场哑口无言。对此事,小宫评价说:"这样的场景犹如净琉璃小说中才会出现的故事情节,能舔下三重吉的尿液,于危难中解救三重吉,这般侠骨柔情的女子肯定是三重吉的脑袋中幻想出来的,现实中,哪里有这样的人?"

三重吉常常分不清个人憧憬和现实生活,大概是因为酒精麻痹了他的大脑吧。三重吉发挥想象力,在童话和童谣的世界中自由驰骋。他对"艺伎和小便"的故事非常得意,但每次讲给小宫听,小宫都会反驳,认为三重吉是在说谎。三重吉活在自己虚构的世界里,每每听到小宫的反驳,他都会生气地说:"这是真的!"

三重吉很喜欢和"小便"相关的故事。据说,他对来家里的中学生说:"你们长大后可以来我的坟前随便小便。你们大家还可以看着我的墓碑说:'这就是三重吉的坟墓啊!什么乱七八糟的玩意儿啊!'"(选自坪田让治《三重吉断章》)

内田百间曾回忆说:"三重吉是一个可恶的家伙。"有一次,他俩一起在神宫外苑散步,三重吉看到内田扔掉烟头,斥责他:"这样可不行,快把烟头捡起来!"内田每次问三重吉借钱,他都不分青红皂白地数落内田一顿:"你肯定一顿饭吃八块炸猪排,所以才会这么穷。像我，提前做好很多味噌汤，然后每天煮汤时切入一小块豆腐，每天这样吃也不烦。平时不注意，肯定会遇到麻烦。"数落完后，才会把钱借给内田。

百间还写道："我一顿吃八块炸猪排，是很久以前的事情。总提这件事情可不好。传说中，安产神身边的小麻雀也能一顿吃下三十五只寒雀。有一个星期四的晚上，三重吉竟然还是不依不饶地向漱石山房说起这件事。我觉得，恐怕三重吉的脑海中只记得炸猪排这件事吧。"百间和三重吉一样，都是乐天派，平时没有什么愁事。百间无论被三重吉如何训斥，两人都能很快化解矛盾。但是，他唯独受不了三重吉终日酗酒。

据漱石山房记叙，"三重吉喜欢拽着别人絮絮叨叨地扯东扯西，这样一来，喝酒的时间变更长了……我受不了，总是提前独自回家。酒后，还是少说为妙。仔细想来，我很少酒后乱说话。这是很难得的吧，当然我本人也很费解自己为什么能做到"。

百间有次从酒席中逃跑了，大概是因为三重吉说得太过了吧。

三重吉对自己的挚友北原白秋也发过酒疯。昭和八年（1933，五十一岁），北原和三重吉彻底绝交。昭和八年六月，白秋发表声明《别离〈红鸟〉杂志》，内容如下：

"我决定从《红鸟》杂志四月期刊开始，不再写稿。原因是，我明白自己和主编铃木三重吉性情大不相同。我一直忍让，但我们两人的友情依旧难以修复。从前年夏天开始，我们的关系出现裂痕。当时，醉酒的三重吉在我父母面前撒酒疯，行为举止极其过分。他还曾欺骗过我父母，深深地伤了二老的心。所以，我需要重新审视这份友谊，还是事先交代清楚这一切比较妥当。我父母也劝我应该和铃木君绝交。"

就这样，从《红鸟》杂志创刊开始，三重吉和白秋十五年的友谊至此画上了句号。三年后，昭和十一年（1936），五十四岁的三重吉与世长辞。白秋离去后,《红鸟》杂志逐渐丧失在社会上的影响力。

《红鸟》杂志的辉煌不再,除了刊发了漱石门徒的作品外,还发表其他作家的作品。三重吉经常醉酒失去理智,但只有酒才会给三重吉带来力量。《红鸟》杂志的编辑小岛政二郎曾经说过:"三重吉的确帮芥川修改过《蜘蛛的丝》,当时的文稿上还留有用红墨水修改的痕迹。"小岛和三重吉是连襟,小岛的妻子是三重吉妻子乐子的妹妹。小岛还说:"我认为芥川的文采比三重吉好,三重吉随意改动芥川的文字,简直是一种亵渎。"所以当时,我没有选择沉默,直接提出了抗议。但是三重吉强行拿红笔修改,并解释说:"芥川还是年轻人,文笔有不成熟的地方。我因为看在你的面子上才提点他。你就看着吧。"

三重吉非常自信,竟然随便修改芥川的原稿。平时,他喝酒后会骂朋友。第二天早晨酒醒后,也会厌恶自己。可接着,又沉浸到幻想世界里继续喝酒。嗜酒如命的三重吉一度被禁止接近漱石山房。辰野隆评价三重吉时这样说道:"和三重吉一起喝酒总会吵架。如果回骂几句,三重吉就会认输,默不作声。他喜欢酒后吵架,只是因为酒品不好。"酒后撒疯,是三重吉最大的弱点。但同时,也是他的武器。

三重吉在医院去世几天前,曾经说道:"我想和大家一起吃饭,做个道别。如果可以的话,吃咖喱米饭行吗?"他的女儿凉子回答说:"爸爸的提议不错,但是现在不能到外面吃饭,等病好了,再叫大家一起吃饭吧。"

此时,三重吉已神志不清,嘴里嘟囔着:"那就去银座吃吧。"过一会儿又说:"吃饭的食材准备好了吗?凉子做好饭了吗?"之后又说道:"鳗鱼饭真好吃,快给我拿鳗鱼饭来吃。"于是,凉子便飞奔出医院来到本乡鳗鱼饭餐厅,跟服务员说:"无论什么口味都可以,请快点做出鳗鱼饭来。"

鳗鱼饭买回来后,三重吉却不着急吃。他把饭盒塞进棉被里,然后说:"大家快吃吧。我坐在这里看大家吃就可以。"身边的护士们开始吃饭时，三重吉还会叮嘱大家要嚼得慢一些、细一些。想起这些，凉子伤心地说："想起父亲最后一次吃饭的情景，心里非常难受。"凉子说，父亲三重吉在生命的最后阶段，依旧像山大王一样，负责掌管着大家的饮食。

六月二十八日，家人们在西大久保家中为三重吉守灵。当时，没有请和尚诵经超度。三重吉生前说："我死后，不要请和尚来家里唱经。把亲朋好友招呼来，热热闹闹地吃点东西，喝点酒就行啦。"

对三重吉葬礼的情形，清水幸治是这样描述的："葬礼上酒香四溢。啤酒瓶堆积如山，还有大份的生鱼片。盛菜的盘子都是大盘，到处是美味佳肴。小宫老师在三重吉先生灵前的桌子上，摆满了酒杯和菜肴。"（选自清水幸治《三重吉先生的灵前守夜》）

最后，三重吉如愿以偿。他的葬礼上，酒水、菜肴丰盛。弟子坪田让治在《三重吉断章》中写道："我听说，三重吉老师去世后的三四年，他的夫人也自杀了，追随先生而去。这让我大吃一惊，真是难以置信。"

尾崎放哉
(1885—1926)

生于鸟取县。毕业于东京大学法学系，在保险公司工作长达10余年之久，后因酗酒被开除。身无分文的放哉辗转遁入寺庙，最后在南乡庵住下。他的自由律俳句是近代俳句史上不可多得的杰作。

尾崎放哉

咳嗽的味道

明治十八年（1885），尾崎放哉出生在鸟取县。十七岁时进入高中部学习。二十岁时考入东京大学法学系。他刻苦学习，一心钻研学问。高一时的同窗有安倍能成、渡边铁藏。大学时结识了荻原井泉水、阿部次郎。毕业后，就职于东洋生命保险公司，也就是后来的朝日生命公司。三十七岁时，尾崎放哉担任朝鲜火灾海上保险公司的负责人。后来离开公司做了苦行僧，开始了颠沛流离的乞讨生活。去世时年仅四十一岁。尾崎放哉最有名的俳句是：

即使咳嗽　也是独自一人

在诗人的心中，咳嗽究竟是什么味道呢？这是尾崎放哉晚年在小豆岛西光寺内院南乡庵创作的俳句。他的一生是孤独的。放哉因酗酒导致了一系列事件发生，最后离开了公司。放哉酒后常乱性，喝酒后和平日里温文尔雅的形象大相径庭。从学生时代开始，放哉就开始饮酒。三十岁之后，因为常年饮酒导致脾气暴躁，曾撒酒疯弄坏马车，把忘年会的会费硬塞给陌生人，还曾在丸山鹤吉的府邸大发雷霆，据说还动过手。放哉说过，要"放弃一切，只留下躯体"。三十八岁前的放哉，是一名优秀的青年才俊，他立志要出人头地。突然一天，他开始流浪，走向另一个极端。在放哉身上，为什么会发生如此大的巨变呢？放哉在须磨寺当看庙僧人时创作了下面这句俳句：

抛弃诽谤他人的内心　犹如剥开豆子的皮

"抛弃诽谤他人的内心"说的是放哉在朝鲜火灾海上保险公司的一位部下。放哉当时对这位部下非常关照，而部下表面看起来对他也很忠诚，没想到，最后竟然陷害放哉，甚至深思熟虑做出了一份陷害计划。放哉此前一直顺风顺水，被陷害后的放哉，无论如何都没能原谅那位部下。放哉遭受背叛后，非常生气，一个人喝到大醉，最后因酗酒导致工作失职而被公司开除。但是，放哉没有埋怨过任何人，也没有发过牢骚。这也是他的过人之处。为了彻底放下对部下的憎恨，放哉选择当了一名修行的僧人。他剥豆子皮，同时审视自我，独自一人反省、忏悔自暴自弃的过往。

大正十二年（1923），放哉离职。同年十一月，来到京都的一灯园。一灯园是免费组织大家修行的宗教团体，参加的僧者需要托钵修行，每天进行忏悔。放哉在附近的一家店内打零工，帮着做点心，后来写了以下俳句：

来吃午饭　却在竹林中看穿自己
静静地挪动影子为客人添茶

一灯园要求放哉在修行中要抛弃一切，做到心中无杂念。但是，他内心依旧记挂午饭和茶水，很难真正逃离尘世。

怀抱双膝在地板上打坐

这是放哉在须磨寺创作的俳句。两年前的他，西装革履，不怒自威地坐在办公室的摇椅上。而现在，他穿着粗布衣，在地板上盘腿打坐。还有一首俳句也是放哉在须磨寺时写的：

打开咸菜盖撒盐时 想到母亲是否转世

放哉生于士族家庭，本该练就一身本领出人头地，结果当了和尚，每天都要打开咸菜桶的盖子撒盐。放哉幻想：如果去世的母亲，在天上看到儿子是这副模样，会作何感想呢？

当年，坐在从朝鲜驶向长崎的船舱上，放哉曾央求夫人馨子和自己一起跳海自杀。馨子拒绝了放哉的无理取闹。此后，妻子把他领入一灯园。妻子是大阪东洋纺织工厂女子宿舍的管理员兼裁缝、插花师，一直住在工厂，和放哉分开生活。进入一灯园后，放哉给井泉水写信。井泉水既是他的老师，也是大他一年的学长。书信的内容大致如下：

"这里的饭很难吃，每天都要干活儿。如果闹情绪，会干得更多。人都是有情绪的。无论我去哪里，对讨厌的东西还是一点儿也忍不了。"

信的内容，大都是放哉的唠叨和不满。其中，"讨厌的东西"，说的是一灯园的主持西田天香每天外出演讲时都会带着放哉。演讲时，天香常常说到"自己连中学都没有读过"，作为对比，他直接把放哉叫到讲台上，然后向大家介绍说："这位僧人之前毕业于东京大学法学系，然后进入一灯园修行。"放哉很讨厌一灯园把自己作为演讲时的噱头。大约一个月后，他逃离了一灯园，来到知恩院塔头常称院做了和尚。在这里，放哉开始了僧人的生活，打扫厕所、擦洗地板等，同时，他还经常向井泉水主编的俳句杂志《层云》投稿。放哉每个月都要投一百句俳句。他特意解释道：

"我知道自己每月投寄过多的俳句稿件，这样一来，给您的审稿工作带来了很大的麻烦。可是每次一旦有新的作品，我立马就想让您过目，想要和您吐露心声。"

信中，放哉表露了自己的心情。对于放哉而言，俳句不是文艺，而是如同吐痰一样，不吐不快。高一时，放哉加入俳句文艺会，接受了内藤鸣雪、高滨虚子、河东碧梧桐的专业指导。只是学生时代的放哉，创作出的俳句大都比较普通，如下：

肉冻和相似食物的味道
醋拌生鲷鱼仿佛像两条并行的船只

由此可见，当时放哉的文笔很平庸，只是一些固定形式的俳句。但是后来，放哉的俳句创作风格彻底转变。他认为风雅、枯淡和美的意识都是无用的论调，完全摒弃了自我救赎的潜台词。俳句不仅可以宣泄情感，还能赋予自身新的生存力量。这样的俳句风格，其实也是他的败笔之处。最后，放哉的文笔中充斥着灰色，字里行间体现着虚无。

当时井泉水寄宿在东福寺塔头。大正十二年（1923），关东大地震爆发，妻子和母亲在地震中丧生。于是，井泉水想要出家，开始过起了流浪生活。他和放哉一样，陷入了世事无常的人生观中难以自拔。

井泉水拜访放哉，带他去四条的牛肉屋吃饭。二人久未见面，一起吃火锅把酒言欢。起初，放哉拒绝井泉水喝酒的要求，他称自己不能喝酒。但是后来井泉水一直劝酒，他只好端起酒杯。第二天，井泉水另有约在身，和放哉作别。但是，放哉却烂醉如泥，依旧没有醒酒。后来，放哉在路上遇到了常称院住持的情人，在情人的邀请下，放哉又和她一起喝了许多酒。放哉又喝到大醉，最后被住持的情妇送回寺院。在回去的路中他大叫道:"大家快看,和尚!女人的礼物!"说完,还把寿司的盒子扔到地上。于是,放哉被住持赶出了寺庙。

接下来,神户县的须磨寺接纳了放哉。这座寺庙和俳句诗人松尾芭蕉有着很深的渊源。寺庙人员包括僧人和打杂的伙计,多达上百余人。放哉的任务是负责看管大堂,帮香客们抽签,有时也会卖蜡烛。总之,是一些再简单不过的工作。须磨寺的饭菜非常难吃,放哉在给朋友的信中这样写道:

"平时吃素食,有清炖萝卜、水煮海带汤等。早晨是难以下咽的小麦饭,还有一些炸蔬菜,时间久了就吃够了。总之,这里的饭比猫粮还难吃。"(选自《写给小仓康政·政子的书信》)

"僧人守夜整晚,吃得依旧很糟糕。终日嚼着咸菜,即使是笛卡儿的信徒也难以活下去吧。"(选自《写给住田莲车的书信》)

"我偶尔想吃甜食。如果能给我送一些点心,我将不胜感激。什么口味都行,只要是点心就行。"(选自《写给佐藤吴天子的书信》)

"如果你来看望我,就请我吃鳗鱼饭吧。我们可以到河岸边的茶餐厅吃。我终究还是喜欢吃鳗鱼饭。以前在东京常去竹叶餐厅、神田川餐厅和灵岩岛大黑屋料理店,到哪儿都能吃到喜欢的美食。……我会等你来一起吃饭。"(选自《写给住田莲车的书信》)

放哉抛弃尘世成为一名僧人,却很难断除美食的诱惑。他在须磨寺创作的俳句得到井泉水的表扬,井泉水称赞这些俳句体现了放哉"扎实的文笔"。

煞白的僧侣饭　连蚊子都不接近

正因为放哉食欲旺盛,所以他创作的俳句充满了悲凉和孤独。此时，俳句五七五的固定格式已经难以完全传达放哉的内心情感。格式是工整的，但是感情却没有很好地表达。放哉想要用俳句完全地呈现出瞬间捕获的情愫，创作技巧是最大的绊脚石。放哉思来想去，如果唐突直白地表述自己的食欲，那么自己和世间的凡夫俗子没有任何区别。因此，他创作了以下俳句：

悄悄地拂去瘦下来的竹叶

使劲儿搓洗茄子

黎明时来到佛前撒了一些大米

甩着清洗萝卜的双手　暂且过来

萝卜太粗　早晚看守佛像

盆里的米楮　果实令人思乡

姐妹品尝米楮后翻看东京的杂志

儿童拿着水煮蛋

一双冻僵的手为我清点着冬季捕获的鲫鱼

使用买柿子树的钱考虑一处向阳的地方

嘴里嚼着僵硬的梨子理论着

这样的地方竟然下蛋

风吹动后发现很多鸡蛋

有两个小孩在吃烤蜜柑

旅人行进闲适　夜晚店门关闭

冬天来茶店的客人什么都吃不到

岩石上沾满了可爱的沙丁鱼

怀中的烤芋头温暖依旧

每日吃着春分时候的大豆

吃过晚饭后又和晚霞相遇

回响着我下楼吃晚饭的脚步声

这些俳句读起来，每一句都像是一个短篇小说的标题。任何一个俳句都藏着一个故事。特别是"回响着我下楼吃晚饭的脚步声"这句，让人感慨万千。仔细品味放哉的每个俳句，都让人有忧伤、心疼的感觉。不得已只能合上书，待心情平复。为什么诗人会如此孤独、悲伤呢？或许是因为六根未净，心里面的食欲还没有清除干净；也或许诗人的内心从来都不曾和旺盛的食欲做过斗争，束手待命。

须磨寺雇用了五个老婆婆负责寺内僧侣的日常饮食。做饭时，她们把佛祖的供品一起放到锅里面煮，偶尔会有煮茄子。五个老婆婆就像饿鬼一样互相争夺食物。看到她们的丑态，大家都很讨厌，放哉也有同感。

大正十四年（1925）三月，寺院内部人事调整，大家又吵作一团。于是，放哉离开了须磨寺。无论去到哪里，都有纷争，这和放哉在工作时的情形基本相同，寺庙也是权力斗争的修罗场。四十岁时，放哉进入福井县小滨地区的常高寺修行，大概待了一个半月。

淘米准备一个人份的米饭

远处传来答复声　早饭是味噌汤

然后煮豆子　独自度过一天

从二层下来准备午饭

太孤单了　小猫伸出爪子

从别处叼着团子窜到草丛中

拜访正在做饭的其他僧人

还赠送了好多小芋头

这是放哉在常高寺修行时的创作。离开常高寺后，他来到京都龙岸寺，因为难以忍受艰辛的体力劳作而离开。之后，接受井泉水的接济。接连被几个寺庙驱逐，放哉逐渐意识到自己是一个无能的僧者。

大正十四年（1925）八月二十日，放哉来到小豆岛西光寺里院南乡庵，开始修行。翌年四月七日，离开人世。

放哉在南乡庵的年收入仅百余日元，从中还要扣除各种经费约五十日元，实际到手只有五十日元，很难维持生活。放哉来到南乡庵后，每天吃田间芋头和白粥果腹。

放哉在南乡庵修行期间创作了《入庵食记》。他用草纸做成笔记本，封皮画有鸣门市风景。从右边页数起始，横行书写了密密麻麻的俳句。扉页内侧抄录俳句"从芭蕉到句空"。首先是句空的名句：

连一个米糠味噌瓶都没有　身外无物的心境　犹如秋色一般透明清澈

句空是金泽蕉门的俳句诗人。放哉还从《徒然草》中摘抄记录如下：

摒弃尘世，拂去尘世的愚妄，甚至都没有乞食的钵。乞食的钵和米糠味噌瓶一样。

放哉在《入庵食记》中写道：

九月一日　烧米、烧豆（大豆）、盐、梅干、粗茶（一日二茶壶约四杯）、面粉……混吃

九月二日　同样……土豆等

九月三日　同样……（一串葡萄）

九月四日　西光寺自产蔬菜、一盆美食、炸鱼、腌鱼等，久违的吃饱饭

还有很多类似上述的日常饮食记录。其中，南瓜、红薯和小鱼居多。书中还记录了："炖煮五钱沙丁鱼、小鲷鱼时……直接生煮，没有放酱汁，所以很难吃。"有几次，隔壁的老夫妇实在看不下去了，给他送去了煎沙丁鱼。放哉患慢性肺结核，导致肋膜炎恶化，经常剧烈咳嗽，还引发了湿性咽喉黏膜炎。当时，他创作了俳句"即使咳嗽　也是独自一人"。

"整个庵里都没有一个乞食的钵。与世间隔绝、云游四方，这只不过是外人看来的样子。有时候，我被孤独席卷全身，这种滋味，只有我自己才能体味。"（选自《入庵杂记》）

放哉还曾写道："多年前，我希望独居，想要过清净的生活，想要心神安宁地面对身边的一切。对于我而言，孤独是一种极乐。"（选自《入庵杂记》）

放哉认为，作为僧人的第一步，就是把孤独当作极乐。虽说如此，他自己也时常思念朋友，还会想吃美食。放哉回忆起自己在高一参加俳句会时，品尝过根津日式餐厅的松茸饭，特别美味。放哉通过明信片与书信和朋友们保持联络。放哉每天都写信：

"我是一个讲究吃喝的人。我所知道的所有人中，只有我每月必须到东京的美食店吃饭。我亲自找出那些不为人知的美食餐厅后，坚持每月来品尝一次。我熟知东京所有的美食店。"（写给杉本玄玄子）

在写给杉本玄玄子的信中，放哉还详细写过乌鱼子，历数了长崎产的高级乌鱼子和台湾产的乌鱼子。

放哉的信中，多次提到过钱。"……我兜里只有几分钱……能否给我送一些钱，让我买一些营养品，比如牛肉……拜托了……不要特别挂念我……请务必不要挂念……不要为我担心。"（写给饭尾星城子）放哉悄悄地告诉井泉水自己曾向别人要牛肉火锅吃。在信的末尾，放哉着重说明："我喜欢吃牛肉火锅……这边一份大约一百四十五钱。"为此，井泉水召集俳句杂志《层云》的同事们成立了放哉救助会，负责筹集放哉每月的生活费。

前往小豆岛的时候，井泉水在白扇子上写了俳句"明日戒掉的酒将全部洒落"送给放哉。放哉屡次破戒，违背戒酒的誓言，这让西光寺的住持大为光火。放哉的酒钱是向《层云》俳句杂志的朋友借来的。放哉写信要钱时，很会耍小聪明。他会先哭诉自己患有肋膜炎，然后告诉朋友自己为了治病，需要买一些牛肉，因此请大家借钱给他。但是，他在《入庵食记》中一次都没有提到吃牛肉的事情。恐怕借来的钱，都被他拿去买酒喝了。

放哉在去世前两个月寄给住田无相的信中开头写道："我现在只是咳嗽、咳痰，没有吐血，等到血管破裂的那一刻，我一定会吐出像花朵一样美丽的鲜血。"然后又写道："偶尔我想吃好吃的，太想吃了。呵呵……这个时节让我想起了东京的金枪鱼寿司、烧鳗鱼、炸鲜虾，实在太想吃了。……之前你给我寄来了钱，好几次都想拿去吃牛肉火锅，最后终于忍不住去吃了，让我至今回味无穷。谢谢你。"信的末尾，放哉又会诚恳地请求对方："无论如何，请再给我寄些钱，我等你。"放哉所有的朋友都会收到如此情真意切的信，最后不得已都会借钱给他。但令人纳闷的是，放哉既然这样喜欢美食，那么他完全可以不当和尚，还俗便罢。可他始终没有这样做。

放哉的同窗有的成为铁道局领导，有的成为大学创始人，还有五六位朋友成为部长级别的人物。据说，井泉水每次大学同学聚会时都会聊起放哉，他至今不明白放哉为什么去当和尚。放哉在一高上学时，一名叫藤村操的同窗跳入华严瀑布自杀，大家常常在聚会时议论纷纷。可毕业后，大家只要一见面，提到最多的就是放哉。

放哉的代表俳句是："即使咳嗽　也是独自一人。"这也是他向朋友借钱时常常说的话。放哉在小豆岛创作了很多俳句，但论数量，仍然不及借钱的信多。放哉给朋友的信中多次提到自己想死。放哉内心是真的比较悲观，这也是他借钱喝酒吃饭的理由。放哉总是厚颜无耻地借钱，或许是为了弥补，放哉创作了大量的俳句。俳句的内容充斥着日常生活的寂寥和一个人的孤独感，很多句子描述的场景非常有趣。放哉在给饭尾星城子的信中写道："既想死，又想活着，如此反复。"内心充斥着贪吃欲望的放哉，冷眼看着自己凄惨的境遇。放哉在去世一个月前写给山口旅人的信中提到："喉咙肿痛，米饭难以下咽。"这也成为放哉代表俳句之一。现摘录放哉在小豆岛生活时创作的部分俳句：

岛上的小姑娘照顾我的日常生活
暴风雨中吃晚饭的母子二人
半夜面粉撒满了榻榻米
从火把取火煮豆子
老鼠偷吃土豆后我只能睡觉
喝水后频繁小便在杂草堆
买了鸡蛋放在袖口处带回家
傍晚雷阵雨放晴 收获了一大条青花鱼
来到田间挖芋头之前先铺好地板
煮粥时饭锅咕嘟咕嘟作响
没有盛放的器具 只能双手接受
嘴巴紧闭的蚬子已经死去
打开庵的推拉门 买了小块鱼肉
看着傍晚的天空 拿起筷子吃晚饭
想要去野茶屋享用美食
独放一个茶碗蒸饭

放哉创作的每个俳句，好像都在暗示想跟朋友们借钱。大家收到信后，一般都会借钱给他。由此看来，放哉的俳句充满淳朴的气息，也很实用。放哉参透了孤独。其实，他自己没必要如此孤独吧。孤独这种感觉在心中弥漫，虽说不至于引起自杀，但也会陷入悲哀的情绪中，无法自拔。放哉的离世是一种带着消极意义的自杀，孤独悲伤中，莫名地令人感到有些摸不着头脑。"没有盛放的器具　只能双手接受"，想来当时的放哉非常孤独，但在日常生活中，这样是很正常的举动吧。只是经过放哉的笔端，句子就有了另一种感觉。放哉认为，人活着就是为了吃饭。这是很浅显的道理。对于放哉而言，俳句主导了他的整个人生，最初的句集描述了他个人愿望的破灭，后来的句集描述了被生活所迫的悲惨现实。放哉为人正直，言行坦率，这样的性格根本就不适合在保险公司上班。经历了公司内部的权力争斗，和妻子也难以和谐相处，一系列的挫败让旧疾肺结核病情加重，最终他选择当了一名四海云游的僧人。放哉跟普通人不太一样，即使当了和尚，仍旧坚持俳句创作，活跃在文学界。

去世四天前，放哉在《入庵食记》中写道：

"四月三日　风冷，困乏无力，（今天是神武天皇纪念日）。相比下文中的内容，最重要的是可以得到美食。"

放哉临终前创作的俳句是：

肉少骨头多

当时，放哉在洗澡。他看着自己日渐瘦骨嶙峋的躯体，内心非常焦虑。放哉生前是一位默默无名的俳句诗人，没有出版过一本句集。去世两个月后，荻原井泉水编撰了《放哉俳句集》，由春秋社出版发行。此后，放哉名声大噪。多亏了井泉水，才让这一位出色的俳句诗人不至于湮灭于世。

武者小路实笃
(1885—1976)

生于东京。东京大学社会学系中途退学。醉心于托尔斯泰,1910年和志贺直哉创杂志办《白桦》。不久后,以人道主义的名义开展"新村"实践活动。代表作有《友情》《真理先生》等。

武者小路实笃

贵族托尔斯泰

武者小路实笃一生创作了七百余册作品，他坚信，"与其事先写草稿，不如直接写更快一些"。实笃一旦在脑海中构思出故事情节，就会立即下笔写作。如此多的作品中，却鲜少提及料理。实笃饭量很大，但是对味道要求很低。代表作《友情》《没见过世面的人》都是以作者作为人物原型的失恋小说。《友情》讲述的是主人公被喜欢的姑娘杉子抛弃，书中没有任何关于美食的内容。《没见过世面的人》讲述的是主人公向爱恋的姑娘鹤子求婚，却被谢绝。书中有零零散散的关于吃饭的描写。

　　主人公"我"回到家中，和母亲、四岁的侄女一起热热闹闹地吃午饭。午饭后，"我"回到自己房中，刹那间，孤单、寂寞排山倒海般地袭来。书中描写如下：

　　"吃午饭时感觉还好，但是一回到自己的卧室，寂寞便席卷了全身。我太想见到久未谋面的鹤子了。但是我知道，见面不会有好结果。见面后的寂寞，会持续更久。"

　　主人公不知道如何是好，于是给鹤子写情书。

　　"我第二天早晨七点起床。吃早饭前，我出门寄出了昨晚写的信。"

　　实笃的生活很规律，一日三餐都按时吃。一过中午十二点，如果还没有吃午饭，便会心情烦躁。实笃早餐不吃肉。实笃经常感到肚子饿，他吩咐家里人："如果不早点做好米饭，我就饿死啦。"他年轻时身材消瘦，体重不足五十三公斤，晚年时体重增至约七十五公斤。实笃很长寿。他去世的时候，河上彻太郎曾感慨地说："我总感觉，他会一直活下去，看来，也是不行。"

大正七年（1918，三十三岁），实笃买下宫崎县木城村"新村"的土地，和其他十九位合伙人开始着手"新村"建设。"新村"是一个自给自足的社会主义村落，它是实笃理想主义的具象。实笃曾说过理想社会的三要素：第一，"所有人可以通过劳动尽可能地长寿"；第二，"可以发挥每个人的个性和本领"；第三，"每个人都能高兴地活着"。实笃认为，"人类不能满足于吃喝，虽然吃喝是生存的必要条件。我们不是为了吃喝而劳作，我们是因为想要从事自己的工作，进而可以创造生存的必需品。"（选自《有感于"新村"建设》）

"食物所必需的要素有：农作物、畜牧、海产品、空气、水、木材、杂草、土、矿物和其他创造食物的直接元素。如何能够利用可靠的方法保证产量最多且简便易行地获得人类生存的必要品呢？"（同上）

"众所周知，做菜时，要尽可能地做得好吃。但是众口难调，人与人的喜好不同。因此，要建起各种各样的餐厅，大家可以去自己喜欢的餐厅吃自己中意的美食，这样比较妥当。如果有人仍然没有得到满足，那么他们可以自行领取食材，自由支配时间烹饪。由于工作或其他原因，需要在家里吃饭的人，可以要求餐厅把做好的食物送到自己家中。"（同上）

"关于新村的对话"具体如下：

A："先生，您能谈一谈如何处理杀生的问题吗？"

先生："我不想说，这个问题比较麻烦。杀生不是件好事，但杀害虫是不可避免的。"

A："我是指肉食。"

先生："新村不会禁止吃肉。我想，大部分人应该喜欢吃素食。但是，我们仍打算养鸡、养猪。想吃肉前，大家可以开个会，投票决定是否可以杀鸡或杀猪。我觉得这样不错。……即使真的要杀猪，也会选择在猪睡着时，注射麻醉剂杀死它。我有时也在想，为什么要这么做呢？猪又不是人类，即使死了也不足以悲伤，甚至它自己都不知道什么时候就死了。"

实笃的乐天主义被社会主义者山川均和堺枯川利彦批判为"梦想主义"，连"白桦派"的前辈作家有岛武郎也预言他"一定会失败"。事实上，实笃不是一个很好的执行者。他终日"生味噌配小麦饭"，过着悲惨的生活。但就在这样穷困潦倒的生活中，实笃创作了小说《友情》。

实笃醉心于托尔斯泰主义，过着自虐般的禁欲生活。因为禁欲主义倡导"否定人间所有的欲望，相比爱自己更应该爱他人，不可以不劳而食"。实笃十八岁时，从舅舅那里第一次听说托尔斯泰的大名，然后开始看他的作品。

实笃曾经回忆说："当我读了托尔斯泰的作品后，越发感觉自己如果不过上新村那样的生活，一定会后悔。事实上，我的血液中流淌的是农民的血液。舅舅半农半工的生活，也确实影响到了我。我很想过上托尔斯泰笔下描述那般的生活，但是当时，我不知道应该做些什么。我的母亲为我付出很多，我对吃肉很愧疚，对不劳而获的生活也很愧疚。"（选自《回顾一生讲述人生》）

实笃深受托尔斯泰理论的影响，一生不吸烟不喝酒。他不喜欢吃味道浓重的料理，批判高级料理，只承认高级料理是热的食物，其余一概否定。哪家餐厅接待了他，一定会很失望。

实笃常吃木鱼干搭配酱油、芥末汁和烤小辣椒。烤小辣椒是实笃从小吃到大的东西。或许是因为实笃出身贵族吧。明治时代，贵族家中的饮食都很俭朴。

实笃的父亲实世是贵族，官至子爵。教会实笃托尔斯泰理论的舅舅资承是母亲的弟弟。实笃家族不像名门贵族一样有山林土地，但是，作为贵族，他们的社会地位很高。他们生活节俭，但是家中仍有数位女用和书童。实笃兄弟八人，他排行最末。五位长兄出生后不久便夭折了，最后只剩下姐姐、哥哥公共和实笃三人。哥哥公共先后担任驻罗马尼亚大使、瑞典公使和德国公使。

托尔斯泰也是贵族出身，遵从自己的生活信条，一边务农一边创作小说。因此，实笃感觉自己和托尔斯泰有着深刻的共鸣。传说，贞明皇后曾同情地问过实笃："你生活应该挺苦吧。"关于实笃的日常饮食，三女儿武者小路辰子是这样说的：

"父亲好像不习惯早上喝酱汤，这大概也是旧时的习惯吧。父亲常喝用萝卜、豆腐、蚬子炖的汤，不喜欢其他口味的汤。最不可思议的是父亲吃鱼的方法，他只拿筷子夹鱼身中间的肉吃。当时吃的，不是名贵的鲑鱼，而是便宜的咸鲑鱼，他只吃了鱼身正中央部分的鱼肉。其实，父亲不喜欢吃咸鲑鱼。我们觉得，吃饭时，最好不要剩菜。但是有可能父亲从小就被教育吃鱼时不要全部吃完。"（选自《父亲实笃回忆录》）

家中的用人给主人做菜吃，主人通常不会全部吃掉，会留下一部分给门下书生和女用吃。辰子为了验证父亲的饮食方式，只给父亲送上半份咸鲑鱼吃。结果父亲依旧如故，无论大小，他都会拿筷子夹几口中间部分的肉吃。父亲这种饮食习惯终生未变。实笃习惯把食物分散给周围的人们，这也和他设想"新村"的共同生活理念有着密切的联系。实笃的饮食生活，堪称"贵族托尔斯泰"。

实笃喜欢吃腌茄子酱菜。他在庭院周边开垦的田地中种了小茄子，每年收获后都会做成米糠酱菜。但是，实笃讨厌吃烧茄子，他比较喜欢吃清淡的日式料理。战争年代，辰子搞到了一些豆腐和豆腐渣。她把豆腐做成菜给父亲实笃吃。父亲说："豆腐渣还有这等不寻常的做法。"辰子又做了煎豆腐，父亲说："我喜欢吃煎豆腐。"实际上，实笃分不出豆腐和豆腐渣的区别。

大正十一年（1922，三十七岁），实笃和夫人房子离婚，不久后和"新村"的饭河安子结婚。大正十二年（1923）八月，杂志《白桦》停刊。九月，关东大地震爆发。当时实笃的母亲住在东京，但所幸安然无恙。十二月，长女新子出生。对于实笃而言，这一年充满着转机。

实笃的好友志贺直哉是他在学习院时代的同窗。志贺直哉发表小说《在城崎》《小僧的神》，奠定了他在文坛中无可撼动的地位。同时，他还发表了小说《暗夜行路》的前半部分。志贺出身于宫城县石卷町的士族家庭，从小吃惯了各种山珍海味，喜欢喝蟾蜍味噌汤，是十足的大胃王。

实笃和志贺一起用餐时，点了一份汤羹，汤羹里面有类似鸡肉的东西。实笃当即表示难以下咽，志贺却吃得津津有味，实笃故意说："我妻子安子也喜欢吃这样的东西。"实笃喜欢吃咖喱饭，但受不了小根蒜的味道。总之，实笃对于像朝鲜辣白菜等充满刺激气味的食物都难以接受。

昭和十年（1935，五十岁），实笃搬至吉祥寺的井头公园附近居住。家中庭院里种着一棵柿子树，柿子树的旁边是一间茶室。这是夫人安子刻意为之，实笃不喜欢茶道。据说当初和妻子交往时，实笃强迫自己喝茶，最后，实在受不了茶的味道，站起来拔腿跑出茶室，然后在门口使劲捶打自己的脑袋，嘴里大声喊道："利休这个可恶的家伙！"

战后，实笃离开了这里。辰子一家搬了进来。曾经，有一条巨大的青蛇在院子里盘成一团动也不动。辰子告诉了父亲，实笃赶来，朝着青蛇大声怒吼道："坏蛋，滚开！"蛇依旧丝毫未动，夫人安子拿着扫帚卷起蛇，然后把它扔到外面，大家才放下心来。

实笃不谙世事，天性浪漫而又略显木讷。吃饭时，家中如有客人来访，实笃便去接待客人。待客人走后，他又到饭桌前坐下，拿起一碗饭吃起来，而且还问大家："我是不是又吃了一碗？"辰子逗父亲说："您已经吃过了。"实笃听后说："这样啊。"于是回到房间工作。到外面吃饭时，遇到爱吃的鸡肉盖饭，实笃一着急，对家人说成是"厨房米饭"，有时还会把番茄汁说成圆白菜。

实笃不喝酒，酷爱甜食，嘴里经常含着糖果。家中有客人来，本想着接待，无奈嘴里还有糖，"想说话时才发觉嘴里有糖"，只好赶忙跑回房间把糖吐出来，然后再急急忙忙地跑出来和客人聊天。

实笃爱吃水果。吃梨、柿子、栗子时自己剥皮。吃苹果时，甚至还会和孩子们抢着削皮。实笃身子弯曲下来，半蹲在地上削皮，站起后，地板上散落着一地的果皮，颇为自豪。他吃栗子时也是一个一个剥皮。实笃晚年时因为吃甘栗过量，导致肠胃不好。安子经常数好栗子的个数，然后放在布袋中给他。实笃喜欢吃个儿小、皮儿薄的淡岛包子。

有一次，实笃接完电话后，问夫人安子："你把味之素公司给的数十万日元全部花了吗？"因为在此之前，味之素公司引用实笃的文章，对方打电话称要给他数十万日元。实笃正是向妻子询问这件事情。

当家里人要求实笃评价菜是否好吃时，如果听到实笃回答说："快吃！"就表示这是在表扬菜的味道。美食家梅原龙三郎请实笃品尝中国料理，梅原问实笃："味道如何？"实笃回复称："口感柔软。"这就是实笃称赞的话语。

有一次，实笃正向大学生孙子请教什么是狸猫盖饭时，家中突然来了客人。于是辰子对客人说："午饭吃寿司吧。"话音刚落，实笃便说："我想吃狸猫盖饭。"然后紧接着问客人："你觉得如何？"客人回答说："那我也想吃狸猫盖饭。"实笃又接着问道："这样啊。你喜欢吃狸猫盖饭吗？"如此往复，实笃就会变得开心起来。

以上对话出自辰子写的《父亲实笃回忆录》。辰子认为，"父亲其实很孤单，他想要寻求一种力量来摆脱孤单。所以，他为人处世才会这般豪爽吧。"

昭和二十二年（1947），实笃出版个人诗集《欢喜》，其中有一篇名为《欢喜雀跃》的诗，内容如下：

生为人者
不久便会成为死者

我也会

很快离开人世

但是生存期间认真生活

活出自我

不向任何人低头

坚强地度过每一天

我们坦坦荡荡地走路

迈开步伐走在大道上

不畏缩不气馁

直至走向死亡

我们终将会成为死者

没有人能够永生

因此在生存期间

我们应该享受私欲　阔气生活

身为男子就应该像男子汉一般

身为日本人就应该像日本人一样

身为忍者就应该像忍者一样

（中略）

欢喜雀跃地生活

这是生命赋予我们的使命

我们应该像婴儿和儿童一样

欢喜雀跃地生活

  实笃的小说《友情》《真理先生》《笨蛋》都没有收获特别高的评价。文艺评论家认为实笃是一位"没有创作出杰作的大作家"，大家都不看好他。小说《没见过世面的人》讲述的是一位想要出人头地的相扑选手，整天陷入自相矛盾中而又发疯跟踪的故事。相比小说创作，实笃反而对"新村"建设倾注了更多心血。昭和三十三年（1958，七十三岁），实笃为纪念"新村"诞生四十周年，开始独自生活。昭和三十年刊发的《文艺临时增刊号·武者小路实笃读本》中，收录了中岛健藏发表的《"新村"访问记》。

新村有五百只母鸡和孵化的小鸡，两头奶牛，还有新式的隔层鸡舍等设施和水井、牲畜窝棚，这也是新村的主要收入来源。据报告记载，"预计在今年后半阶段有望实现收益"。实笃把自己的稿费和画画带来的收入都投资到新村的建筑中，新村成立初期，他设想会有"美好的百姓"来到这里。实笃拥有坚忍不拔的意志力，为达到目的一定坚持到底。中岛健藏写道："实笃把武者的思想天衣无缝地衔接到各种理念中，又能够充满合理性地解释出来，这是非常艰难的事情。现在的新村虽然已不再按照理想的意图经营，但整个村落的发展体现了一定的现实性。"

昭和四十三年（1968，八十三岁），实笃为迎接"新村"成立五十周年，在埼玉县建立新村纪念碑。

在我家走廊下方的墙壁上，曾挂着一幅实笃创作的彩画，挂了很长时间。画中有南瓜和芋头，还标注了文字"你是你　我是我　如此反复成为好友"。当我还是小学生时，总感觉实笃是一位画家。实笃创作的画作多达五万四千七百余幅。实笃有一首诗歌名为《马铃薯赞》。内容如下：

马铃薯呀马铃薯
顽强地扎根于土壤中
萃取大地的精华
真似一位努力的人
它不为谁而生存
只为生存而生存
……（结尾处）
马铃薯日渐变圆
变漂亮

力道充足
线条更加有趣
马铃薯
我爱你

　　马铃薯散发着泥土的芬芳，他通过马铃薯审视自我。实笃画画时，非常专心，落笔从一而终，渐进有序。南瓜有时候外表看着光鲜，其实里边的瓜瓤已经腐烂。为了达到真实的效果，实笃甚至描上了土豆凹下去的外伤。我看着家里走廊下悬挂的画作，心里想着"这个土豆看起来很难吃。为什么要这么画呢"？后来，我终于解开了心中的谜底。其实实笃这样画的目的，是要展现土豆顽强的生命力，无关任何味觉上的东西。同样，茄子和青椒的画作亦是如此。实笃的画作中散发着一股清凉的朦胧感，只是从来无关乎味道。这是因为实笃出身贵族朝臣家庭，喜欢缥缈虚幻的感觉。

　　实笃还有一幅关于茄子和青椒的画，旁题标注"和而不同"。这样的画作，正是实笃理想的风格。

　　晚年，实笃因过于肥胖，经常寻求各种办法减肥。有时连着三天只喝水，剩余时间抄写经文。瘦下来之后，又慢慢地开始喝汤，吃米饭。但大多数时候，他只能喝粥来安慰空空如也的肚子。减肥中的实笃情绪不佳，容易烦躁。夫人安子到新宿中村屋，带了咖喱饭回来，回家后还为实笃准备好泡芙甜点。长女新子做了水果甜点，这是她在女子学校中学会的一道开胃美食。新子满怀欢喜地做好水果甜点送给父亲品尝，结果实笃说："如果不加水果的话会更加好吃。"新子听后委屈得都快掉眼泪了。有一件事能反映出实笃尝不出味道好坏。

　　实笃有一篇对话形式的随笔，对话的双方是"鳗鱼和鲑鱼"。
　　鳗鱼："鲑鱼君。鲑鱼君。"
　　鲑鱼："什么事？"

鳗鱼:"听说你在产卵时,会奋力游到河水的上游位置,是这样子吗?"

鲑鱼:"啊,是的。你产卵时,不也是要到海里去吗?"

鳗鱼:"是啊。我感觉在河水中产卵是非常幸福的事情。"

鲑鱼:"是吗?我体形较大,如果能在宽阔的大海或者江川中产卵,那一定很幸福吧。只是在产卵时,总是莫名其妙地游向河水的上游。即便知道那样做很危险,却没有办法。"

鳗鱼:"太不可思议了。"

鲑鱼:"但是在河水中游来游去也非常开心。"

鳗鱼:"是吗?我觉得,在大海里游泳才比较尽兴。"

鲑鱼:"那对我来说,也是很不可思议的事情。"

这篇随笔充分体现了实笃朦胧晦涩的写作风格,我非常喜欢这篇短文,虽然其中完全没有提及美食。

昭和五十一年(1976),实笃去世,享年九十岁。一月二十五日,实笃去看望患癌症入院的夫人安子。躺在病床上的安子和坐在轮椅上的实笃,两人握手相望,成为了彼此生命中最后的画面。当时安子神志不清,想象着自己拿起一串黑葡萄递给实笃,对他说:"快吃吧。"第二天,实笃无法开口说话了,一直躺卧病床。二月六日,夫人安子去世,大家没有告诉实笃这一噩耗。四月九日,实笃去世。实笃最后的食物,竟是安子递给他的一串根本不存在的黑葡萄。

若山牧水
（1885—1928）

生于宫崎县。毕业于早稻田大学英语系，同窗有北原白秋、土崎善麿等人。牧水周游四方，喜欢饮酒，擅长写游记和咏叹酒的诗歌。作品被划入自然主义文学范畴，韵律感极强，读起来朗朗上口。

若山牧水

酒仙歌人的
真正模样

在人们印象中，若山牧水是一位"喜欢喝酒和旅游的诗人"。每次旅游，牧水在畅饮一番后都会作诗，赚到稿费后，继续周游四方。在明治诗坛，他既不属于"明星派"，也不属于"紫杉派"。牧水性情孤傲，但是深受大众青睐。现在我手头的《若山牧水歌集》是由岩波文库第七十一次印刷的。可见牧水至今仍然很有人气。牧水创作的诗歌中，最有名的一句是：

穿透珍珠的齿尖　秋夜静静地饮酒

明治四十四年（1911，二十六岁），牧水出版第四册诗歌集《路上》。上述名句收录于其中。牧水是日本的李白、杜甫，诗情荡漾。他生活中以酒为伴，在酒精的陪伴下吟诗作对。

但是，牧水在创作诗歌集《路上》时，并没有中国诗人的风雅。当时，他内心孤独、郁闷，甚至想一死了之。彼时，他和小枝子的恋情暴露于世。小枝子住在房总根本海岸，是一位大他许多岁的女性。诗集《路上》收录的名句还有："想要自杀却难以死去""没有弥撒祷告　女性泪眼婆娑""野兽的存在本身是一种混沌　正如黄色污浊一般"等，诗歌基调灰暗，表露出诗人自暴自弃的消极念头。例如：

忍受着身体的疼痛　蚀骨的辛酸　唯有沉浸在酒精的世界
　过度饮酒英年早逝　对朋友也有益　只是自我悲伤不已
　之后一个月日夜颠倒烂醉如泥　睁眼后又不自觉地回忆

　　牧水的诗歌中反复出现"孤单""一个人""哭泣""泪眼蒙眬"等字眼。他随时随地喝酒。一旦酒醉，便兴致盎然地用他那响彻四方的男高音高声吟唱自己创作的诗句。牧水每次喝醉都会耍酒疯、号啕大哭，因此经常被女人嘲笑。牧水也会自我反省，要求自己坚持两天不喝酒。但是到最后，他还是忍不住喝酒。"我最多只能忍受两天不喝酒。我心中反复泛起酒精的美味。"朋友洼田空穗问他说："你为什么又喝酒呢？"牧水认真地回答道："请不要那样说。当我早上醒来睁开眼睛时，感到孤独难耐。唯有喝点酒，才能让心情平复下来。"空穗提醒他说："若山君，你从二十岁左右，就已经患上酒精依赖症了。"

　　牧水生于宫崎县东臼杵郡，父亲是一位医生。明治三十七年（1904，十九岁），牧水考入早稻田大学，读书期间结识了北原白秋，并开始创作诗歌。二十三岁时，牧水出版处女作诗歌集《大海的声音》。牧水常常和白秋等朋友一起喝酒、赋诗。诗歌集《大海的声音》中，有这样几句诗：

　悲伤的大海和山峰　恋爱的双眼如醉如痴　已看不见天地

　　这是牧水创作的第一首关于酒的诗歌，当时他已经和小枝子恋爱。他还有一首和歌非常有名：

　跨越山河继续前行　回望空寂的故乡越发缥缈　今日启程旅行

　　这首诗在当时的诗坛广为流传。人们一提到牧水，就会想到这首诗。之后，牧水为了寻求灵感开始浪迹天涯。牧水在二十岁时就能够吟唱出孤独绝望的情怀，是一位了不起的诗人。他能够捕获潜伏于自己内心的孤独，然后依靠酒精释放出来。牧水和石川啄木同岁，但是牧水比啄木要敏感许多。诗歌集《大海的声音》中有以下诗句：

身边的女性挥动着手中的节拍嘲笑我是喝酒爱哭鬼
喝醉酒后只看见小姑娘和服衣带上一朵大花绽放
踢着石子晃荡在秋日的街道上　眼前洒满落日的余晖
醉眼惺忪　迷糊昏乱

这首诗有着啄木典型的诗歌特点。明治四十一年（1908），啄木来到东京，他对牧水的诗歌产生了一定的影响。明治四十三年（1910，二十五岁），牧水出版诗歌集《别离》，在前言中写道："携女眷一起旅游　不是和我一起跨越安房的海滨　而是在身边陪伴我　日夜吟唱诗歌。"书中的诗句有：

最近寂寞更加强烈　订的葡萄酒已经送来

诗中提到的女子就是小枝子。即使和恋人分手，牧水也是酒不离手。明治四十三年（1910），幸德秋水因"大逆事件"被捕入狱，据说他在监狱中常常读牧水的诗歌集《别离》。牧水的诗集获得秋水非常高的评价。秋水曾说："虚无党的一个死刑犯，临刑前一直在读《路上》。"这应该是秋水自己内心真实的想法吧。这首诗歌的前半部分是，"很久之前大家嘴里唱诵着过时的流行诗歌"，后半部分的内容是诗人醉酒混乱状态的写实，"饮酒后身子沉重，待在房间里胡乱撒疯，今夜又是一个醉酒的夜晚"。牧水的诗歌中，流露出一副对生活无所谓的态度。牧水的人生也是一团混乱，他本人也有着浓郁的伤感气息。

明治四十三年（1910）六月一日，秋水被逮捕。明治四十四年（1911）一月二十四日，秋水经过秘密审判，被直接判决死刑。明治四十四年（1911）九月，牧水出版个人诗歌集《路上》。人们都知道，所谓的"逆徒"秋水，是被冤枉的。因此，秋水遇难给日本文坛的诗人、小说家、和歌创作者带来了巨大的冲击，牧水也不例外。

牧水恋情失败后，踏上了漂泊的旅途，途中创作了诗歌集《路上》。牧水首先来到山梨县拜访饭田蛇笏，之后前往小诸。在小诸滞留的日子里，牧水居住在和歌诗人岩崎樫郎工作的田村诊所二楼。他游览信州的山水风情，终日饮酒慰藉受伤的心灵。在此期间，牧水创作诗歌是为了追忆失败的恋情。据说秋水临刑前还读过他的作品。牧水得知这个讯息，心中很是感慨。因此，诗歌集《路上》是一本恋情追忆录，也可以看作是秋水的挽歌。明治四十三年（1910），诗歌集《别离》的问世，标志着牧水和小枝子的恋情彻底结束。读完整部诗集，会发现很多诗句都有着深层的含义。例如：

静静地环顾孤独的四周　不禁泪眼蒙眬
生不如死　独留我苟延残喘　求死太难
黄昏时大雪降落前　温暖的街道上行人如织

牧水的名句"穿透珍珠的齿尖　秋夜静静地饮酒"同样收录在诗歌集《路上》中。前半部分的诗句是"旁边秋日的花朵好像在讲述着绽放的故事　令人无比怀念往昔"，后半部分的诗句是"看似慌张　内心焦灼痛苦　只能寄情于诗歌"。古时，人们把珍珠叫作白玉或念珠。名句"穿透珍珠的齿尖　秋夜静静地饮酒"是牧水在极为痛苦的心境下创作的。那时，他喝酒时的心情并非怡然自得的。他难以割舍断肠的相思之情，只能痛饮酒精慰藉苦闷的内心。

明治四十五年（1912，二十七岁），牧水和太田喜志子（若山喜志子）结婚。结婚后，牧水喝酒有所收敛。大正元年九月刊发的《是死还是艺术》中，收录了牧水的诗句"没有酒精的日子还不如驰骋在天空的乌鸦"。这首诗表明牧水曾经一度戒酒。后来，牧水又开始喝酒，创作了诗句"秋风吹拂　本土稻穗弯了腰　酿酒的日子即将来临"。同年，牧水身边发生两件大事。一件是白秋因和松下俊子通奸而被市谷未决监狱拘留。另一件就是啄木去世。

牧水为啄木写了"四月十三日上午九时，石川啄木君去世"等三首挽歌。牧水仿照啄木的文风创作的诗歌也收录在他的个人诗歌集中，如"停车场附近的煤烟滚滚来袭　我们坐在餐厅窗前吃烤肉"。当时，牧水和啄木在一起吃烤肉，吃得非常开心。

这首诗是"苹果纯白的果肉　不忍用刀切开它们　否则太孤单"。这句诗歌是回应白秋而创作。当时白秋身在囹圄，创作了诗歌："狱中一直身体发抖　战战兢兢快速地啃了一颗苹果。"对于牧水而言，白秋既是朋友又是值得尊敬的人。所以，他看不得白秋受难。

大正二年（1913），牧水二十八岁，同年九月出版诗歌集《源头》。那年，他从一月到二月，乘船周游九州，诗兴大发，创作出的诗歌气势昂扬。例如："酒后身体沐浴在朝阳中　摆动船桨摇船　行走在甲板上飞鱼跳跃"。牧水乘船饮酒，沐浴着朝阳，应该是相当惬意吧。同年，牧水成为日本诗歌界炙手可热的诗人。这一年，夫人喜志子在长野县的娘家生下了长子若山旅人。牧水创作了诗歌"烧酒中添加蜂蜜后变成真正的美酒　喝着美酒欣赏春日风光"。

大正三年（1914），牧水二十九岁。同年四月出版诗歌集《秋风的歌》。代表诗句是"我因酒精而容颜衰败　朋友因神经质而容颜不复"。当时牧水已是微醉，但神志还算清醒。

大正四年（1915），牧水三十岁。同年十月出版诗歌集《砂丘》。其中有一篇名为《与友相酌赋》的诗非常不错。诗句是"饮酒一杯磨炼心志而后两三杯只不过是重复吧"。后来，牧水终日饮酒，诗歌创作能力逐渐下降。例如，"朝起午时反复相酌饮酒　生活已经不能没有酒精"。后来牧水生活安定，也有了社会知名度，但是很难再写出以前的佳作。同年，长女美咲出生。

大正五年（1916），牧水三十一岁。这一年，他出版了诗歌集《朝歌》和散文集《旅行和故乡》。牧水前往青森旅行，终于完成夙愿，欣赏到雪中的青森美景，并和朋友畅饮到天亮。当时他创作的诗歌是"饮酒大战不甘失败　酒量豪气　令强壮男性也望而生畏"。大正二年（1913），于明治四十三年（1910）创刊又休刊的诗歌杂志《创作》复刊。

大正六年（1917），牧水三十二岁。同年八月出版和夫人喜志子共同创作的诗歌集《白梅集》。当时的牧水，每天早晨起床便开始喝酒，非常耽误工作。而且他的酒精中毒症越发严重。牧水想要控制饮酒，但是很难。每次戒酒后，反而更加想要喝酒。于是他创作诗歌"时至今日唯一牵挂的还是饮酒"。

大正七年（1918），牧水三十三岁。同年五月出版诗歌集《溪谷集》，七月出版诗歌集《寂寞的树木》。从酒田乘船时有感而发，创作了"酒精难以戒除　如果拿出酒坛畅饮　肯定满嘴都是酒水"。牧水一直和戒酒做着艰苦斗争，只是无论如何都难以胜利，最后还是喝起酒来。因此，牧水一度被人们叫作"戒酒诗人"。之后，牧水陷入创作"瓶颈"期，一度没有好的作品问世，人们对他的评价一落千尺。这一年，三女真木子出生。

牧水喝酒的样子颇为土气，他经常在浅草公园和吉原等公共场所和荻原朔太郎一起畅饮。荻原说："牧水喜欢在郊区的小酒馆里喝酒。如果到银座附近的高档咖啡厅喝酒，他会变得非常拘谨。大概，豪华的地方会令牧水感到紧张吧。总之，牧水为人行事非常朴实。"牧水喝酒时喜欢轻拍别人的腰。他经常嘴里一边说"你觉得我说得怎么样啊"，一边轻拍朔太郎的腰。朔太郎说："这像是下里巴人的做派。我也是这样。城市人想的是：如果事先了解到双方有分歧，那么，基本没有机会能达成和解。"

大正九年（1920，三十五岁），牧水从东京巢鸭町搬到静冈县沼津住。连日来，难以创作出佳句，屋子里稿纸乱扔一地。牧水从中午开始喝酒，但是诗歌创作依旧没有任何头绪。一怒之下，牧水离开东京，搬到富士山南部山麓地带的大草原住。当初牧水想的是，搬到沼津后，就准备戒酒。但是，一看到美丽的风景，他就情不自禁地又开始喝酒。

大正十年（1921），医生警告牧水，他的过度饮酒已经对身体造成非常严重的危害。同年三月，牧水出版诗歌集《黑土》。其中收录了一首名为《晚酌》的诗："一沾嘴便觉得非常好喝　心中孤独寂寞　唯有整晚连续饮酒。"牧水还写了这样的诗句：

（如果继续饮酒不断，近期会患肾萎缩。）

尽情地开怀畅饮　回忆起满脸皱纹的老母亲　悲伤不已

戒酒后让我享受什么呢　医生听后不屑嗤笑

（刚想要戒酒可是心里觉得不想戒掉，可是饮酒后身体疼痛　每日痛苦）

饮酒已经成为习惯　妻子温柔地告诉我　还是戒酒吧

发誓戒酒后反复几次再次戒除　想一想戒酒真难

戒酒后感觉时间漫长　终于来到黄昏　不知道接下来干什么

戒掉早起饮酒　午间完全不喝　只是晚上才会喝一点酒

想必诗人牧水戒酒的过程非常艰难。历经千辛万苦戒酒后，他感慨道："人世间有很多乐趣，但是没有酒精还有什么乐趣可言呢？"由此可见，牧水一直在酒精的地狱中徘徊。

大正十一年（1922），牧水三十七岁。同年出版诗歌集《水上纪行》。这一年，他从信州小诸开始旅行，沿途经过星野温泉、草津温泉、花敷温泉、四万温泉、法师温泉、汤宿温泉和白根温泉，历时二十四天。大正十二年（1923）四月期的杂志《改造》中，发表了牧水关于此次长途旅行的游记诗歌集，堪称同类题材中的杰作，最后被中公文库收录其中。《水上纪行》中提到，"我以喝茶代替饮酒"。长途旅行中，牧水每天从早晨开始喝酒，经常喝得醉醺醺地出发。

牧水酒后漫步在红叶漫天的溪谷边，参观落满枯叶的山间学校，沐浴着清新的微风，听到啄木鸟的叫声而落泪。牧水每天沉浸在花鸟风月中，在山间古老的温泉中滋润身体。这是一次酣畅淋漓的旅行。当时牧水创作了诗歌"睡了一晚出发前往山里 汤村附近大雪纷飞"，诗意盎然，令读者心向往之。

《水上纪行》中的诗句极大地激发起读者想要旅行的念头。其实这一切，都是因诗人牧水妙笔生花，文采奕奕，才使创作的诗句充满诗情画意。事实上，牧水在旅途中终日烂醉如泥，满身邋遢，浑身散发着浓烈的酒气，像个流浪汉一样混迹于山野间。四万温泉旅馆条件极为恶劣，牧水入住的房间非常肮脏。他在旅馆吃过饭后，甚至要求退钱。在牧水的笔下，四万温泉被描述成"看人下菜碟的土包子温泉"。

朔太郎描述了牧水曾经专程到前桥拜访他时的情形："外貌有几分邋遢，乍一看，这位男子如同乞丐一样，甚至还被我父亲当成要饭的赶出家门。"散完步回到家中的朔太郎听到父亲的描述后，告诉父亲说："那是大名鼎鼎的若山牧水啊！"说完，朔太郎拔腿就去追牧水，但没有找到。因为这件事情，朔太郎感到很愧疚，他解释道："当时确实是家父误会了，他也并不是没有原因的。今年牧水君前往四万温泉时，打扮得不怎么样，据说为此还遭到非常恶劣的对待。牧水对此非常愤怒。我一想到他粗野的相貌和愤怒的样子，不由得笑出了声。"

大正十三年（1924），牧水三十九岁。他花钱盖了房子。牧水为了给新杂志筹集资金，决定在短册、彩纸上画画赚钱。

牧水最有名的诗句是"翻越几重山前行……"其次是"穿透珍珠

的齿尖……"每当来到地方旅馆住宿,牧水就会挥笔泼墨,为新杂志筹集资金。旅途中,牧水不光创作诗歌卖钱,他也会分发新杂志的宣传单。牧水来到陌生的地方旅行,也会向当地的权贵低头,还会请他们吃饭。所以说,牧水的旅行,其实是一次充满苦难的修行。

历尽辛酸,牧水筹得了很多资金。他盖起了新房子,创办诗歌杂志《诗歌时代》。杂志的编委会成员有北原白秋、野口雨情、荻原井泉水、荻原朔太郎、室生犀星、崛口大学、高村光太郎、吉井勇等文坛大家。但最后,杂志社破产,牧水背上了一万多日元的债务。杂志创办期间,牧水一度发不出工资和稿费,不得已只好把夫人喜志子做的腌竹荚鱼送给对方。这件事被其他诗人们取笑为"腌竹荚鱼稿费事件"。

为了偿还债务,牧水多次外出写生赚钱,在九州旅行长达五十一天。牧水四十岁,无奈地成立了诗歌绘画工作室。但是,他已经再没有力气写作新的诗句。

"在九州旅行期间,我经常喝个痛快。对我而言,这应该是最后喝酒的机会。不管三七二十一,我只是想痛痛快快地喝酒。在九州停泊的五十一天日子里,我基本上天天喝酒。早上大概喝四合(合:日本度量衡制尺贯法中的度量单位,1升的十分之一)。中午喝四五合、夜晚喝一升有余。如此一来,我总是一边挥笔创作诗歌、画画,一边乱扔酒瓶。我还参加宴会,在宴会上喝酒。当时,我大概每天喝掉二升五合酒水。以前我写作时,以为自己只能喝一石三斗,看来我当时还是对自己的酒量不太了解。"(选自《九州回忆录》)

牧水整日饮酒,对诗歌创作开始心生嫌恶。虽说是著名诗人,但是他创作的短诗歌和绘画作品并不畅销。作品滞销,甚至降价销售,这让牧水的自尊心大受伤害。但是,他还必须强颜欢笑找人资助他。这一路,让牧水的身心疲惫不堪。

大正十五年(1926,四十一岁),牧水来到北海道,开始为期七十多天的旅途。牧水每天创作数十篇诗歌,非常辛苦。他只有依靠酒精给自己带来灵感，除此之外，别无他法。

昭和二年（1927），牧水四十二岁。同年五月到七月，他前往朝鲜半岛开始另一段旅程。旅途中，他依旧每天喝酒，脚步踉跄，穿得破破烂烂。当时医生还没有让他完全禁酒，牧水每天靠着酒精过活。期间，他创作了题为《合掌》的诗歌：

妻子蒙上我的双眼　慌张中饮酒　结果呛鼻子
蹑手蹑脚来到厨房　竖立酒坛后等待酒水下沉

从这两句诗中可以得知，当时的牧水已经被限制饮酒，但是他依旧早晨饮酒二合，中午二合，夜晚四合，每天大约喝下一升的酒。

昭和三年（1928），牧水四十三岁。同年七月，他的身体状况直线下滑。九月初卧床在家。

九月十六日，土崎善麿前去看望牧水。见面后，牧水对土崎说："我的嘴巴只能缓慢地张开，不能自由地开合了。我的牙齿也松动了，还患上了口腔炎。我的酒精中毒非常严重。"即便如此，牧水依旧对夫人喜志子说："给我拿一瓶酒。"他经常要求："再让我喝一杯吧，这样我才能睡着。"

第二天，也就是九月十七日，牧水因病离世，病症是急性肠胃炎兼肝硬化。临终时，喜志子用酒精沾湿了牧水的嘴唇。

"我是发自内心地想再让牧水喝一杯酒，所以，我用酒精沾湿了他的嘴唇。孩子们也跟着我这样做。前来悼念的亲朋好友一起为他祈福，场面让人感伤。"（选自《病床前的守候》）

据说，牧水因为长期饮酒，去世后面容呈现粉红色，神态和平日睡觉时如出一辙。牧水的主治医生稻玉信吾在病例中写道："九月十五日，早、中、晚分别给予二百毫升清酒。十六日也是如此。"稻玉医生在附记中还写道："九月十九日，牧水先生的葬礼举行。天气酷热，但是先生的遗体没有发出一丁点腐臭味，皮肤上没有一点死人斑。或许是因为牧水先生体内有大量的酒精的缘故吧。"其实，这都不是事实。这些，只不过是稻玉先生善意的话语。他在最后，还在维持着牧水酒仙的形象。

其实，酒精中毒带给牧水的伤害是巨大的。他的身体时常散发出垃圾箱般的臭味，离他十几米都可以闻到。他的嘴巴肿胀，双眼充血，双手抖个不停。土崎善麿回忆称："在早稻田大学读书时，牧水的醉态已经人尽皆知。"牧水晚年创作的诗歌集《黑土》中收录了数首题为《罹病禁酒》的小诗。他也深知自己是酒精中毒晚期。牧水自诩为酒仙，旅途中吟诵诗歌时，常把自己想象成是西行和芭蕉等诗歌大家。这就是酒精的力量。牧水嗜酒如命，但现实生活中，并不像诗歌中描绘得那样悠闲自然而又恬淡。

岩波文库出版的《歌集》中，收录了牧水创作的一首名为《最后的诗歌》的短诗，内容依旧是关于酒：

想要饮酒　纷乱中跑到庭院　只能拔草　拔草

这是歌集中的最后一首诗。据说，这首诗是夫人喜志子选入的。每每看到这首诗，喜志子的心中就会泛起悲伤。

平冢雷鸟
（1886—1971）

生于东京。毕业于日本女子大学家政系。1911年，创办文学杂志《青鞜》。雷鸟在《青鞜》的创刊号上发表了题为"女性原本是太阳"的发刊词。雷鸟一生都在追寻新时代女性的可能性和生存方式，追求世界和平、母子幸福。

平家雷鸟

原本、女人是偏食的

儿时，我们大概都曾被父母逼着吃饭。但最后往往适得其反。受到训斥后，会变得更加不想吃饭。父母亲一味地要求孩子们吃饭，却让孩子更加痛苦，甚至会导致孩子们偏食。我们也许会在成长的某个瞬间，克服了偏食的坏习惯。但是有的人，注定一辈子偏食。唯有精神世界中生发出某个决定性的因素后，才能彻底改掉偏食。平冢雷鸟便是如此。

雷鸟是明治时期的女性解放运动家，也是战后推进和平运动的先驱。她留下了许多作品，除了以妇女问题为主旨的评论之外，还经常吟诵诗歌、歌谣，同时，她还是一个绘画爱好者。明治四十四年（1911，二十五岁），雷鸟创办文学杂志《青鞜》，在创刊号的卷首高调宣扬："女性原本是太阳。"

雷鸟本名平冢明子。父亲平冢定二郎在会计检察院上班，母亲光泽是旧时幕府的御医。明治十九年（1886），平冢明子出生。父亲定二郎精通德语，曾协助过宪法草案议会长伊藤博文起草宪法，是一名官员。母亲深受文明开化的影响，来到樱井女塾（女子学院）学习英语，进行再教育。

母亲光泽还参加一桥女子职业学校的课程，学习西方剪裁、编织和刺绣等技术。幼年的平冢雷鸟经常独自在家，奶奶把她抚养长大。

雷鸟幼时学习弹琴、茶道，父母按照大家闺秀的标准来培养她。但是，雷鸟的发音器官有问题，不会开口说话，人们把她叫作"沉默的孩子"。雷鸟从小体弱多病。

雷鸟在自传《女性原本是太阳》中写道："我吃饭很挑剔，连半块糕点都吃不下，总是让姐姐帮着吃完。"雷鸟还患有头痛的老毛病，大人们逗她说："明明是小孩子却总是头痛，未免有些矫情吧。"雷鸟小时候，发过好几次高烧，烧到三十九度，全家人着急忙慌地找医生。

雷鸟进入御茶女子高中后，身体依旧发育迟缓。她自己说："当时我的肺活量只有同龄人的一半。我一直有挑食的毛病，几乎不怎么吃饭。因为带到学校吃饭的便当盒太小，几次被老师提醒。"（选自《女性原本是太阳》之《御茶女子高中入学记》）御茶女子高中的学生大部分是中上流家庭的子女，德川、南部、池田大名门望族的子女和富商三井家的女儿都在这里上学。学校的教育理念旨在培养贤妻良母。

雷鸟反对这样的校风，她组织成立了"海贼组"。十四岁时，雷鸟领导大家一起抵制修身课程。雷鸟回到家中，好朋友藤村送来了糕点，六丁目的青木堂也给她寄来了饼干、华夫饼、威化饼和巧克力。

"从这时起，我开始讨厌购物。来到商店听到店员说'请您……'时，我会不自觉地感到胆怯。"（选自《女性原本是太阳》之《反抗心的萌芽》）

此时雷鸟的"反抗心"无非是一种"小姐的任性"。家中的用人基本都是女性。早饭时间，父亲吃面包，喝燕麦粥、红茶和牛奶，他还会把黄油切成薄片蘸着奶酪一起吃。面包是从筑地坂上的关口面包店和法国面包专卖店买的。

正月时，雷鸟的家里会同时准备西餐和日式料理，菜品丰盛。雷鸟喜欢喝宾治鸡尾酒。明治时代的家中，陈设偏时尚风。雷鸟过年时会打乒乓球。夏天，全家人一起去叶山的府邸度假。

雷鸟十七岁时就读于日本女子大学家政系，但是她非常讨厌做饭。雷鸟说自己当时经常逃课去图书馆，因为"实习中，自己没有一个能拿得出手的菜"。（选自《女性原本是太阳》之《御茶女子高中入学记》）但是，雷鸟会估摸着大家做好菜后，跑回去试吃，并且吃得非常认真。对此，雷鸟是这样说的："我待在教室后面一边看书，一边等着大家做好菜。"由此可见，当时父母非常注重对雷鸟的教育，她是一个爱学习而又头脑单纯的小姑娘。

雷鸟从女子大学家政科毕业后，来到成美女校学习。当时，她和老师森田草平坠入情网。但是，森田草平已有妻儿，两人知道很难走到一起，只盼来世再续良缘。明治四十一年（1908，二十二岁），两人企图殉情自杀未遂。整个事件被新闻大肆报道，人们一片哗然。森田是漱石门下优秀的门徒，他以自己错综复杂的婚外情丑闻为素材，创作了个人小说《煤烟》。小说讲述了整个事件的始末，并在《东京朝日新闻》上进行连载。之后，森田一跃成为人气作家。在森田心中，他和雷鸟绝不只是简单的肉体关系。

而殉情未遂事件发生后，雷鸟选择前往日本禅宗学堂修行，每天仅喝一点粥度日。小说《煤烟》发表后，禅宗学堂的老师跑来问她："你真的跳过悬崖吗？"雷鸟给予了肯定的回答。但是，她很不满森田把这件事写成小说，从而对森田开始不信任。雷鸟深知，"只有创办杂志才能明确地表明自己的态度"。于是，文学杂志《青鞜》诞生了。雷鸟在杂志刊首中说，"现代女性是人们嘲笑的对象"。这里面，也包含着雷鸟对森田的恨吧。

雷鸟和森田殉情未遂事件发生之前，二十一岁的她，还和海禅寺的代理住持中原岳秀接过吻。最后，中原岳秀极度烦闷，不能再继续安心修行下去。（选自《女性原本是太阳》之《女子大学毕业后》）雷鸟认为当时自己的心态如同《少年维特之烦恼》中描述的一样，并不是因为爱慕而接吻，而是青春少女的内心隐藏着一个小恶魔，在恶魔的驱使下，才发生这样荒唐的行为。

雷鸟这个笔名让人联想到"冬天来临后，周身羽毛变得纯白"的动物雷鸟。其实，这只不过是她"幻想中的飞鸟"。在大家看来，汉字"雷"和她本人极度不匹配。雷鸟把自己看作是"幻想中的飞鸟"并沉醉其中。无论青年和尚还是森田草平，雷鸟和他们之间发生的一切都可以看作是"富家小姐的淘气心理作祟"。这只是雷鸟内心的一种莫名悸动，但不经意间，却拨弄了男人的心。

后来，《青鞜》杂志社经常身着男装的女人尾竹红吉对雷鸟心生忌妒，竟然拿刀割断了自己的手腕，自杀未遂。当时雷鸟和奥村博史之间的关系非常暧昧。为此，红吉很是吃醋。奥村在当时负责创作《青鞜》杂志的扉页绘画。

再后来，杂志《每日阳光》的主编新妻苑批判《青鞜》杂志社，她把以雷鸟为首的编委会成员比作是一群水鸟，这群水鸟一起扑向年轻的燕子（奥村）继而乱作一团。对此，雷鸟给予了回击，她说："换季时，年轻的燕子便会自动归巢。"后来，雷鸟称呼自己的年轻小男友是"燕子"，大概来源于此事吧。

大正三年（1914，二十八岁），雷鸟和二十二岁的奥村开始同居。雷鸟解释说他们只是一起生活。奥村是素食主义者，雷鸟的饮食习惯也随之发生改变。雷鸟经常得病，可能是受儿童时代的饮食习惯的影响。她说："儿时，我在家里吃了太多的动物蛋白。因为父亲喜欢西餐，经常让我也喝牛奶、吃鸡蛋、鱼等食物。但是姐姐身体健康，不像我这样弱不禁风。"（选自《女性原本是太阳》之《我的日常生活》）

大正四年（1915，二十九岁），雷鸟身体极度疲惫，积劳成疾。她不得已把《青鞜》杂志的发行权交给公司职员伊藤野枝。野枝师从日本思想家辻润，他和大杉荣结婚后，夫妻均成为无政府主义者。同年奥村博史患上肺结核，来到茅崎南湖院接受治疗。

大正十年（1921，三十五岁），雷鸟病情恶化，辗转于竹冈海岸、伊豆山等地接受治疗。大正十五年（1926，四十岁），雷鸟在成称学园分地落脚，并成立消费组合"我们的家"。雷鸟虽然体弱多病，但还是那位热心于妇女运动的行动派。

昭和十一年（1935，五十岁），雷鸟在论文中写道：

"最近，贺川丰彦担任组长的江东消费组开始分配料理。据说以小工厂为主，超过十人即可分得二千五百份料理。……目前，中产阶级的女子必须投身于到职业前线。我认为这样的消费组合，是最进步的运动之一。"（选自《浅谈共同做饭》）

雷鸟的提案是，通过让家庭主妇轮班做饭，把她们从封闭的家庭中解放出来。昭和十二年（1937），日本发动侵华战争。昭和十三年（1938），日本颁布国家总动员法。雷鸟在杂志《团结家园》四月期刊中写道：

"随着时局的重大变化，国民地位也日益下降，这才是理应担忧的国民大问题。与此相关联的国民饮食，最近也备受非议。"（选自《饮食》）

"最近大家狂热追捧的欧美仿制食品对人体有害，应该鼓励大家多吃玄米。"旅行中最苦恼的是吃饭问题，她主张"希望法律应当及早禁止仿制食品流通，这大概不仅仅是我一个人的心愿吧"。

昭和十四年（1939），雷鸟在自己家中吃"小麦、小米、稗子和豆类等"。面对小孩子的吃饭问题，雷鸟认为让他们"反复咀嚼"坚硬的食物是非常重要的。（选自《杂吃》）

昭和十六年（1941，五十五岁），太平洋战争爆发。昭和十七年（1942），雷鸟全家为躲避战乱来到茨城县，住在户田井。同年，雷鸟在杂志《妇人公论》十二月期刊上发表了文章：

"为了取得这场持久战的胜利，粮食、健康、营养问题都变得非常麻烦。世界上最好、最有营养的粮食是玄米。但是政府却不认可。

卢沟桥事变发生后，本来想着政府会给大家分发玄米，结果还是发了其他的粮食。政府这样的做法，确实考虑不周全。我是每天都要吃玄米的，想到之前政府的做法，便恨得牙根痒痒。最近，政府开始认真思考这个问题，开展了各种研究和调查，于国于民，都是一件好事。希望政府能够更快地行动起来，让日本国民的饮食问题得以落实。同时希望国家能够快一些地制定出相关法律法规，来保障国民在饮食方面的权益。"

雷鸟的这篇论文从营养学的角度出发，具有一定的指向性。战时日本国内大米匮乏，大多数老百姓整日靠吃芋头、芋头秧苗和面条充饥。其实，日本政府"真正关心糙米"并不是出于营养方面的考虑，而是因为人手不足，无法分装糙米和精米，于是只好让全国人民吃糙米。当时国内大米产量不足，人们一窝蜂似的挤到配给所排队，最后领到手的，是进口白米。

在躲避战乱之前，雷鸟的朋友们在银座鹤之家餐厅为她举行送别会，当时到场的有富本一枝、中江百合子、东山千荣子、深尾须磨子、轻部清子和河崎。后来雷鸟回忆说："那个夜晚的河豚非常好吃，令人难忘。"（选自《疏散生活和战败》）雷鸟她们不同于一般的老百姓，有着不一样的情怀。

在外地漂泊之际，雷鸟学会了如何制作甜酒、味噌汤、梅干、夕白、梅酒、腌咸菜和饼，还学会了做挂面、乌冬面和芋头糖果。就这样，曾经在大学家政系被雷鸟无视的料理课程，在她六十岁时开始重拾起来。

"对于我而言，家政劳动的一切都是新的体验，这些劳动令人筋疲力尽。"雷鸟看着自己日渐肿胀的手指和变粗的手掌，惊讶地说："六十岁后，人的身体还会发生这样的变化吗？"

同年，雷鸟和奥村正式登记结婚。这是因为，长子敦史在参加军队干部候补学生考试时，如果户籍填写"私生子"，会对将来的仕途不利。之后，敦史顺利通过了考试。

战时，每家每户都面对着粮食不足的问题。在农村，大家可以互换鸡蛋、小豆、大饼、蔬菜，黑市物价一路飙升。

昭和十五年（1940），雷鸟参加大政翼替会，主张"应该让妇女参加活动，充分发挥妇女的力量"。（选自《新政治体制和妇女》）"二战"结束后，雷鸟转而变成为推动和平运动的积极人士。由此可见，随着时代的变化，雷鸟也在迅速地转换着思想，是一位对时局颇为敏感的评论家。所以说，雷鸟的人生是在思考中前进，她不断和体内的母性做斗争。

谈到饮食，雷鸟一直坚持吃玄米。乍一看，大家会觉得，坚持吃玄米和妇女解放运动不是一个层面的问题。但是二者之间却存在着某些关联，这是雷鸟领导下的妇女解放运动才有的特质。

昭和二十八年（1953，六十七岁），雷鸟因食用炸虾天妇罗而导致食物中毒。当时，雷鸟参加国际联合国建设同盟的理事会会议，她吃了主办方提供的炸虾天妇罗后，开始拉肚子，然后发烧、头痛，身体非常虚弱。那时，她加入了樱沢如一主导的真生活协会修炼场，一个月没有洗澡。樱沢氏的理论是"经常泡澡容易造成体内盐分流失"。在协会修炼场，所有的病人都坚持不服药，只是通过吃饭维持体力。樱沢会给每一位病人开处方，处方上只写着饮食内容。每天早晨九点开讨论会，传授讲解樱沢的食疗疗法。

雷鸟回忆说："我们只关心寒冷和饥饿，从人最基本的需求开始，经过感觉、感情、社会（经济层面和道德层面）等不同需求，一直发展到第七阶段最高级别的宇宙观（含宗教层面和哲学层面）和判断力。这样，人才可以成为真正的人，才能够获得自由、和平、健康和幸福。"（选自《妇女的力量守卫和平》）

会议结束后，年轻的男女学生们（基本上每个人都身患疾病）手拉手围成圈，一起欢呼道："您为我们这些新加入协会的学生发表欢迎讲话，谢谢您！"这样的开会形式，颇有点邪教的意思。

雷鸟参加樱泽道场修炼身心的前一年，在杂志《月刊 饮食生活》中再次写文章批判幼时的饮食生活。

"其实我小时候的家庭教育是非常不幸的。父母走在明治时代文明开化的前沿，也就是所谓的时尚家庭。他们接受了来自德国的错误的营养学知识，家中食物以肉类、鸡蛋和牛奶等蛋白质、油脂为主，蔬菜的摄入量非常少。"（选自《我们的蔬菜饮食生活》）

大概是人到晚年，雷鸟固执地认为，正是童年时代的饮食习惯，才导致自己体弱多病。按照她的回忆，"当时我只能吃下小份便当的一半饭菜"。因此，雷鸟对父亲平冢定二郎又爱又恨，而对自幼跟随祖母生活、经历过战争的往事非常怀念。

雷鸟三岁时，在庆祝宪法颁布的游行队伍中，看到有人表演狐狸嫁女。当天晚上，父亲抱着她看花火大会，一团烟花急速升空后，犹如雨滴一样散开，冲向人群，围观的群众纷纷四散而逃，火苗擦着大家的肩膀飞过去，非常惊险。

雷鸟对此事的描述是，"当时发生这样的意外事件，让我感到害怕和恐惧。以至于多年以后，我仍然讨厌看花火大会。家附近的招魂社举行祭祀，在即将点燃烟花的那一刻，我都感觉非常可怕。可以说，除了白天以外，任何时段我都比较恐惧烟花。"（选自《女性原本是太阳》之《我的日常生活》）

雷鸟曾经骄傲地回忆起过往的生活，她这样说道，"父亲的书房地板上铺着一整面花形图案的绒缎，上面摆着桌子。墙壁一面的书架上，整齐有序地摆放着德语书籍，书的封皮上闪耀着金色的字迹和华丽的外皮。天花板下垂着漂亮的枝形吊灯。我小时候，有八音盒、银手镯、两串珊瑚项链等奢侈物品，我和姐姐的衣服基本都是粉色的天鹅绒布料做成的。父亲的私人物品有：刻有姓名首字母的金戒指、金手表、夹鼻眼镜、双筒望远镜、手枪、训练手杖、绘画和雕刻工具。

但是，我的父亲一点都不喜欢奢侈品"。

祖父去世时告诉祖母说："房间里有幽灵。"父亲定二郎和母亲的第一个孩子因麻疹夭折。二女儿性情开朗，身体非常健康。但雷鸟却沉闷老实，性格内向。祖母特意找人算了一卦，算命先生告诉她："家中戊年出生的小孩性格古怪，身边不会有朋友，对人对物态度冷漠，请多加管教。"雷鸟从出生便体弱多病，加之西式教育环境，更加助长了她"反抗"的性格。

雷鸟很不擅长做饭。丈夫奥村经常买一些豪华的炊具，时不时做出美味可口的菜肴。伊藤野枝曾经邀请雷鸟和奥村到自己家中做饭。当时，伊藤和辻润在一起生活。

雷鸟对此事是这样描述的："伊藤家中基本没有炊具。我们把金属脸盆当作吃寿喜烧的锅，把镜子反过来当切菜板。他们甚至连茶碗都没有，只能用一个大盆子盛菜和米饭。

野枝不会做饭，所以家中没有像样的炊具也可以理解。我们把西式炖菜分成小份浇在米饭上，让野枝和辻润吃得到久违的美食。野枝工作起来非常干练、利落。但是生活中却很邋遢，不管有多脏、有多难吃，她都不在乎。"（选自《女性原本是太阳》之《从恋爱到共同生活》）

素食主义者雷鸟对野枝的生活状态大概也很无奈吧。一个月后，雷鸟在妇女解放论中提倡共同做饭，但是她没有注意到，口味是因人而异的。而且，她也忽略了，有的人厨艺高超，有的人却压根儿就不会做饭。

野枝喜欢吃肉，雷鸟坚持吃素。二人同样投身于女性解放运动事业，但是意见相左。最初，雷鸟并不打算把《青鞜》杂志的发行权交给野枝。后来在野枝的强烈要求下，雷鸟才答应了她。野枝说："编委会还有辻润，请你放心吧。"

雷鸟回忆说："我知道，无论辻润还是野枝，都只能处理杂志社的具体事务性工作,他们不懂得如何运营整个杂志社。当时我也很为难,总想到未来会出现的麻烦,心里面一直担忧、忐忑不安。"(选自《女性原本是太阳》之《妻子·母亲·女儿的烦恼》)

野枝接管《青鞜》后,竟然刊发关于女性堕胎的文章,为此遭到停刊处罚,一年后,《青鞜》破产。喜欢吃肉的野枝性格强势,对待杂志社事务也算尽心尽力。后来,野枝抛弃了辻润,投入了大杉荣的怀抱。当时大杉荣和夫人保子还没有离婚,他和神近市子、野枝三人维持着混乱的男女关系。根据雷鸟的回忆:"野枝没有把恋人和朋友划清界限。"野枝的食欲和性欲都很旺盛。大杉荣被年轻的野枝吸引,一怒之下竟然刺伤了神近市子。雷鸟说,野枝爱上大杉荣的原因是"辻润移情别恋,喜欢上了野枝的堂姊妹千代子"。

当时,雷鸟还在疗养中,并且越来越坚信素食主义。雷鸟患病后坚持食疗,但是,这样的做法却导致她更加营养不良。雷鸟身边的无政府主义者们,对待男女关系的态度非常随便。可是,正因为雷鸟坚持素食主义,所以她没有卷入那些纷乱的男女情事旋涡中。

随着年龄的变化,每个人的饮食习惯、偏好也会发生变化。十岁左右,喜欢吃肉、鱼和牛奶。四十岁后,开始喜欢吃豆腐那样清淡的食物。五六十岁后,味觉慢慢枯萎。雷鸟也是如此,最后甚至变成纯粹的玄米食论者。当初,她和森田草平殉情未遂,或许只是脑海中的莫名想法作祟。雷鸟深受文明开化影响,引领了女性解放运动。大概,也有玄米的功劳吧。雷鸟一直活到八十五岁才去世。她的这一生,都受到了来自玄米的恩赐吧。

折口信夫
(1887—1953)

生于日本大阪。毕业于国学院大学国文科。笔名释迢空。作为民俗学者,师从柳田国男,虽然得到老师的教导,但他时常也会提出反对意见。代表作是《常世之国的信仰》《异乡客之神》。

折口信夫

想成为天妇罗店老板的诗人

折口信夫很擅长做饭。室生犀星曾这样写过折口："当时他在老家时每天游手好闲，曾想过要开一家天妇罗店，苦于囊中羞涩而作罢。"想来，这也是一件憾事。

　　"折口做的菜非常好吃，漫不经心做出来的菜也掩饰不了他在做菜方面的才华。他把学问、智慧以及诗歌融为一体，然后用文火细炖煲汤，味道浓郁。他在控制火候或研究烤鱼的方法时，或许找到了让食物变得芳醇的秘诀。"（选自《释迢空——我喜爱的诗人传记》）

　　折口的笔名是释迢空，他不近女色，终其一生都没有娶妻。门下有藤井春洋、小谷恒、伊马春部、冈野弘彦、加藤守雄、小犀功等诸多得意弟子。他们陪伴着折口度过了六十六年的文学生涯。诸多弟子中，他最喜欢春洋，并于昭和十九年（1944，五十七岁）时将春洋收为养子。但春洋在第二年被征兵，随部队到硫黄岛作战，不幸牺牲。春洋是折口的心头肉，他战死沙场后，折口心痛不已。这件事给了折口非常大的打击。他写了《死者之书》这部小说。折口作为一个学者，研究领域非常广泛，对历史、《万叶集》口译、民俗学、艺能史学、国文学、神道宗教等均有涉猎。许多成就都是在和众弟子合作中诞生的。

　　折口和十位年轻的弟子住在一起。当时，他没有钱吃饭。所

以，他口译《万叶集》的目的单纯只是为了赚钱。折口拿着书，一字一句地翻译出来，然后由弟子用笔记下来。折口是口译高手，比如《源氏物语》中的"いとかたかるべき世にこそあらぬ"，他翻译为"原来世间是如此艰难"。他的翻译简单易懂，让人读起来不感到晦涩，颇受欢迎。

弟子之间轮流做饭，他们经常会做火锅、寿喜烧等比较精致的美食。直到晚年，折口依旧喜欢和大家伙儿一起吃饭。他经常说："有野猪肉了，大家快来吃。"池田弥三郎和户板康二便跑来打牙祭。有时折口还告诉大家："有人从仙台送来了不错的牡蛎，快来我家吃吧。"晚年时，折口与弟子冈野弘彦住在一起，冈野弘彦负责记录他的口述，并照顾他的日常饮食起居。每当弟子们来访时，冈野就会亲自下厨做饭，然后大家一起吃。最后，折口都会在茶水间的被窝里喝着啤酒心满意足地睡去。

冈野在《折口信夫的晚年》（中央公论社刊）中回忆道："老师在面对食物时，会像小偷一样敏捷、贪婪。面对着油乎乎的食物，年轻的我都觉得不太舒服，心里甚至有些烦躁，老师却非常淡定。"

折口去世的前一年（昭和二十七年，1952）曾在轻井泽住过一段时间，并口述了《在民族史观中的他界观念》。这段时间，他的身体并不是很健康，平日常到高级西餐厅吃饭。有一天，他看到这家西餐厅的橱窗里摆着一排切好的火腿、香肠，于是，他对冈野说："把那些全部买下来。"两人拿回家，做成汤羹，吃了四五天才吃完。

到了正月，折口会把二十几名弟子召集到大井出石的家中。到了二十八日，他们就一起去柳田国男家中做客；腊月三十这天，折口带着冈野去筑地市场买章鱼、墨鱼卷、牛蒡卷、油炸豆腐等关东煮的食材。采购完毕后，把所有食材用一个唐草纹包袱包起来，然后再去松阪屋的地下卖场转一圈，买一些杂物。接着，他们来到罗马皇家肉铺，物色各种高级火腿和香肠。最后，在大森车站前买一只鸭子。

折口是一位颇具古风的学者，他曾在国学院大学和庆应大学教授国学和民俗学。他给学生上课的时候，从来不带笔记或者课本。讲课时，总是用很低的声音嘟嘟囔囔地讲，学生们很难听清楚。但终归是有名的老师，加上学生们也很聪明，所以就算遇上难题，最终也能解决。人们以为他不会过圣诞节。但是在平安夜，先生会邀请池田弥三郎和冈野等弟子一起去东洋轩吃东西。

当时，大井鹿岛神社前有一家卖泥鳅的店，店门前放着一个木桶。折口在庆应大学讲完课后，乘坐公交车回家时，会路过那家店。有一次，平常都在店里的老板恰巧出去了，老板娘接待了他。折口要做柳川锅，所以请老板娘把泥鳅切好。结果老板娘却把黄色的籽扔了，只简单处理了泥鳅身子。折口因此大发雷霆。

折口到肉店买肉时，如果直接上秤的肉上面残留着很多白色脂肪，折口就会厉声斥责道："油脂又不是肉。"他在诗集《水之上》中这样写道：

面对肉店小子，竭尽词句，怒至有不买之心。

冈野回忆起老师时，这样说道："老师认真起来，远比世间那些敷衍了事的主妇仔细得多。"

折口如果觉得晚饭不好吃，就会对负责做饭的矢野花子（大家都叫她阿姨）甩脸色。他很计较钱，虽然每月他都会给阿姨伙食费、燃料费等共计一万一千日元，但是月末的时候，还是常常没有钱买鱼买肉。这时，冈野会教训阿姨。他后来说：

"当阿姨再要钱时，一定要好好说她一顿，再给她钱。因为先生在一旁听着呢。所谓的好好说她一顿，就是说到最后，我已词穷啦。但是，还是要继续说下去。说到最后，不知道说什么了，就把前面说的话再重复几遍，凑足二三十分钟就可以了。"（《折口信夫的晚年》）

即使这样,折口也总是会叱责冈野说他教训人太温柔了。阿姨和冈野的母亲年纪相仿,冈野觉得很难开口去训斥她。有时,矢野也会生气,也不听劝,甚至会私自减少晚饭的分量。于是折口就买来鳗鱼,还会买阿姨喜欢的歌舞伎门票讨好她。

斋藤茂吉的葬礼在筑地举行,折口要去参加他的葬礼。他对冈野说:"那儿附近应该有不错的鲸鱼肉卖。"于是,他竟真的前去购买。冈野觉得,带着鲸鱼肉参加葬礼真是太不成体统了。折口对他说:"茂吉最喜欢像鳗鱼或山药汁一样滑溜溜的东西。"

安藤鹤夫对折口喝啤酒的样子感到非常奇怪。折口会穿得整整齐齐的,然后端坐下来,右手拿起能装一公升酒的啤酒杯,左手轻轻扶着啤酒杯底,一口一口慢慢地喝下去。

"也就是说,老师是以茶道的精神,来对待啤酒杯里一公升的生啤。"(《折口先生与啤酒》)

折口非常注重礼仪,通常会在榻榻米上端端正正坐着行礼,面容深沉、安详,动作毕恭毕敬,简直让被行礼的人羞愧难当。当安藤看到折口正坐行礼,然后用茶道的方式慢悠悠地喝下一大杯啤酒时,他十分惊讶,简直被这"刺激的场面"吓得打了个激灵。

折口的身上,散发着宛如冥界而来的使者的气息。他被白秋称为"黑衣旅人"。三岛由纪夫认为他背负着与"古代语部"同种类的"黑暗肉体上的宿命"。

折口的诗句像极了万叶。例如:"食物之时,他心不得扰,细螺之壳,以齿破之"(《气多为伪家》)。除此之外,他还写过白秋语调的诗句,例如:"于唇上,有色之酒亦冷彻,至于脸颊,感于短发。"(《昭和职人歌》)有的诗句带着令人麻木的寒冷杀气,例如:"抚摸有教养之犬,驯养不易,此犬,杀取我食之份。"(《静之音》)总之,折口的诗句就像回归到暗黑的母胎一样,诗词间贯穿着无常感。三岛每次见到折口,他都是皱着眉头"呵呵"地笑着。三岛回忆说:"虽然笑起来很好看,但是不能忽视他内心深处的黑暗本质。"

折口很珍惜熟人来访时赠送的礼物。有人送来各地时令鲜鱼蔬菜时,他会把弟子们叫来大摆酒席一起享用。他们大吃特吃,最后竟然还有剩余。房间里经常充斥着食物腐烂变质的味道。折口有着古人对食物的敬畏之心,从不乱扔食物。他对年糕的执着,应该是得益于柳田国男的教导。

他家的年糕即使烂透了,甚至生了蛆,他也会继续留着。池田弥三郎说:"在老师家里吃过年糕后总要闹肚子。"冢崎进等人也经常发牢骚说:"我是抱着吃坏肚子的思想准备去拜访老师的。有时在老师家,会吃到一些不可思议的东西。"知道折口的喜好后,有更多人送来一些贵重的食物。为此,折口吩咐家里人,他不在家的时候不要随便收别人的东西。有一次过女儿节的时候,室生犀星的女儿送来一盒红小豆糯米饭,被负责看家的矢野阿姨回绝了。之后得知此事的折口忙不迭地跑去室生家里道歉,谦卑地行礼请罪。

折口也很喜欢吃西餐。画家伊原宇三郎到折口在箱根的别墅做客时,做了他在巴黎学会的嫩煎猪排。之前折口不喜欢吃猪肉,但是他很愿意吃伊原做的猪肉。从此,煎猪排成为折口在家最常吃的料理之一。折口总结说:"猪肉有着启蒙的味道。"

平日里,冈野负责他们在箱根别墅的用餐。昭和二十四年(1949)三月的菜单如下:

十一日(晚饭)嫩煎猪肉、鳕鱼子、智利风味猪肉四季豆乱炖。

十二日(早饭)金目鲷味噌汤、鳕鱼子。(折口去仙石原买的蔬菜和鱼)(晚饭)天妇罗(海鳗、西太公鱼、金目鲷、培根)鲕鱼刺身、清汤。

十三日(早饭)鲕鱼汤、培根蛋。(午饭)意大利面。(晚饭)寿喜烧。

十四日（早饭）味噌汤加上蔬菜汤。（晚饭）甜菜根汤、腌金目鲷渣。

十五日（早饭）腌渍鲑鱼、味噌汤、沙丁鱼。（午饭）烧饭、茶碗蒸。（晚饭）寿喜烧。

十六日（早饭）酒糟汤、味噌腌制的鲷鱼，干青鱼子。（晚饭）鰤鱼刺身、牛排、法式黄油烤鲷鱼。

十七日（早饭）照烧鰤鱼、培根蛋。（晚饭）天妇罗（金目鲷、香菇、牡蛎）、鲷鱼清鲜汤。（这天晚上，要做天妇罗的冈野头很疼）。

十八日（早饭）味噌汤、咸甜豆腐汤。（晚饭）天妇罗盖饭、鰤鱼汤、凉拌葱花生香菇。

十九日（早饭）味噌汤、培根蛋。（晚饭）牛排、味噌腌鲷鱼、酒糟汤。

二十日（晚饭）天妇罗、青花鱼方形寿司、一口炸肉排。

（《冈野弘彦日记》）

第二天，折口肚子不舒服。冈野想，可能是前一天青花鱼的处理方法不到位吧。

昭和二十四年（1949），战争结束，国内粮食严重不足，但是，折口他们却吃得相当不错。折口一天只吃两顿饭，晚饭时要么喝一瓶啤酒，要么喝点洋酒，大约要吃一个小时。冈野不喝酒，此时，也只好取个杯子，倒上一杯啤酒，一小口一小口地啜饮，陪着老师。

折口也很喜欢喝茶。伊原宇三郎说过，"与乌龙茶、中国茶比起来，（三十岁之前的先生）喜欢喝煎茶。"（《昌平馆时代的折口先生》）

折口出去旅游时，经常嫌弃旅馆的茶难喝，于是，他常常随身带着两三包茶叶出门。茶叶是从淡路町的升屋或宇治的上林春松买的。每次在大井出石家喝茶时，折口都要在战死的春洋灵位前奉上一杯

茶。说起折口喝茶,冈野曾这样写道:

"老师喝完茶后,会从后面的架子上取下筷子,用筷子把茶叶从茶壶里取出来,放到茶碗里,然后全部吃掉,看起来很好吃的样子。刚开始,我很好奇是什么味道,央求老师分我一点,但吃下去后,觉得一点儿都不好吃。然而,老师不管有没有营养,只要是不喜欢的东西,一概不吃。所以,他应该是真的很喜欢吃吧。"

架子的最下层排列着大大小小各式各样的茶罐,装有芽茶、玉茶、抹茶、玉露、焙茶、蒙古茶、中国茶和红茶等各种茶叶。

折口还会自己制作牙粉。他的父亲是医生,经常给人抓药。所以,折口好像对自己配料的手艺很是自信。折口买来许多装牙粉的袋子,然后在一公升的空瓶子中放入薄荷、樟脑和低浓度的苏打水进行调配。调配好后,冈野试着用了一点,然后说:"嘴里就像烧起来了一样,火辣辣的。"折口虽然不吸烟,但是牙齿特别黑,新买的假牙两个月就会变成黑色。

米津千之回忆说:"战争时期,折口虽然自己不吸烟,但配给发放的时候他也会领取香烟,过一段时间就说'攒了不少了'。然后很高兴地全部送给柳田国男。"(《战时的回忆》)

关心老师、关心弟子、注重礼仪而且不妥协的折口还有重度洁癖。

每当拉开纸拉门或隔扇时,因为讨厌自己用手直接接触拉手,折口就挽着和服的袖子去拉。因此,衣服的袖口处经常磨得发光。坐电车时,为了不直接碰到吊环,他会摘下鸭舌帽,用帽子外侧去钩电车上的吊环。即使是梅雨天气,他也坚持戴手套。

根据冈野的回忆,可以对折口的日常生活有个大致了解。人们不禁好奇,折口为什么会有如此严重的洁癖呢。据说,折口还会用甲酚液给自己的茶碗和圆筒竹刷消毒。即使这样一来,泡出来的茶水散发着一股浓烈的刺鼻气味,他也习以为常。

读冈野的回忆录，我发现了可卡因这个词，也终于知道了折口的秘密。折口年轻时乱用可卡因，鼻黏膜受损，几乎失去了所有的嗅觉。折口信夫吸食可卡因！这是我未曾预料到的事实。其实，在朋友之间，折口吸食可卡因已经是公开的秘密，已经有数位朋友提及此事。例如，小岛政二郎的证言如下：

"当我读了老师的作品后，从细节处得知，他的作品大致接近《口译万叶集》的风格。他的和歌，很多不被大众理解，很多人不知所云。除老师以外，小林秀雄老师的作品亦是如此，几乎没有人能完全理解。在老师所处的清水町时代，我曾经就这个问题专门请教过老师。结果老师回复我说：'那些晦涩难懂的文字，大概是我在服用了可卡因之后写出来的吧。'我没有类似的文学创作经验，不是很理解老师的话，只能依靠着想象，去理解老师所说的一切。"（《仅有一个宇宙》）

室生犀星曾经说过，折口很不满意弟子小谷恒的长发，曾生气地要用剪刀给他剪掉。

"迢空把可卡因吸进鼻子里，来使头脑保持清醒，看起来像中毒了一样。他不停挥舞着手中生锈的剪刀，用家乡话朝着上方怒吼……迢空把一簇又一簇的头发夹在手指前端，揪起来，然后咔嚓剪掉，又重复，咔嚓剪掉。每次他都很有力气地咔嚓咔嚓剪着，架势十足。小谷恒只好闭着眼睛静等最后的发型……剪完头发后，迢空又抬起头，往鼻子里吸入可卡因，小谷恒则去了浴室洗头。"（《释迢空——我所爱的诗人传记》）

池田弥三郎的回忆如下：

"画家伊原宇三郎曾经住在老师箱根的别墅中，并且为老师画了一幅肖像画。当时，我站在伊原先生旁边，他偷偷地对我说，老师的脸上，嘴巴最有特点，很难去把握嘴巴的轮廓。于是我想到，大概老师年轻时因乱用可卡因，所以鼻子的感觉已经完全失灵，也就失去了享受美食气味的乐趣。他经常说：'气味存在于舌头的记忆中。'老师的味觉复杂而且发达，或许已经弥补了嗅觉吧。"（《折口先生食物志》）

折口在带着冈野经过后门的小路一起散步时，忽然在一家小小的药店前停下了脚步。他扬起下巴指了指说："这就是我偷偷买可卡因的店。"为了弄到可卡因，他会写好诗笺送给店老板，讨他的欢心。

昭和二十八年（1953）八月二十八日，即折口因胃癌去世的前一周，这天晚上，折口依然是喝着啤酒，吃了半条虹鳟鱼和一块火腿。随后，他的意识开始混乱。他来到伊马春部和冈野的枕头边对他们说："现在，我终于弄明白《万叶集》和《皇统谱》的问题。我希望你们好好听听。"但他的脸上，却写满了疑惑。

到近山医院住院后，他每次被护士触碰到身体，都会发火。平时，他也很讨厌被女性碰到。看戏的时候，就算只是被女人的一根头发丝碰到，他也会露出极度厌恶的表情。折口曾对冈野发火说："我讨厌这种被女仆肆意碰触的旅馆。我受不了这种地方。快搬到一个好一点的地方去。"

那天傍晚，他开始不断地打嗝，三天后，离开了人世。折口的葬礼按照神道仪式举行，灵前供奉了他最喜欢的茶、点心、酒、啤酒、海胆、鲷鱼清鲜汤、嫩煎猪肉、煎鸡蛋卷、威士忌、杜松子酒、白苏打水、米饭、凉拌油菜、腌制物、水果等。

折口去世五十天后的仪式上，犀星带着女儿前来吊唁。他看到折口的灵前供奉着炸点心、三明治、团子串、香肠、天妇罗、鱼糕片、松茸的土瓶蒸、青花鱼寿司等食物，于是，就和女儿一起大吃特吃起来。当时，犀星感慨地说道："我第一次对供品产生食欲。……我觉得折口先生生前，绝对是不折不扣的大美食家。"

折口吟咏了许多关于米的诗歌。诗歌集《白玉集》中有：

"米之音，即言其微妙，亦为赴死之声，旧事古语，唯有笑尔。"

这样的诗句，咏唱的是即将要死去的农民，当听到大米装入竹筒后的晃动声后，为自己进入生命的末期感到悲哀（日语末期的发音和大米发音接近）。

从战争末期到战后的这段时间里，折口在二楼六张榻榻米大的壁橱里藏了一个茶箱，每天都会往里面攒一些米粒。最后，大约攒了四斗米。折口把这个茶箱拿给冈野看，并对他说："有了这个，就算发生什么不测，也能够保证几个月不饿肚子吧。"

关于这件事，冈野不无怀念地说道："对老师而言，这四斗米已经超越了普通饮食的范畴。它既是折口老师的心灵慰藉，也像一枚护身符。而且，给像我这样的外人展示这些大米，仿佛如同入家仪式，我已经被老师当作自家成员才会有如此待遇。"

后来，茶箱里藏着的四斗米一直没有人碰。折口去世后，这箱米交到了大井出石的手中，被他保存在寝室的壁橱里。

荒畑寒村
（1887—1981）

出生于日本神奈川县。受堺利彦、幸德秋水的影响，立志成为一名社会主义者。他在不断进出监狱的过程中创作了许多小说、评论。战后，在日本社会党的支持下当选众议院议员。后来由于患病，逐渐淡出社会运动。

荒畑寒村

監獄料理

说到料理，不得不提到三个名人。他们是南方熊楠、狮子文六和荒畑寒村。寒村是激进的无政府主义者，多次被抓捕入狱。但出乎人意料之外的是，他不知为何特别了解料理，而他最熟悉的，莫过于监狱料理。寒村虽然多次入狱，但是丝毫没有屈服，反而很享受。他体魄强健，最终活到九十三岁高龄。

　　明治四十一年（1908），二十一岁的寒村在山口孤剑的出狱欢迎会上高举红旗，宣扬红色言论，并与警察发生打斗，被判刑一年半，从市谷拘留所转到千叶监狱服役。这就是所谓的"赤旗事件"。

　　寒村喜欢吃甜食。"赤旗事件"发生的前一天，他其实已经做好了被捕入狱的思想准备。他专门跑到浅草享用了入狱前最后的甜食，一杯二钱的年糕小豆汤，连续吃了四五杯。千叶监狱每逢重要节日时，都会给囚犯们发红白大福饼。寒村为了延长吃甜食的时间，故意把年糕放在手上压平。虽然煞费苦心，但实际上这种做法并不会增加福饼的分量。刑满释放即将回京时，他把在监狱服刑做工赚的工钱全部用来买年糕和点心，然后坐在车上旁若无人地大快朵颐。

　　大正七年（1918），寒村因为煽动劳动组合运动被判入狱。他坐在囚车上，透过囚车的窗户看到芝巴街的茶屋正在卖今川烧，在心里默默对自己说："等出狱了，我一定要去吃这家的今川烧。""果不其然，他出狱后的第二天，马上就去那家茶屋吃了十个今川烧。虽然实现了狱中的愿望，但是第二天早上，他开始拉肚子，而且还很严重。夫人打扫卫生时，看到了小豆皮，这件事也暴露了出来。"（《甜蜜的回忆》）

寒村吃太多甜食后，脸和手脚会变得浮肿，所以医生和妻子严令禁止他吃甜食。即使这样，他仍一心想吃甜食，经常找借口出门买大福饼吃，好几次都被紧跟着他出来的夫人抓住现行。寒村笔下的料理并不奢侈。六十六岁时，他写过随笔《监狱料理》，节选文章内容如下：

"我毫不夸张地说，天下的珍馐，其实就是监狱料理。……当时监狱的第一等美食，在东京来说，不管是市谷、丰多摩还是巢鸭，属土豆炖猪肉最好吃。在我们囚犯嘴里，土豆炖猪肉也叫作"乐队"，这是大家的玩笑话。千叶最好吃的料理是煮鲱鱼干，因为鲱鱼和二审的发音相同，所以大家把它叫作"控诉院"，是独一无二的美食。……此外，还有一种叫"赤炼瓦"的料理，用咸鲑鱼、咸鳕鱼、大豆、海带、羊栖菜、青菜叶、萝卜一起炖煮而成。"

除夕夜，监狱里面会吃荞麦面。（注：这里指阳历的12月31日）幸德秋水在狱中吟诗："昨宵荞麦今朝饼。"千叶则会吃泥鳅汁。据说，"他们那里做的泥鳅汁完全没有一点泥鳅的形状和样子，只是骨头和切碎的牛蒡灰水混在一起做成漆黑的浓汁"。"乐队"和泥鳅汁类似，只有两三片肥肉，土豆还带着皮，也不切，汤里面只是撒了点盐而已。

"那美味，倾尽笔墨也难以描述。出狱后，我怎么都忘不了那个味道。后来妻子听了我的描述后，亲自下厨为我做，但是，却怎么也做不出监狱里的味道。我甚至对她说："你也进一次监狱自己尝尝看，说不定这样，你就找到窍门了。"妻子直接白了我一眼，训斥道："别说这些蠢话。"

监狱的料理不用高汤和糖，大部分都是只用盐和酱油调味做成的。芋头和咸鱼要么是蒸，要么是煮。寒村解释道："因为一次要做几千人的饭，所以不会大费周折去烹、煮、烧、烤、蒸，正因为这种批量烹制，才能做出这样的味道吧。"囚犯们每天干十几个小时的活儿，经常饥肠辘辘，"能把只腌了嘴的咸鲑鱼和很臭的咸鳕鱼吃得连骨头不剩"。

寒村二十一岁入狱时，受到了很大的打击。他服刑期间，第一任妻子管野须贺子和老师幸德秋水厮混到一起。寒村恼羞成怒，出狱后，他听别人说幸德和须贺子经常去伊豆汤河原泡温泉，于是，他怀揣手枪打算去打死他们。但是此时两人恰好回京，他的计划落空了。之后不久，幸德和须贺子因为"大逆事件"被逮捕，并于明治四十年（1907）一月以莫须有之罪名被判处绞刑。如果幸德没有被抓起来的话，或许会被寒村开枪打死吧。

寒村有枪，他曾经多次策划暗杀日本首相。但因为戒备森严，终未能成功。他把这些事情写进了小说《冬》。

寒村作为无政府主义者，经常组织、参加各种活动。但是，他依旧会挤出时间来创作小说，而且写得非常好。二十三岁时，他创作的小说《出狱后的第二天》刊发在《万朝报》，称得上是一篇佳作。

小说主人公"吉"在现实生活中的原型就是寒村本人。吉在服役期间攒下了十余万日元，他打算出狱后，去街上买甜食吃。为了心心念念的美食，吉在监狱的早饭也只吃一半。在点心、水果、天妇罗和荞麦面等食物中踌躇一番后，他最后买了泥鳅汁和青花鱼味噌煮。但是，他已经吃习惯了监狱的粗粮（南京米和麦子混煮），所以觉得泥鳅汁和青花鱼味噌煮一点都不好吃。他只吃了三分之一就撂下碗不吃了。随后，吉又去了吉原妓院，和之前的老相好共度良宵。第二天早上，他发现怀里只剩下四五枚五十钱的银币。最后，亲人和朋友们都离他越来越远，吉不禁仰头痛哭："以后该怎么办啊？"

寒村在出狱当天写的俳句是："走出牢狱　高呼万岁。"

不管是小说还是俳句，都带有朦胧的意境，没有特别清楚地阐明自己的主张。二十岁时，他在《大阪平民新闻》发表了小说《饭店》。

神田三和町有一家名叫爱知屋的小饭店。店内黑乎乎的菜牌上写着"米饭二钱""红烧时蔬二钱""米粉五厘""小菜价格不定""上等好酒一合六钱""烧酒一合四钱""谢绝赊账"等字眼，字迹斑驳，在昏暗的煤油灯灯下，勉强可辨。饭店里，一个身材肥胖的男人正在吃着芝麻泡四季豆，喝着烧酒。

"对面的矮脚桌旁边，三个穿着棉袄的人面对面坐着，就着煮白薯还是味噌汤什么的往嘴里扒着饭吃。角落里，还坐着一个年轻人，头发上满是头屑，乱蓬蓬的，身上裹着一件脏乱不堪的单薄衣服，一脸穷酸相。他把煮好的一碟马铃薯放在眼前，战战兢兢地吃着碗里的饭。"寒村通过笔端，把明治四十年（1907）时的平民饭馆众生态，真实地呈现在我们眼前。

"这时，一个四十岁左右、有点秃头的红脸男人拉开沉重的拉门走了进来，坐在另一位体态臃肿的男子旁边，问道：'你不觉得特别冷吗？'体态臃肿的男子便对老板娘说：'老板娘，给烫一壶酒吧。'秃头男人开始吃青花鱼的味噌煮和泥鳅汁。一会儿，店里的年轻老板眼神混浊，过来可怜巴巴地说：'真是抱歉啊，今天没有。'老板娘听到后生气地说：'我不是说过，不管干什么，你这样不务正业，生意都会做不下去的，何况又不是一两次了。'几番你来我往的争执后，秃头男插话问：'一共多少钱？'然后，掏出钱包，付了四钱。这样的故事，并不是工人文学中常见的带有政治色彩的宣传，而是真实地描写明治四十年（1907）世间生活百态的优秀作品。寒村描写食物时，非常详细、生动，让人读起来感觉非常真实。

明治四十三年（1910，寒村二十三岁）九月，他的小说《酒场》在《万朝报》刊登。文章的开头写道：

"神乐坂有一家叫作某某轩的小饭店,我们经常聚到饭店的一个不起眼的小角落里,围着一个圆桌坐成一圈,桌子上面摆着一壶麦酒,一碟沙拉。明亮的白炽灯下,大家眼里闪着光,一起讨论艺术、人生和政治问题。"

"那天晚上,我走进店里,正要像往常一样点杯啤酒时,一个二十四五岁的男人,身形消瘦但是眼神锐利,他喋喋不休地说:"你给我慢着,啤酒是愚昧、劣质的东西。我们颓废派必须要喝威士忌才对,你,怎么样,要不要来一杯……"男人的右拳敲着桌子,桌子上的刀叉发出了当啷当啷的声音。男人接着自言自语地说:

"其实,我失恋了。我之前的恋人,大概正在某个地方,和别人牵着手,抱在一起接吻。而我只能独自一人抱着受伤的心,好不容易用酒把心里的烦闷赶走。……有好几次,我忍受不了这样的痛苦,用手枪抵在太阳穴上准备结束生命。我还想过自己在抛弃我的恋人面前,趴在地上痛哭的样子。我想,如果还是不行的话……我悄悄地握紧匕首手柄。"

这个年轻男人也是寒村。这时候,寒村想要袭击幸德却没有得手。即使这个时候,他也客观地审视着自己。

同年十二月,堺利彦刑满出狱。他来到四谷区南寺町自己家中成立了卖文社,随即,大杉荣、高畠素之和寒村加入。

寒村十七岁时,初次拜访堺利彦,然后加入了平民新闻社。当时,堺像迎接十年的老友一样,用"喂"来打招呼。他还问起寒村的经历。平民新闻社社员都有绰号,幸德秋水的绰号是"涉柿"、堺利彦是"狐狸"、寒村是"螃蟹"。大杉荣喜欢穿带金纽扣的制服,头发上面打着摩丝,所以被叫作"大杉时髦",简称"大髦"。

"回忆起在平民社吃饭的事情,最让人惊讶的就是,堺先生喜欢改良的癖好彻底失败。喜欢猎奇、打破陈旧陋习是先生的一大特性。大部分人吃饭时用小碗,这是他们故意而为之,目的是跟女用恶作剧，让她多刷点碗，多干点活。有一两次，堺先生让打杂的人把吃饭的小碗换成大碗。但意外的是，就算换成了大碗，大家也还是会再吃一碗。最后，只是增加了每个人的饭量，女用还是一样没少干。"（《寒村自传》）

添田知道负责卖文社的食材采购工作。每次午饭钱大约花十钱。有一天，添田知道买了两个泡芙，五钱一个。寒村看到泡芙后生气地说："我不吃这种东西。"添田辩解说："我觉得，还是让大家举手表决，少数服从多数比较好。"寒村发怒大吼说："我最讨厌的就是少数服从多数。"寒村他是个直性子。

大正九年（1920，三十三岁）十二月一日，寒村与警察发生冲突，以违反警察治安法条例被京都刑事拘留所拘捕。第二年，即大正十年（1921）一月被保释出来。六月，寒村在"神户川崎造船流血事件"中被捕入狱，十二月出狱。大正十一年（1922，三十五岁），寒村在东京涩谷区非法成立日本共产党。大正十二年（1923，三十六岁）三月，寒村秘密潜入苏联俄罗斯境内。一路上，他经过长崎、上海、北京、哈尔滨，躲过日本领事馆的搜查，深夜越过俄罗斯国境，来到了赤塔（注：俄罗斯地名），坐了八天西伯利亚火车，最终抵达莫斯科，与片山潜会合。

寒村动身前，妻子让他去买一个陶壶回来。他去新桥买了一个清水烧陶壶，托朋友送到自己家。"我有一份仁慈之心，即使有要事在身，也不会忘记约定，希望妻子能原谅我的擅自出逃。"寒村是这样想的。但是，他买的那个陶壶，是能装两三升的特大号陶壶。妻子看到后，暴跳如雷说："就两个人生活，家里用得着买这么大的陶壶吗？"

来到俄罗斯之前，他靠面包、黄瓜和卡鲁巴斯（熏制坚硬的鲑鱼）果腹，进入俄罗斯后，终于喝到了久违的罗宋汤。寒村在俄罗斯认识了一个会说英语的、名叫卡刚的青年。寒村拜托他说："你带我去吃些好吃的吧。"然后，卡刚领着寒村来到一家餐厅，吃了正宗的烤鸡肉串和罗宋汤。

"罗宋汤就是把牛肉切成厚厚的肉片,然后和西红柿、卷心菜一起放到锅里煮,直到煮成浓汤为止。罗宋汤里既有肉也有蔬菜。……在西伯利亚,关于罗宋汤,有一个非常有趣的传闻,和革命运动有关。"(《罗宋汤与恐怖分子》)

日俄战争结束后不久,社会革命党首领克伦斯基被判处终身监禁,被送往西伯利亚监狱服刑。西伯利亚监狱由囚犯负责管理所有食物。监狱里面,有一口做罗宋汤的配菜、腌卷心菜的大缸。于是,克伦斯基藏在大缸中。他头顶铁盘,身披硬皮子。打扮成这样,是为了防止守卫士兵搜查时,用剑刺卷心菜,从而伤到自己。大缸被运到了狱门外,放在了典狱长的地下室里。晚上,克伦斯基从地下室逃出来,成功越狱。

一写到这样的事,寒村就停不下笔来。不管在监狱时,还是潜入俄罗斯后,抑或是在平民社工作时,寒村对食物总是非常关注。

寒村天生酒量小,平时不喝酒。一小杯酒就能让他全身发红,昏睡过去。为此,酒量小的寒村被朋友们嘲笑是"瑕中有玉(注:对应白璧微瑕)。

大正十年(1921)出狱那天,负责放饭的看守说:"终于熬到头了。""终于要出狱了啊,心里面太高兴了,真想喝一杯。但是,喜悦的背后,竟有一种说不出的寂寥和惋惜。"两个陆军少尉向寒村搭话:"最后的晚餐啊。"最后的晚餐是海带煮大豆。隔壁房间的高地传次郎问:"为什么是海带煮大豆呢?"寒村告诉他:"这是希望日后能够勤恳(注:音同豆)工作,并且平安无事地(注:音似海带)生活。"对方若有所思地回道:"原来是这样啊。"虽然是打趣的说法,但是,却无法掩饰寒村内心的寂寥。(《满期当日》)

监狱的就寝时间是九点半。这天半夜,寒村被人叫醒了。牢头害怕寒村出狱时大家会组织欢送会,引起骚乱,所以,打算趁着半夜悄悄地把寒村放出去。寒村抗议道："我不要半夜出去。"但是，最终胳膊拗不过大腿。他走出牢门时，却发现同志们已经在等他，看他出来，大家一起为他鼓起掌来。同志们还为他准备了一大堆好吃的，有可乐柿、煎饼、红豆包等。"我太想吃红豆包了。"说完，寒村迫不及待地伸出手去拿红豆包。其中一人却突然夺下他手中的红豆包说："夫人拜托过我们，就算动粗，也不能让你吃红豆包。"

寒村在俄罗斯期间，日本发生关东大地震，盟友大杉荣夫妇被残忍杀害。寒村决定回国。回到家后，妻子不解地问他："你为什么回来啊？继续待在俄罗斯不好吗？"因为，寒村如果待在日本的话，很可能被抓去杀害。

大正十五年（1926），寒村因组织成立劳动农民党被关押十个月。入狱后，他从丰多摩监狱转到了巢鸭监狱关押。昭和二年（1927）一月，寒村刑满出狱。第二年三月，寒村又被起诉，并被判入狱。昭和十二年（1937，五十岁），寒村与原来《劳农》杂志社的同志们一起被逮捕，在淀桥警察局被监禁一年后，转到巢鸭拘留所看押。昭和十六年（1941），寒村的爱妻玉去世，享年六十六岁。当时寒村五十四岁。战争结束后的昭和二十一年（1946，五十九岁），寒村当选为战后第一届日本社会党的党内候选人。选举期间，他与助力选举的保健员森川初枝再婚。寒村旺盛的食欲催生出强韧的体力，支撑着他波澜万丈的革命生涯。

昭和二十二年（1947，六十岁），寒村再次当选党内候选人。在一百四十三名议员参加的议会中，社会党当选为第一大党，并与民主党、国民协同党联立，组建了社会党片山内阁。

有一次，寒村的妻子从附近的蔬菜配给所回家后大发雷霆。妻子愤愤地说道："主任把萝卜切开，然后一边分发一边说，今天的萝卜只有一半，要怨，就怨社会党内阁吧。蔬菜称重量算价钱，明明是菠菜，却像枯木一样。领竹笋时，拿到手中像江南竹根似的。"《寒村自传》

中如上记载。

虽然寒村自认为有着强健的体魄,但六十五岁时,他患上胃溃疡,到医院切掉了一半胃。他对食物的态度也随之改变。

"以前,我能吃六七个糕饼点心,一次能喝三四杯栗子小豆粥。自从喜欢上甜食以来,从没想过我会吃一个蛋糕就腻了,而且居然不再想喝年糕小豆汤。只是,对荞麦面还是一如既往地喜欢。"(《荞麦料理》)寒村喜欢浅草附近的荞麦面馆,和面馆老板很熟。

昭和四十九年(1974,八十七岁)一月,妻子初枝正在给寒村熬七草粥时,突然晕倒在地,随即停止了呼吸,享年七十六岁。寒村因为妻子去世,精神深受打击,身体也经常生病,住进了东京医科齿科大学医院。后来,他违背医嘱,擅自办理了出院手续。出院后的寒村,在大雅餐厅举办了隆重的出院庆祝仪式,当时看上去很有精神。昭和五十年(1975)一月七日,妻子忌日这天,寒村在浅草的"饭田屋"为亡妻祈福,给她点了泥鳅火锅。同年,他开始到驹形的泥鳅屋、荻窪的"牡丹亭"、筑地的"小妇美"、吉原堤的"中江",还有浅草的大阪烧烤屋"染太郎"吃饭,恢复了往日的食欲。

昭和五十年(1975)九月二十五日,《朝日日报》开始连载"寒村茶话"。主编高濑昭治为了搜集素材,约他去了浅草、银座、上野、柴又、六本木、新宿、自由丘等地的各大名餐厅。他们还去尝了京都"大市"的甲鱼、"草鞋"的杂炊、布院温泉的手擀荞麦面。除此之外,他们还吃了法国料理、西班牙料理、中国料理、牛排、寿喜烧、怀石料理、川鱼料理、河豚、秋田新潟料理等。高濑昭治回忆说:"老师的手里面,一直拿着报纸中介绍餐厅的剪报。"寒村吃"大市"的甲鱼和"草鞋"的杂炊时,喝了一小勺酒后便醉得不省人事,直到第二天才醒酒。

《朝日日报》连载的"寒村茶话"(昭和五十一年刊)非常有趣。一拿到杂志,大家就直接翻到"寒村茶话"那页开始读。"寒村茶话"中提到了《监狱料理》，例如："入狱十天后，一开始咽不下去的饭菜，也变得有滋味起来，而且，好吃得让人欲罢不能。早晨喝味噌汤，就如同汲取营养一样，等待时，都觉得遥遥无期。"

昭和三十五年（1960）的杂志《世界》十一月号中，寒村发表了以下独白：

"仔细斟酌后，我依旧是以社会主义作为人生理想。实际上，我也并没有很深入地研究过社会主义理论学说。因为，我没有正规地接受过学校教育。不过，我的大脑原本就不是为了学问而造就。几次被捕入狱，在狱中，我也稍微读了一些书，某种程度上来说，也间接地学到了社会主义理论学说。但是，我觉得还是不合乎规则，缺乏基础理论知识。……因为缺乏理论知识，我常常犯错误，还曾导致失败。但是，绝不能辜负人情，这也是我的人生信条之一。"（《我的信条》）

杂志《世界》上，寒村提到了"人情"。正是因为所谓的"人情"，同志们才一起忍受着严刑拷打，一起坚持到了最后。

明治二十年（1887），寒村出生在横滨游廊，父母经营一家饭馆。二十岁写了短歌"女孩默默地寄予初恋感情，春雨之夜内心情愫难耐（《平民短歌》）"。

"寒村茶话"连载结束时，八十九岁的寒村创作了短歌：

"夏天之夜，另沏茶话之茶。"

里见弴
(1888—1983)

出生于日本神奈川县。东京大学英文科中途退学。曾深受白桦派志贺直哉的影响,但后来与他分道扬镳。发表《购买妻子的经验》而被人们熟知。代表作有《多情佛心》《极乐蜻蜓》等。是有岛武郎的幺弟。

里见弴

脑袋里的舌头

里见弴写小说像在做菜,也被人叫作"小说厨师"。在里见身上,会发现小说和做菜很像。读过小说的人,仿佛吃完了一道大餐,满怀感激地说:"太好吃了!"他的随笔也写得非常棒。任何一篇,都有着美味珍馐的香味。这味道让人着迷、上瘾,让读者们排着队光顾他的餐厅。

　　"在某种程度和意义上,我对现在的艺术家们是满怀敬意的。我认为,除武者小路实笃之外,其他人都是美食爱好者。在他们的脑子里面,好像长着类似于舌头一样的器官,非常敏锐。这对艺术家们很重要,是他们必须具备的才能。舌头不断接触到美味,味觉才变得发达。脑子里的舌头也是这样,不断接触到'好的''有趣的'作品后,对创作的敏感度也变得越发犀利。这一点,无论是作家,还是读者,都应该注意到。而我的小说不管是有趣,还是无聊,都不存在这个问题。而且,这对我来说,根本就不是问题。"(《味》,昭和二十四年《文学界》)

　　里见出生于明治二十一年(1888),和小说家长兄有岛武郎、画家二哥有岛生马并称为有岛三兄弟。十二岁,到学习院中等科上学,二哥生马的朋友志贺直哉在文学方面深深影响了里见。里见在杂志《白桦》上发表了作品,受到了泉镜花的表扬。随后,里见考入东京帝国大学英文科，生活散漫。不久便退学了。

里见的父亲武曾是国债局长，同时兼任海关长。由于和当时的大藏大臣意见不合，辞官下海做起了生意。后来，父亲做起了日本邮船检察和日本铁道公司的生意。因此，里见弴兄弟几个从小就不缺钱花，常常吃到奢侈美食。大学中途退学后，他来到了大阪，靠着父母每月给的四十日元的生活补助，租住在妓院的二楼。回忆起那时的饭菜，他是这么描写的：

"早饭和午饭连在一起吃，花八钱买一份装在三层陶瓷器里的便当，上面一层是腌菜，中间一层是香菇煮高野豆腐，最下面一层是干巴巴的米饭。填饱肚子是够了。吃的时候稍不留神，高野豆腐冰凉的汤汁就会顺着下巴流下来。我越来越讨厌吃高野豆腐了，但也只好苦笑着说，'什么啊！这是洗澡用的海绵吧'？"（《安价时代》，昭和二十五年《大阪新闻》）

大正二年（1913，二十五岁），里见发表了告白小说《你和我》。小说对自己和志贺直哉的友情进行了批判和否定。自此之后，他与志贺正式绝交了。这一年，志贺因为与里见关系闹僵，心里非常烦躁、苦恼，精神恍惚之下，竟企图卧轨自杀。大正六年，志贺直哉写出了《在城中的海角上》。里见也曾向志贺告白说："我对你的感情，就像是同性之间的爱情一般。"

二十七岁时，里见不顾父母反对与山中雅结婚。山中雅是他在大阪时认识的艺伎。里见以自己的经历写出了小说《购买妻子的经验》（大正六年《文章世界》），一跃成为文学界的焦点，成为备受瞩目的放荡派作家。他的母亲对他说："赶紧断了这个念头，想娶艺伎或者妓女，是万万不行的。"虽然受到百般阻挠，但是，里见还是和山中雅结婚了。他们住在鞠町五丁目的一个小胡同里，生了三个孩子。这时，里见在创作方面精力充沛。从这时起，一直到大正十二年（1923，三十五岁），里见迎来了创作巅峰期，人们叫他"名人艺""小（小说）小先生"。

大正十二年（1923）六月，长兄武郎因为《妇人公论》的女编辑殉情，上吊自杀了。里见号哭道："蠢哥哥！"九月，日本发生关东大地震，里见住在一个名叫良的艺伎家中。

里见看不惯藤村伪善的乱伦生活，也不喜欢漱石学术派的闲散生活。他喜欢的是"八分绝望两分希望"的生活。也就是，厚脸皮、违背原则地活着。里见的作品带着独有的幽默感，拨弄着读者们的神经，把他们吸引到自己的身边。

他用"舌尖美"来形容自己对食物无止境的欲望。里见一开始喜欢味道浓郁的东京菜，后来青睐于口感清淡的关西菜。他不喜欢菜里面加太多的调料，而是乐于品尝食材本身的滋味。

他讽刺当时的文艺批评家说："在美食界，调料正在失去它已取得的令人瞩目的成就之时，文艺界贯通东西方的文化正在蓬勃发展。这种对比可真是有趣。""舌尖上的美丑，不是用语言说说就可以的。不管如何详细地向别人描述料理的烹饪方法，食材的性质都不会改变，不吃到嘴里，就不会知道什么滋味。就算是吃过了，每个人也有不同的喜好。舌尖上的美丑无法用语言传达，也不能强迫别人硬吃。"（《舌尖美》）

一边说着料理，一边对文艺批评家调料至上的言论进行批评，是里见的做派。不对，他从一开始就是冲着这个写的吧。

关于营养，他这样调侃道："最近的文学，有太过于考虑营养的倾向。""有一种酸豆腐式的鉴赏方式正在变得流行起来。"这两句话出自一篇名为《营养本位》（大正十五年）的随笔，最初是里见对厨师随便发表有关营养的论调泼冷水的。不知道什么时候，就变成了文艺界争论的话题了。

里见虽然也承认自己的小说类似于良药，但是，他仍这样写道："有人说，文学不是食物，而是一种'良药'。我真不知道跟他们说些什么。"

被镜花欣赏的短篇小说《河豚》（大正二年《白桦》），是里见二十五岁时的作品。

这是一个名叫实川延童的演员吃河豚后死去的故事。延童非常喜欢河豚，在各地演出时，经常吃河豚。一天他吃了河豚之后，舌头发麻，眼睛和鼻子开始变得湿润、发热，他还开玩笑说："吃河豚，见河豚，河豚还有空吗？"根本没想到自己会死。慢慢地，延童开始失去知觉，"之前也这样过啊，"他想，"又没有其他的异常反应，应该没事。"心里面开始轻松起来。后来，"不安和恐惧像火燃起来一样蔓延到全身，嘴巴也开始不听使唤，在无助、不知所措中死去了"。

虽然是普普通通的吃河豚致死的故事，但里见的描述却很洒脱、尖锐，让人觉着，原来临死是这种感觉。他的文风，与志贺直哉简练的风格截然不同。他的语言一旦铺展开，就很难停下来，并且有着固定的节奏，像是一只有力的大手抓着读者的衣襟，把他拉到现场。他曾前后修改过三次。最后一次修改时，他说："感觉突然对了。"

还有一篇名为《伊予竹帘》的短篇小说。小说讲的是年过三十的"姐姐"照顾侄女小节的故事。小说基本上是由对话构成的。因为天气炎热，姐姐整宿整宿地睡不着，精神萎靡不振。她说起了胡话："从刚才开始，总觉得想吃点什么东西……可我怎么也想不出来，小节，你帮我想一下，好吗？"小节问她："你想吃什么呢？"姐姐却回答说："这你都不知道吗？"小节一一列举了米饭、水果、凉拌豆腐等食物，姐姐都一一摇头。后来，姐姐生气地说道："够了，老是问我，真烦啊。以后不问你了。"后来，小节终于知道姐姐想吃的东西是水羊羹了。小节赶紧出去买了回来。但是姐姐却说："一点都不凉，真难吃。"然后扔掉了。

里见把食欲的空虚都写了出来。主人公姐姐，对马上就能睡着的小节说："变成灰吧，把你做成催眠药的药片卖出去。"她觉得小节

"把自己的觉都睡了"故意发脾气。

里见的哥哥有岛武郎是个品行端正、清高的人，但是，他也有着让人意想不到的怪癖。"不管是黄瓜、卷心菜还是白菜，一旦看到有腌菜，就会像抢头阵的武士一样，扑通一下全部抱住，把想要的全部拿走，就是这么贪吃。"（《食物产生的联想》）里见对于少年时代哥哥的吃相有着如此深刻的印象。

睡觉、吃饭这种事情并不是精神活动，而是动物的本能行为。里见觉得："正因为如此，这样的行为是没有虚伪和修饰、正直的，赤裸裸的感情体现，直接由内心自然而发。"

"孔子虽然曾经说过，堂堂男子汉的口中，不应该说出关于厨房的事。但是我们从开始就知道这并不是最重要的问题。有时在考虑一些复杂的事情时，谁都说不出来吃的东西是好吃还是不好吃，更有甚者，在埋头专心于一件事的时候，也就是忘记了吃饭睡觉的家伙，应该都注意不到肚子饿吧。但另一方面，一个人不在意事物的味道，其他重要的问题却有一大堆。这种矛盾的说法，一定是不正确的，因为，一定有很多人天生味觉不发达。"（《味》）

大正十三年（1924，三十六岁），里见和志贺和好。他这样说道："与好朋友在一起，做什么都好。就算绝交也行。和无聊的朋友一起，做什么都不好。就算想要一同彻夜讨论艺术也做不到。"（《如春日变温的水》）

不过，就算和好了，他和志贺一起走在路上的时候也总是爆发激烈的争吵："别老是跟我说那些味道的事。""什么啊。你别装作一副很懂的样子。"两个人身边的朋友，总是为他们提心吊胆。

昭和十二年（1937，四十九岁），志贺去里见镰仓的家中做客。他命令里见说"我想吃盐揉茗荷，你给我去买。"里见买来了茗荷之后，志贺先去洗了海水澡，然后用井水淋身，拿出一条裤衩开始揉搓茗荷，但是用力太大，茗荷变得皱皱巴巴的，实在是不能吃了，最后只能扔掉。里见回忆说："在那之后，我就再也不指望志贺君做菜。"

在那之后，里见去了奈良的志贺家。在茶室，里见列出要做的茶会料理的菜单。后来，里见在《自炊记》中列出了当时的菜单。

汁：豆腐三州味噌、水善寺菜

向附（注：时令生鱼片）：海带鲷鱼、（土笔、芥末）醋酱油

酱汤：飞龙头、珠芽

烧烤：松叶鲽鱼

汤：蛙膏、甘草芽

八寸（注：时令小菜）：款冬花茎、乌鱼子、混烤蘑菇

强肴（注：主菜）：鲸皮、水菜

香物（注：腌制蔬菜）：酸萝卜咸菜、樱岛味噌腌萝卜

点心：火打烧

鲷鱼是外面的饭店做好的，飞龙头（油炸豆腐）是带来的礼物。里见穿上烹饪服开始做菜，但是，进展却不怎么顺利。蛙膏干是中国产的，要把它泡入水里面发起来。鲸皮也很难处理，烤鱼更是麻烦。到了晚上七八点钟，饭还没做好，志贺去厨房看，发火说："喂，还没好吗！再继续饿着的话，我就要闹革命了。"

"马上就好了，我正在弄，你再忍一会儿。"里见给了志贺一块乌鱼干，他的态度立马变了，一边嚼着乌鱼干，一边走了出去。

到了晚上十点，里见终于做好了饭。主客已经睡着了，还有的客人正坐着打盹儿，烟灰缸里的烟头攒了好多。有客人不懂茶道。里见得意地说："我用心做出来的怀石料理，配着茶再合适不过。"怀石料理姑且不论，里见自己调味炸了天妇罗，招待了客人，味道很不错。

里见的随笔也非常出色。提到食物也紧扣主题，贴合要点。他的文笔冒进，却又保持着很好的平衡感。文章的展开，像是在摇摇欲坠

的情况下，噌的一下往前冲。比如说，"就像是喝了五瓶墨汁一样的感觉。"这种写法是里见独有的写法。或许写这句话，是他想到子规的"墨汁一滴"有感而发吧。里见对于随笔并不只是爱好，他的随笔很有趣，也很有深度。

"沉默是金，说话是银"，那么，铜、铁、锡、铅又是什么呢？这就是里见的风格，"通过笔来叙述"。和志贺的反目、颓废放荡的人生态度、与艺伎妻子的争吵、闲散的一天天、旺盛的食欲，就是里见生活中的一切。

里见天性爱自由，讨厌传统，任性又固执，情绪阴晴不定。他放任自己，不做任何改变。他对自己说"对万事不可有淫欲"，但却对文学青年说"不如怀着淫欲写作"，"尤其赌上自己一生的人，更应该把这种贪婪的欲望以更大的热情投入进来（《自戒三条》）"。在里见心中，最大的敌人是"内心的营养失调"。

五十岁之后，他喜欢早饭时吃梅干。他认为梅干放得越久越好，放了十年以上的梅干，"周围会生出像果冻一样的半透明层"，这样的最好。早餐如果有味噌汤和腌菜的话，就更好了。还有海苔、撒上干木鱼片的萝卜泥、纳豆、煎鸡蛋卷、烤酱油豆腐这类吃的也很不错。他会用相扑力士用的大碗吃饭，并且连吃两碗。里见个子不高，身材偏瘦，却很能吃。

关于味道，里见分析道：酱油的味道可以分为这么几种：①腌料，鲣鱼节和海带；②渗料，食材原本就有的；③原味。

东京以①腌料为主流，关西则认为用②渗料才是好东西。但是，家常菜的话，还是用金平牛蒡和鱼煮成的汤比较好喝，这方面东京显然做得更好。

"东京老百姓吃饭时，先煮鲽鱼，在吃完之后，倒入被叫作'骨汤'的热汤中，然后把盘子的汤喝光。当然，这不是什么高级的做法。但意外的是，这样做出来的料理比直接吃鱼肉更美味。其原因，就在于溶解在调料里的'原味'。"

里见像这样多次解释过东京料理，但是也会泼冷水："有只关注'原味'的演员，也有喜欢'调料味'的小说家，还有描绘'海鲜味'的高明画家，从这点上来看，细细品味各种味道的话，趣味性会更深一层吧。像君子不语厨房事这种话还是少说为妙。在说了不少心术不正的话之后，又用触碰了艺道的手，给茄子和河豚消毒——那也算是在说食物的事啊。"（《三种味道》）

里见的父亲也喜欢用"食物"来形容日常事物。他说："吵架是律师的食物。生病是医生的食物。死是和尚的食物。"用卑俗的处世方式来教育孩子，这种观念也流淌在里见的血液里面。里见后来又添了一句，"造房子是工匠的食物"。"吃还是被吃"是包括人类在内所有动物的本能，人类把"吃东西"这一项排除在外是不可能的。

人们拿着饵去驯服关在笼子里的鸟。和战争时配给的大米一样，"虽然不好吃，但是因为饿着肚子，所以变得贪婪"。而山里的鸟，在高高的树上吃着虫子。

"舌头是生命之源。麻雀啊，麻雀，就算你已经忘记了，也不要再去舔婆婆的糨糊。"

"虾蛄、海胆、海参，尤其是它们的内脏，还有在山野里的蝈蝈、蘑菇、松果、蜂子、燕窝，对于试吃这些东西的先祖，与其说他们食欲旺盛，不如说他们勇敢的好奇心令人心生敬畏。他们靠的就是一条万能的舌头，遵循的是味觉的指引。自古以来，经过生死选择而来的食物，成为了我们今天桌上的美食。在这漫长的历史中，抱着必死心试吃的人，有多少已经去世了呢？万能的舌头自然不用说，在那些为了食物做出实践的牺牲者的灵前，我们应该从内心深处发出感激之情吧。"（《舌》）

里见的食物随笔，语言中总是带给人非常具体的形象，一刻都不停滞地展开描述。他没有不懂装懂，虽然自满，但是并不让人讨厌，对低俗的东西，也有着自己优雅、得体的态度。这就是真实的里见。他对于吃饭的地方也很有执念。

他的饭桌随着寒暑、昼夜以及心情而变换位置。月亮出来的时候，饭桌挪到走廊的一头。下雪的早晨，又搬到南侧玻璃窗的对面。有时，把桌子搬到庭院里，打起太阳伞，坐在草编椅子上吃饭。树荫下有一个坏了的石磨，常常被他当作吃蒙古涮羊肉的锅，有时也用来炸天妇罗。偶尔，也会在上面盖上铁丝网，烤秋刀鱼或沙丁鱼。这里充满了吃的乐趣。

里见也喝酒，经常一个人自斟自饮。和朋友喝酒时，他也是只给自己倒，不会给对方斟酒。里见说，因为每个人喝酒的节奏不一样，每个人按自己的喜好，喝好就行了。

里见认为，人可以喝酒，也可以醉，但是不能说醉话。他说："自己主动喝与被逼着喝的分界线，是很难说清楚的。喝了这么多年的酒，应该做到心中有数。"（《主动喝还是被逼着喝》）

里见喜欢喝酒，什么都吃，创作精力旺盛。昭和三十四年（1959，七十一岁），里见获得文化勋章。两年后，里见发表小说《极乐蜻蜓》。小说讲的是一个一生放荡、流连女人花丛、最后在七十五岁时安乐死的男人的故事。该小说成为了战后文学的代表作。里见设定了好脾气的主人公形象，依旧是能够让读者心安的文笔，故事架构出色，是一部非常杰出的作品。

昭和四十六年（1971，八十三岁），志贺直哉去世。昭和四十八年（1973，八十五岁），里见的妻子雅死于交通事故。昭和五十一年（1976，八十八岁），武者小路实笃也去世了。里见活到了九十四岁。能活到如此高龄，首先应该感谢的，是什么都能吃的胃吧。

里见在《改造社版全集》四卷中曾这样写道："日本料理、中国料理、西洋料理，不管什么，都没有特别讨厌的。唯一讨厌的是芝麻。要是白芝麻还好，黑芝麻是最讨厌的。"里见觉得，芝麻就像小虫子一样,让人浑身起鸡皮疙瘩。他的母亲甚至只要听到芝麻,就会全身发抖。里见也被母亲传染了。里见在逛妓院时,晚上,有人送来了被称为"幕内"的夜宵。其实就是撒满芝麻的饭团。一个妓女善解人意地用筷子把小虫似的芝麻一粒一粒地挑出来。这个妓女满脸雀斑,有些嘴巴比较臭的姐妹就说:"姐姐,顺便把自己脸上的芝麻也弄走啊。"

里见却在不久后,和这位妓女厮混到了一起。很快嗅到风声的一名损友,故意跑来,一本正经地说:"弴先生,如果把芝麻撒在你脸上的话,或许你能吃下去了吧。"

室生犀星

（1889—1962）

出生于日本石川县。生活历经磨难，这也成为了犀星文学的核心。二十多岁时认识了荻原朔太郎和山村暮鸟，并创办了杂志。后来，犀星从诗歌转向小说，发表了《哥哥妹妹》《杏子》等作品。

室 生 犀 星

复仇的餐桌

室生犀星有一句非常有名的诗:"远去离乡时,悲从心中来。"这首诗于大正二年(1913,二十四岁)发表在北原白秋主编的杂志《朱栾》上。这一小节,是诗歌《小景异情》第二章(《其二》)的内容。第一章(《其一》)是这样开头的:

  白鱼带着寂寞
  那黑色的眼睛透着弃意
  那是什么样的放弃呢
  在外找寻着食物
  我的冷漠,还有悲哀
  全然不听
  只有麻雀在叫

  犀星出生在金泽,他是一个私生子。他的父亲是加贺藩足轻组的领导,母亲名叫小春,是一个女用。年老的父亲因为和女用生下孩子而感到羞耻,于是,父亲在犀星出生后第七天把他送给了邻居赤井初,甚至,连名字都没有给他取。犀川河岸边有一座名为雨宝院的破庙,当时的住持叫作室生真乘。赤井初是他的情妇。她经常大白天喝酒，脾气暴躁，经常欺负丈夫。在收养犀星之前，她已经收养了两个孩子，即犀星的姐姐小亨和哥哥信道。赤井初靠领养那些来历不明的孩子来赚生活费。如果是男孩子，就让他去干活。如果是女孩子，就把她卖到妓院。就这样，犀星和没有血缘关系的"母亲""哥哥""姐姐"生活在了一起，每天都被赤井初非打即骂。可以说，犀星一出生，就已坠入了传说中的苦海。

饥饿少年的脑袋里想的全是吃。所以，在"离故乡远了"的时候，首先在记忆中浮现的是"白鱼的眼睛里　黑色的空寂"。因为养母赤井初不舍得花钱，犀星比常人晚了半年上普通小学，学习成绩也不好。上高等小学三年级（十二岁）时，犀星便退学了（相当于普通小学四年级，高等小学采用的是四年制）。在养母的安排下，他开始在金泽地方法院打杂做工。

犀星的"姐姐"后来被卖到妓院。犀星这样回忆道：

"……女人卖到妓院三年，能赚多少钱我并不是很清楚，大概最多也就五六十日元吧。除去介绍费、衣服钱，初手中剩下的钱完全够喝酒的……在家里那个充满了酒味儿的茶水间里，我看着姐姐被带走的身影，突然跑到大门外的车下，'哇'的一声开始哭了起来。"（《我的履历书》）

但据说，犀星当时并没有放声大哭。赤井初对他说："卖姐姐的钱，给你买好吃的。"当时，酒是一升六十钱。犀星的工资是两个月五十钱。他的工资全部都被初拿走了。对于当时的犀星来说，唯一的幸事就是身处金泽这样一个文化城市，并且，法院的上司川越风骨指导他创作俳句。

"夹着烤番薯的是火筷"（句集《鱼眼洞发句集》）是他在十五岁时写的俳句。这一年，也就是明治三十七年（1904），日俄战争爆发了。在养母非人的虐待下，他咏出了这样的俳句。这样老到的俳句，完全让人想不到，这是十五岁的少年写的。句子的里面，满是孤独。

犀星十五岁时，还创作了俳句"雪国的酱菜泡沫泛在草席中"。"酱菜泡沫"这样的词汇中，暗藏着少年不满于现状的心情。

明治三十九年（1906，十七岁），犀星写了"什么菜的花蕊　做成了杂煮汤"这一句。这一年，他第一次写下了犀星这个笔名。杂煮汤里翻腾的热气，是他的心情。

犀星一开始写俳句，后来开始写诗。他与荻原朔太郎终身以把兄弟相称。晚年，犀星发表了小说《杏子》（昭和三十二年刊），写了不少随笔和评论。他所有的随笔和评论都收录在《全四十卷全集》（新潮社版）中，其余的一百八十篇小说收录入《室生犀星未刊行作品集》七卷（三弥井书店）。他在七十二岁去世之前，留下了大量的作品。

他在贫困和饥饿中忍耐着，坚强地活着，以纯洁的心灵和目光，写出了抒情之作。大正七年（1918，二十九岁），犀星自费出版了《抒情小曲集》（六百部）。"白鱼带着寂寞……"这句俳句就刊登在这上面。

《抒情小曲集》里有一首题为"酒馆"的诗：

欲往酒馆月当空，犬吼仅含悲；欲往酒场月当空，滴酒溶出魂。

和他在酒馆一起悲鸣的是荻原朔太郎。朔太郎在一年前刚刚出版了处女诗集《对月狂吠》。他酗酒，喝完之后就会大吼。犀星看上去又瘦又虚弱，但是体格却很健壮。在少年时代，哥哥信道经常做青鱼给他吃。哥哥也是作为"私生子"被收养的孩子。哥哥用鲫鱼、鲇鱼、琥珀鱼、竹荚鱼做成便当，哥俩儿一块吃。不管是煮饭，还是洗碗，都是哥哥来干，所以哥哥的手"有些肿胀，像女人的手一样泛着红色"。犀星很怀念耿直的哥哥做的菜。在金泽市内，有些杏树或柿子树会结果，他也摘下来吃过。因为穷，所以犀星很喜欢吃。

朔太郎每天都泡在酒缸里。大正十一年（1922），他正式戒了酒。因为他仅仅年满一岁的儿子豹太郎在这一年去世了。朔太郎意志坚强，但是容易钻牛角尖。大正九年（1920，三十一岁），犀星发表了诗集《寂寞的都市》。

"我初次上京的时候/不管走在哪条街上/心里面都是旅行的心情/特别是深川和本所附近/海附近的街道/用来做仓库的白色房屋并排看过去/开始泛起强烈的旅愁/看着白色的海鸥/看着蓝色的河浪/果然还是不能释怀/过了五年、十年/我也有了小小的家庭/有了妻子/在院子里种了各种植物/夏天是黄瓜和茄子/冬天试着种萝卜/心儿转移到了田园上/每天都对土地感到亲切/秋天鸡冠花开了/每天对故乡土地的四年/不知何时开始转移到了内心深处……"（《第二故乡》）

犀星在东京租了一个小院，他在院子里种了一些黄瓜和茄子。食物比什么都重要。大正十二年（1923），关东大震灾爆发，东京满目疮痍，他的院子也毁了。犀星只好举家搬回金泽。在金泽，他们抓鸟吃（斑鸫）。这一时期，他创作了诗集《高丽之花》（大正十三年刊）。

"到了早春时节，小鸟也都变得美味了/拔掉漂亮柔软的羽毛之后裸着的小鸟/在火上烤到像刷了漆一样的焦/这是能让人变得开心的美妙味道/吃下之后/感觉身体热乎乎的/看到停在冬天树上的小鸟/感受它那小小的身体。"（《吃小鸟》）

这首诗还有后文。犀星在吃小鸟头的时候，发现头骨硬邦邦的也很好吃，小鸟活着时看到的风景，也全部映在他心里。犀星是一个抒情派诗人，这一点，和他无穷无尽的食欲是连在一起的。他一边啃着可爱的小鸟的头骨，一边飞翔在天上。犀星笔下的小鸟如果只是惹人怜爱，那么，这就不会是犀星追求的抒情。

他的女儿室生朝子在《父室生犀星》里，提到了斑鸫。犀星带着女儿来到山上，张开细网抓了好多斑鸫。他们把斑鸫带回家，在桶里把斑鸫的毛拔干净。那是一段不怎么好的回忆。斑鸫肉用黄油炒，内脏做成别的菜，骨头敲成粉末，加上小麦粉做成米团，或做成汤。

当人们在欲望驱使下，行至荒野尽头时，才能够充分体会到犀星对食物描写中饱含着浓郁的情怀。食物的背后，隐藏着冬日的夕阳、枯木、星星、月亮和夜空。在犀星笔下，饥饿感与风景融为一体。虽然贪婪，但是悲伤穿透了饥饿的胃，直接射向灵魂深处。

犀星不管是早饭、午饭还是晚饭时，都要作诗。吃饭时，他就会进入另一个特别的世界。那张餐桌，不像白秋的恶魔餐桌，也不是朔太郎那充满幻想的餐桌，而是吃着野鸟、便宜的鱼肉、野草的真实的餐桌，是随处可见的、贫穷人家的餐桌。或许因为这样，犀星总是有着无法消除的饥饿感。

这个时候，他会写"晚饭还没准备好吗"这样的诗。到了寂寥的冬天傍晚，他等晚饭等得不耐烦了。"冬日的傍晚/就像盘踞在冰凉的陶器底部一样/不管看向何方都是白色的悲哀/即使这样/晚饭的准备还没好吗？"他小声嘟囔着。等待晚饭的过程中，他心里充满着期待与不安。"快点把那热腾腾的晚饭给我准备好。"

犀星在食物方面很小气。

庭院里的杏树结果了，犀星就把杏从头到尾数了一遍，趁还没有熟透的时候叫园丁都摘了下来。他自己在厨房把杏洗干净，藏到书斋的壁橱里，只给妻子富子两个吃。女儿朝子趁犀星不在的时候，把杏儿偷出来交给了富子。富子在昭和十三年（1938），突发脑溢血住院，随即半身不遂。犀星回到家后，数了数藏起来的杏，发现少了之后，严厉地斥责了朝子。他的理由是这样的："要是富子吃了，引起胃痉挛的话就麻烦了。"

昭和十七年（1942，五十三岁），犀星因胃溃疡住进了同爱医院。太平洋战争时，好朋友朔太郎和白秋相继去世。

犀星喜欢水果。特别是杏、柿子还有无花果这种带着野性味道的水果,他最喜欢。昭和十九年(1944,五十五岁),犀星被疏散到轻井泽。因为是战争年代,疏散地几乎没有什么吃的,他靠吃野草活了下来。

"这个春天/我们的市场上看不见食物/最终割下了路边的野草/虎杖、鸡儿肠、紫萼之类的/不得不每天摘/只能混着吃/加上那些野生植物的茎/和着芽成为了早餐的伙伴/一揖即是吃/度过春夏现在是初秋/去向着路边的伙伴打招呼/野草就抢先摘取/比起这个来还是打着小枝/而且还戴着很熟悉的花/看看野菊吧/看看虎杖吧/看看葱花吧/不是能被我折去的脆弱的芽/大家都是开在山里的灿烂的花。"(《野生之物》)

朝子经常会摘鸡儿肠草吃。紫萼长在河边的堤岸上,朝子把位置告诉了犀星。朝子摘了满满一篮子紫萼。犀星则是用手帕包着,揣进衣服里。朝子回忆道,"父亲摘的紫萼甚至都不够一个人吃的。"(《野生之物》)

轻井泽的冬天不好过,腌菜都冻得硬邦邦的。三尺菜、白菜和胡萝卜用盐腌过后放在地窖里。墨水、酱油和酒都没有上冻,但是腌菜却像铠甲一样连同四斗樽冻在一起。把卷心菜放在地窖里面,最后会变成一个冰球。

"想要把腌菜拿出来/用柴刀把冰弄碎/冰不管怎么砸都冻得结结实实/只有柴刀的刀刃回到手心里/白菜和三尺菜的黄绿部分/顽强地在冰里保持着不变的姿势/但是,仔细看看/白菜这样在冰里/从去年开始就能看到芽已经长得很粗了/和株的粗细不一样/绿色的部分很顽强/一边咔嚓咔嚓地破冰/一边柴刀努力地要把白菜整个弄出来/零下十五度的走廊里到处都是冰的碎片。"

看起来,腌菜是被冻得够呛。零下十五度的走廊里都是冰的碎片,腌菜化成了冰的凶器。在这冰天雪地里,犀星的诗成为冰凉、坚硬的刀刃,语言成为锐利、透明的冰块,向四面八方扩散。这语言最终将融化为水，而导致这种虚幻产生的，正是犀星所为。这位五十七岁的诗人，拿着柴刀，敲打冻成冰块的腌菜，这幅画面有些让人毛骨悚然。犀星一直都身处故事中，对吃充满执念，把自己看作欲望的化身，通过他小说家的眼睛，从上方俯瞰着自己。

犀星自幼被继母虐待，战争时期经历的苦难对他来说，完全不值得一提。他去到野外，摘些野草回来，从农民家里讨些野菜，用柴刀弄碎冻住的腌菜。他在敲打冻成冰块的腌菜的同时，也在敲打着自己冻成冰的心。

每吃一口饭，就从中看到活着的自己。这样的行为，在丰衣足食的时代是不可能的。奢侈的食物无法强求，在冻住的腌菜里，是故事构成的宇宙。

这是需要尝出来的。

犀星喜欢南瓜，他被疏散到轻井泽时，种下了南瓜种子。最初，并没有长出南瓜。但后来，终于成功了。他就和长出来的南瓜玩。他把摘下来的南瓜用布包起来放在走廊，然后很幸福地望着。

住在东京马达时，他从全国各地的农家订了南瓜，把收到的南瓜并排放在家中。他收到了五十个南瓜。他把这些绿色、橙色等各种颜色的南瓜像金字塔一样堆起来，然后开心又得意地望着。他不会把它们马上吃掉。有过被疏散经历的犀星，变得喜欢囤积食物。家里的炭如果存不到十五袋，他就不会安心。战争结束之后，他在自己家院子的防空洞里储存了各种各样的食物。萝卜、土豆、胡萝卜、鱼罐头，还有大量的南瓜。犀星把这些野菜罐头和南瓜煮成汤，取名为"杂"。他曾连续吃了三天"杂"。因为吃了太多的南瓜，犀星晚上做梦时，梦到自己被南瓜追，于是，他不再做"杂"。回忆起这些，朝子说道："母亲和我终于从南瓜中解放出来了。"（《南瓜之歌》）

大概在同一时期，他又迷上了乌冬粉。他还写过一首叫作《乌冬粉》的诗。

"说到乌冬粉/虽然像玉却被用来做东西/虽然像玉却很温暖/晚上吃乌冬粉/说到乌冬粉/它滋味成为了汤的瀑布/像毛球一样/圆圆的/只能无味/像月亮一样变得发白/有些轻浮/像乌冬粉一样/就能变成佳酿。"

犀星应该是用乌冬粉做了面疙瘩汤吧。能把乌冬粉夸成这样，也只有犀星了。乌冬粉好像被犀星用语言施了魔法一样，变成了上等佳肴。无味的东西，被人赋予了生命，这就是犀星令人惊叹的独到之处。

《野生之物》《腌菜》《乌冬粉》都收录在昭和二十二年（1947）刊发的《旅人》（白井书房）中。另外，犀星还写过战时的食物，比如《南瓜》和《沙丁鱼》这两首诗。

"沙丁鱼出现了/眼神中透露着惊吓/时隔三年又出现在了街上/尾巴也没有弯曲/还是那样光溜溜的/一直都是赤身裸体/深蓝色背上的斑点/大大的黑眼睛也没有闭上/也不眨眼/一直盯着天空的一角。"这就是沙丁鱼赞歌的开头。犀星应该是看到沙丁鱼，想起了幼年时哥哥信道给自己做的鱼肉之吧。犀星是这么写的：

"哥哥的手被鱼弄得脏兮兮的，冰冷的井水划过手掌，洗干净了双手。在哥哥做饭的时候，我呆呆地站着，对哥哥敏捷的动作心生佩服。越看下去，越发肯定，我自己是绝对做不来的。"（《我的履历书》）

哥哥信道一边工作一边通过了考试，成为了金泽法院的文书。退休后成为了执达吏，照顾着整个家庭。哥哥诚实、耿直，但却换了三个妻子。犀星说："每到那时候（换妻子的时候），我就不由得想起哥哥做鱼的高超本领。他做鱼时的样子，很清晰地出现在我眼前。"卖到妓院的姐姐也变成了老油条，得过且过地生活着。养母初在昭和三年（1928）去世。被卷入数个奇特的命运旋涡中之后，犀星立誓要写《复仇的文学》。在他看来，吃东西就是对命运最大的复仇。复仇的餐桌就像回旋镖一样旋转着飞过来，击中了复仇者。晚年的犀星得了胃溃疡，大概是上等的浓茶和点心吃太多了的缘故。犀星家里养了金鱼，每天早上都会喂它们吃干饵料。

战争结束后的三年间，犀星自我反省，认为自己"停滞不前"。昭和二十九年（1954，六十五岁），犀星的胃病一直没有好转的迹象。于是，他住进了川岛肠胃病医院，前后住了一个月。六十七岁时，犀星在《东京新闻》开始写连载《杏子》。《杏子》是他的代表作。接下来，犀星又写了《蜻蛉日记遗文》（昭和三十四年刊），迎来文学生涯的顶峰。六十七岁的犀星又苏醒了过来。自那之后，直到七十三岁，犀星就像被妖魔附身了一样，不停地写。他在虎门医院治肺炎，打吊瓶的时候，还在病床上写下了一篇文章（这段时间写的文章都很乱）。

"我喜欢写东西。沉醉于写作的我，感觉好像往日的精气神又回来了。想要写东西的时候，感觉病痛都被我赶走了，这可比打针吃药管用得多。我觉得，自己一点点变得精神起来。就好比是，吃下了东西，才会感觉到滋味一样。"（《我的履历书》）

昭和三十七年（1962，七十三岁）三月一日，犀星再次住进了虎门医院。虽然是肺癌晚期，但在住院后，犀星的食欲是平常的两倍。朝子守在医院，给病床上的犀星喂饭。犀星吃了火腿、凉拌菠菜，喝了牛奶。过了一段时间，他斥责朝子说："你别什么都往我的嘴里放。我不要火腿。"（《晚年的父亲犀星》）

犀星吃完饭后，会卷起烟来抽。朝子想把烟从他嘴上拿开，他就生气地说："我还没开始抽呢。"抽第一口还好，但抽第二口时，犀星必定会大声咳嗽起来，咳嗽好几分钟，但即使这样，他也坚持要抽烟。筑摩书房送来了他心心念念的《犀星全诗集》，但他已经连拿起书的力气都没有了。他是在三月二十六日去世的。遗作是《老去的虾之歌》。

就像虾一样悲伤

不管是触角还是胡须

还是刺

都努力地坚持着

不知道是谁更悲伤

问胡须

它说我没有断

问那尖尖的刺

它说我也还好

那到底是谁在悲伤呢

不管问谁

都答不出来

在榻榻米上爬着的一只无聊的虾

身体里全都是悲伤

老了的虾，说的就是犀星自己。最终完成了复仇的诗人，闲暇时间就用幽默来自嘲。实际上，犀星的复仇在昭和三年（1928，三十九岁）发行了《爱的诗集》之后，就已经结束了。这一年，养母初死了，犀星已成为大名鼎鼎的文学家。在那之后，他就一直和自己的食欲做斗争。像他这样，只写了一堆食物的诗人是很罕见的。但是无论犀星写了多少关于食物的诗，那些食物都被卷进了北国的风雪中，食欲也随之消失殆尽。或许，犀星把金泽的过往，用他擅长的妖术，变成了阵阵微风。这样的解释，我是欣然接受的。这风，裹着小小的冰刀，从老房子里刮出来，吹向犀河岸边。从雨宝院出来，沿着犀川走的话，会感受到犀星留下来的风，它卷着饭店里好闻的菜香，扑面而来。

久保田万太郎
（1889—1963）

东京生人。毕业于庆应义塾大学文学科，上学期间开始发表小说、戏曲。曾任中央广播局演剧兼音乐科科长，与岸田国士等人成立了文学剧团，文学活动涉及俳句、小说、戏剧等多方面。

久保田万太郎

苦涩的汤豆腐

每到寒冷季节,脑海里就会浮现出万太郎的名句——"汤豆腐呦,生命尽头的胧胧微光"。万太郎似乎对汤豆腐情有独钟,他的俳句里面经常出现汤豆腐。比如:"一碗汤豆腐,两杯处方酒"(昭和二十七年)、"豆腐未烂,谈兴正酣"(昭和二十八年)、"白雪皑皑近我门前,豆腐雪白暖我心田"(昭和二十八年)等。但是,提到"汤豆腐",还是"生命尽头的胧胧微光"最有名。这个俳句是昭和三十七年(1962),万太郎七十三岁时的作品。是他在同居情人三隅一子死后,于灵前守夜时的追悼词。晚年的万太郎在赤坂盖了房子,和艺伎一子同居。另一边,正妻君夫人守候在汤岛的老家。万太郎在他新剧的后台将她们称为南朝和北朝,北朝指的是汤岛的君夫人,南朝则是指赤坂的一子。正妻君夫人才四十多岁,风华正茂,性格强势,夫妻二人之间的争吵从未停止过,万太郎只能落荒而逃。那时,情人一子已六十多岁。

万太郎在参加文艺春秋主办的文人剧时,南北两位夫人在后台意外相遇,君夫人的怒火一下子爆发了。据看热闹的演员们说,君夫人恨恨地咒骂了一子,而一子则是一声不吭地忍受着,十分了不起。今日出海也证言,曾有熟悉万太郎的人说过,"久保田真是一个异性运势不怎么好的人,给予他关怀的一子是第一人。所以,我很开心(他们能在一起），可不要离开她呦"。

即昭和三十八年（1963）五月六日，即万太郎在咏完"汤豆腐呦，生命尽头的胧胧微光"的半年后，与世长辞。汤岛的君夫人性情顽固不肯离婚，不断索要汤岛的房屋和大量的抚恤金。万太郎生前，一子尽心服侍他。万太郎经常到西银座的酒馆里开怀畅饮，陪伴他的总是一子，即使很晚了也会恭谨地等在一旁。失去一子的万太郎除了吟出"汤豆腐呦"这样的俳句外，还咏过"吾身罪孽与鮟鱇共煮"这样的俳句。汤豆腐也好，鮟鱇也好，字里行间都饱含着老作家无可奈何及哀切的心情。万太郎是一个咏唱食物的高手，为后世留下了许多关于食物美味的俳句。万太郎之所以格外喜爱豆腐，是由于出生于浅草，从孩提时代开始就对汤豆腐情有独钟。他还曾作过一首叫作"汤豆腐"的小歌，里面有"若问寒冬之打算，调整火候炖豆腐，月亮躲起来，小雨下起来，小雨变成雪花，孤孤单单一个人，无论是哭还是笑。哭也好笑也好，孤孤单单在世上"这样的歌词。身为名角儿、平日里总是被众人簇拥的万太郎，在家庭情感方面却有着不为人知的孤寂。明治二十二年（1889），万太郎出生于浅草。他的父亲是一名编袋手艺人。万太郎上面有哥哥姐姐，但都夭折了，连名字都无从知晓。大正八年（1919），万太郎和朋友大场白水郎的养女——京结婚。大正十年（1921，三十二岁），长子耕一出生。

"金秋送爽，豆腐飘香"是万太郎在大正十二年（1923）、耕一两岁时所作的俳句。万太郎似乎对这一俳句非常满意，特意将它放在俳句集序言的开头来时时回味。三十四岁的万太郎在日暮里渡边町的二层小楼里，过着"一家三口，无灾无忧"的生活。就是在这一年，万太郎和芥川龙之介之间的交往开始频繁起来。九月一日，关东大地震爆发。

昭和二年（1927）五月，万太郎第一本俳句集《道芝》（俳书堂）发表。芥川龙之介亲自为其写序。但不幸的是，芥川龙之介在同年七月自杀身亡。

万太郎生前曾说过,"俳句对我来说不过是业余爱好"。对他来说,最重要的是小说,其次是戏曲。明治四十三年(1910),万太郎公开声明不再写俳句。

但与芥川龙之介接触后,万太郎又再度重拾俳句。芥川龙之介师从高滨虚子,万太郎师从松根东洋城,他们两人住得也很近,平日里经常在一起品味风格不同的俳句,他们的友情也与日俱深。芥川评价万太郎的俳句是"发自东京的哀叹之声"。

万太郎有着土生土长的东京人独有的性格特点:谦虚、谨言慎行、有礼貌、忠厚老实且固执。万太郎的小说虽然没有到达芥川的高度,但是他写的通俗小说也着实有名。

之后小说开始顺应潮流成为时尚,万太郎也开始亲自参与到市村座、新剧、新富座的演出中,他的戏剧甚至登上歌舞伎的舞台,成为戏剧界的实力派。再加上广播电视台的工作带来了一定的收入,万太郎过上了"散漫荒唐,毫无节制的生活"(《留恋记》)。

从事戏剧方面的工作,吃着大餐、饮着美酒,与演员们之间的交往也变得讲阔气起来,这么一来,万太郎花在家庭上的心思,变得越来越少。万太郎经常带着演员们一连几天在外闲逛。

"久保田这个人啊,喝起酒来不要命……他分不清,也不管特级酒、一级酒还是二级酒,只知道拿起酒来咕咚咕咚喝。他并不是喜欢品酒的味道,而是喜欢酒水灌入喉咙的感觉。"(《素描》)回忆起当时的万太郎,永井龙男这样说道。

昭和十年(1935),妻子京在服用安眠药时弄错了剂量,不幸去世。万太郎在《留恋记》中是这样说的:"长期以来对丈夫的不信任、对自己的怀疑慢慢堆积,导致产生了厌世的念头,进一步服用了过量的安眠药。"万太郎暗示妻子的死是自杀。那时京三十五岁,万太郎四十六岁,长子耕一十四岁。万太郎把姐姐小夜子叫到家里,和耕一一起开始了三个人的生活。他发誓，在耕一结婚之前绝不再婚。

"这过度饮酒的恶习啊，反反复复"就是在这个时期写下的。这句话被记入《自我之耻》的前言里。

昭和二十一年（1946）九月，由里见弴做媒，促成了长子耕一的婚姻。同年十二月，五十七岁的万太郎在三宅正太郎的撮合下，与君走进婚姻殿堂。当时，万太郎五十七岁。昭和三十二年（1957），耕一死于肺结核（三十六岁）。万太郎在追悼耕一的回想录里写了这样一段话：

"重新追悼这歪曲虚伪的、世间罕见的父子关系，也为一生不幸的耕一祈求死后的幸福。这不仅是耕一的不幸，也是我的不幸。在写这些东西时，思绪不自觉地如泉水般涌出，感慨万千。我再也无法说出过去那句'亲子间的牵绊哟，萤火般微弱却温暖'这样的俳句了，现在也只剩下'孤孤单单父母亲'这一句了。随着时间的流逝，我也渐渐开始忍受这人世常见的颠倒混乱之苦。"

六十八岁时，万太郎离开汤岛的家，和一子在赤坂同居，并咏了一句"居野外无人之地，赏薄暮之秋景"的俳句。这一年（昭和三十二年）的十一月份，万太郎获得了文化勋章。万太郎的俳句以六十八岁为分界线，此后更加悲伤、华丽。同事们和料理店的熟客经常向他讨要作品，但只有在万太郎心情不错的时候才会慷慨赠予。这是俳句集《流寓抄以后》（昭和三十八年刊）中摘抄的一段：

"春日里，乌冬面的醇香，怕烫的人无法领略，自斟自饮一杯烫酒，留下一个带有福气的橘子，微风中传来捣饼的声音，对那一碗稀粥，一个个的凉鸡蛋，可以说十分的喜爱。夏日渐渐近了，煮竹笋，做蚕豆，茶水也很快变凉。夏日祭祀里，土屋陈列着大大的猪口，阵雨打湿餐巾和面包，煮着萝卜的炖锅也成了孤独的地狱，剥了橘子的指尖还留有寒意，膝盖也感受到了寒冷，到了吃天妇罗和河豚的年底。切山椒为若草增添一抹颜色，白桃也散发着微光。梅雨时期微冷的沙拉带有番茄的一抹赤红，洋葱的生命止于剥皮，秋后的余热还烤着鱼糕。"粗略估计有这些描写食物的俳句。

万太郎并非写私小说的作家，也不会把自己影射于小说和戏剧之中，这是万太郎对于小说的一种执念。昭和二十二年（1947），《久保田万太郎全集》（好学社刊）发表。在之后的三年中，全部十八卷作品陆续刊发完毕。其代表作《春泥》（昭和三年）、《花凉》（昭和十三年）、《市井人》（昭和二十四年），皆为日本文学史中逐渐消失的通俗小说，现在恐已被人们忘却。而被万太郎当作业余爱好的俳句，却被人们所津津乐道、广为流传。虽然战后创作的《市井人》在出版之后得到了很高的评价，但这部小说仅仅是有关浅草回忆的对话，要说一些思绪上的表达，它还是有些不足的。在万太郎的小说和戏剧之中，包含有强烈的"作家不应该自白而应该歌唱"这一意识。虽然这在戏剧中获得了一定的人气，但它归根结底还是消耗品，经不起时间考验，对万太郎的评价从这一部分也可以被看出。

万太郎不记日记也不写信，人们仅能从他的俳句之中窥探其私生活。而在万太郎的意识里，俳句是最低等的，并不算文艺。正因为如此，他的俳句"谦虚洒脱中带有哀愁，和那丢掉石头般的冷酷"，到底打动了人们的内心。

这是一种不可思议的现象，俳句是否具有文艺性这一课题直到现在也还是会被提起吧。万太郎从大量的自我肯定中产生的是，俳句冥想的匮乏、无所谓的立场、缺乏全心投入的速度，以及自我嘲笑的自信和半途而废的任性。

如果芥川能像万太郎一样长寿的话，那俳人澄江堂的名声应该会更响亮些吧。

万太郎晚年的声评不是很好。他自从获得了文化勋章之后，脾气就开始大了起来。当时的他，身兼文化遴选委员会委员和日本戏剧协会的会长等多重职务。拥有好几个带有"长"的头衔之后，人们对他的评价越来越不好。歌舞伎演员们谄媚地称他为国宝。而万太郎利用在东京中央广播局工作多年积攒下的人际关系，成为长袖善舞、万分威严的野心家。

我读大学的时候，在新桥演舞场前面见过万太郎。当时，他正从私家车（当时拥有私家车的人绝对是富豪）上下来。万太郎看上去又丑又胖，中指上戴着绿色的戒指，大腹便便，目中无人地走过来。他的样子像是黑社会老大或暴发户。这样的形象在我脑海里挥之不去，以至于后来，我读他的名句"汤豆腐哟，生命尽头的胧胧微光"的时候，很难将这句诗和他的真实样貌联系到一起。可能是我当时还太年轻的缘故吧。万太郎正在向年轻时嘲笑他的人复仇。成功复仇后，他的肆意大笑就成为了忧伤的俳句。这是"小市民"的悲哀。

出于想要弥补自己年轻时过苦日子的心理，人们从中年时期开始，会越来越喜欢吃大餐，这是活下去的动力呀。无论是谁，心里都会藏着小市民的喜悦，但这喜悦会在某个瞬间反过来成为加倍的苦涩。这两种心理在人的一生中反复出现，而万太郎则是在晚年迎来这种心理巅峰。万太郎的食物俳句之所以能够打动人心，是因为他这一生都在寻找"生命尽头的胧胧微光"这一味道。

大正六年（1917，二十八岁），万太郎在祖母千代子去世时，咏了"小口喝粥，寒冷沁骨"的俳句。在祖母"无形的教育"下长大的万太郎，从小就跟着祖母去戏园子。万太郎也说自己是"生下来就接触戏剧"，是"奶奶养大的孩子"。他一边小口小口地喝着粥，一边想着祖母死后所走的路是多么寒冷，那冷意仿佛也沁入了自己的身心。一想到"粥"这一文字的话，就能想到万太郎。虽然万太郎为很多朋友写过追悼词，但是，让他花费精力在追悼词里加入料理名的朋友并不多。

给芥川的追悼词里写着"芥川龙之介大佛"，给武田麟太郎的是"如春日般短暂绚烂的一生"，给横光利一的是"扼腕叹息，寒意沁心"，给松本幸四郎（第七代）的是"品德高尚，如冬日大佛般给人温暖"，给三宅正太郎的是"清水般高洁，春寒般短暂"。

万太郎也曾对老朋友水上泷太郎咏过"第一杯烫酒"这样的俳句。水上严厉指责万太郎是个"浑蛋"，并和他绝交了。或许在东京人的规矩里，即使你说得很对，但是把吃的喝的什么的引用在诗歌里来形容朋友是非常失礼的。这个俳句并不算最过火的。在这之前，还有给幸四郎的追悼词——"骨肉分离，稚儿尚食烤紫菜"，这一句可以说更加大胆了。万太郎式的创作风格就是把食物添加到俳句里，随后俳句就像被施了魔法一样迷人。而把食物加入追悼词里，是一项极难的挑战，这也只有万太郎才能胜任。

妻子京去世时，万太郎写了"至今仍含泪，泪咸如蚬汁。那对亡人的思念哟，如此苦涩"这么两句。还有一句"空空铁壶，时日无多"。看着空空的铁壶，感受着亡妻的心情，这双眼睛也如一个短篇小说构造的世界般，含有丰富的情感。万太郎的俳句里都含有一个个的故事，就是这些故事让读者大为感动。"二战"后期，昭和二十年（1945）的时候，熟人"小爱"死于东京大空袭。万太郎以"永记亡魂小爱"为序言，写了"花云缱绻一碗饭"这个俳句。或许是倾注了太多的情感，晚年的万太郎，爱上了喝酒。

演员们常常对喝得酩酊大醉就来演出的万太郎感到束手无策，戍井市郎可以做证。万太郎一喝酒，就像变了一个人一样，无论演员们排演了多少遍还是找碴儿说不行，不停地挖苦、讽刺他们。其实想来，这并非不合常理。这是万太郎成为人人皆顺从于他的权威者之后，出于傲慢心理的一种举动。万太郎不喝酒的时候，总是呵欠连天，有时也会睡着。他喝醉后，还很爱哭。有时喝得好好的，突然间就会用手帕捂住眼睛哭起来。

昭和三十八年（1963，七十四岁），万太郎到市谷参加梅原龙三郎举办的家庭美食聚会，说笑之间，突然痛苦地倒下了，随后陷入昏迷，不久竟停止了呼吸。五月六日聚会这天，在梅原家参加聚会的有万太郎、福岛庆子、奥野信太郎、池田洁、美浓部亮吉、高峰秀子、松山善三、小岛正二郎等人。厨师在聚会上专门做了手握寿司给大家吃。万太郎不喜欢吃寿司，倒不如说，他不喜欢吃生的东西，所以，他几乎没怎么动筷子。但后来，万太郎拿了一份赤贝寿司，胡乱塞到嘴里，然后就被噎到了。万太郎想要把卡到喉咙里的赤贝咽下去，所以站了起来，在走廊下不停地走来走去。因为喉咙被堵住了，所以呼吸变得越来越困难，最后倒在了地上，就这么停止了呼吸，这完全是死于意外。尸体解剖结果也显示，万太郎的死，是由于误咽食物导致气管堵塞而导致的。急忙赶到的医生用了十几瓶樟脑液，还不停地实施人工呼吸，但最终没能挽救万太郎的生命。市川淳在悼念万太郎时这样写道：

"即使一再小心谨慎，稍微粗心大意还是会使人丧命。虽说去的地方有平时讨厌的寿司和贝类什么的，但万太郎并不是那种委屈自己讨好别人的人。不，他完全不是，他最讨厌迎合别人。明明只要把这种任性坚持到底就行了，却一不留神……他是被恶魔盯上了吧，就这样一下子去世了。对我来说，久保田万太郎既是前辈，也是我的浅草老乡。他就这么从这世上消失了。为什么呀，久保田老兄，虽然有些不礼貌，但久保勘的儿子，久保万老兄，他最近的俳句里还有'汤豆腐呦，生命尽头的胧胧微光'这句话，在那汤豆腐里还有一块他喜欢的炸猪排，都吃不到了，以后也再喝不到酒了。"

万太郎是不喜欢寿司的，他最喜欢的是豆腐，其次是油炸的东西。西餐里面最喜欢的是在猪排饭上浇上咖喱。油性大的食物的话，最喜欢鳗鱼。他还喜欢老百姓吃的家常菜，还有鱼肉山芋饼和蒸鸡蛋羹。他平时去铃木真砂女开的小饭馆吃饭，因为不喜欢吃鱼，几乎不点鱼。万太郎也不喜欢鲍鱼和虾。他是一个地地道道的偏食家。油炸比目鱼、油炸牡蛎、油炸敲鲹、芥末酱油裙带菜、小芋煮，还有油炸豆腐和鸡蛋豆腐他都喜欢吃。

万太郎不管去哪儿都很讲究吃喝，极其威风，很有声望。他同时也是一个小心谨慎、循规蹈矩又爱面子的人。负责解剖的医生惋惜地说道："赤贝卡住喉咙的时候，明明用手抠出来，或直接吐出来就能得救了呀。"在那种情况下，只要吐出来就能畅快呼吸，万太郎却用手帕捂住了嘴，想把它不露声色地咽下去，结果到了卫生间也没能把那块要命的赤贝从喉咙里弄出来，最后窒息而死。

也许，这就是万太郎的性格所致吧。虽然他的俳句里有私人独白，但他心里面依然有强烈的江户人意识——绝不吐露内心的全部想法。这就是他的俳句之花。

万太郎也曾写过对永井荷风的思念（《两个人的送葬者》）。在长子耕一的告别式上，有一位吉原老妓是开关东煮店的（后来改卖炸猪排饭）。荷风经常光顾这家店，店主把从荷风那里拿到的俳句彩纸拿给了万太郎看。彩纸上写着"鲇鱼焦咸味，随风潜入心"这么一句，上面还有荷风的签名。万太郎对此十分吃惊，赞叹道"这真是了不起的杰作呀"，关东煮老板说："有些夸张了吧。"荷风一个人来店里的时候，不经意间介绍了一个经常来店里的画家。从那以后，荷风就突然不来店里了。万太郎还很开心地记下了和关东煮店老板叙旧时说的"荷风真是个可怕的人呢"这句话。万太郎想要成为比荷风还要可怕的人，为了达到这种"可怕"，就是死了也甘愿。

有关关东煮的俳句如下："关东煮哟，寿司哟，还有那醉傻了的人哦"（昭和十三年）、"无论煮多久，皆值一尝，小小关东煮"（昭和十七年）、"世态炎凉，人情冷暖，如煮关东煮"（昭和二十一年）、"咕噜咕噜，饿得胃痛，填饱肚子，还数关东煮"（昭和二十七年）、"关东煮哟，煮得烂烂的，年老体衰，沉迷喝酒"（昭和三十四年）。虽然关东煮只有一种吃法，但从万太郎的俳句中能看出，随着年龄的增加，吃法也在发生变化。咏出"年老体衰"这个俳句是在昭和三十四年（1959），即荷风逝世的那一年。

万太郎在东京报纸上写了追悼文："老师对我十分重视、同情又充满怜爱，最终自己却在孤独之中寻求栖息之地，也在孤独之中死去。人世间再没有比这更不幸的事了。但老师是面带微笑，内心平静地看待自己在孤独中死去这件事的吧。"对荷风的悼词，也同样适用于孤独的万太郎自己身上。万太郎写了"不羁的性格，又如嫩叶般清爽鲜活"这么一句来追悼荷风。

昭和三十六年（1961，七十二岁），万太郎疑患癌症住进了庆应医院，并动了手术。做了开腹手术之后，医生确诊不是癌症，没过多久就出院了。住院时，万太郎在庆应医院特护病号楼515号房间留下了"五点，饭菜摆上桌，时日无多"的句子。如果预感到自己的死亡的话，就会想到万太郎有关食物的俳句。万太郎在三十四岁时有这么一句"雨，下个不停，虚无缥缈哟，美味樱叶饼"（《草丈》）。这是继"小口喝粥，寒冷沁骨"之后写的食物俳句。万太郎从年轻时就开始创作关于美味食物的俳句。随着年龄的增长，食物俳句中也常常带有悲伤和哀愁。这也暗示了食物根本上所带有的，会像短暂的彩虹一般消失的命运。

普通的菜肴是由做菜人的手艺决定的。但越好吃的料理，苦涩的佐料就必不可少，最后会变成食客自身的问题。身强体健的年轻人如野兽般大快朵颐，垂死的老人则是颤抖着嘴唇和双手才能把一勺汤豆腐送到嘴边。而这一勺汤豆腐，在无形的风中摇曳，发出胧胧微光，把人引向令人心醉神迷的美食世界之中。

宇野浩二
(1891—1961)

出生于福冈。早稻田大学肄业。在朋友广津和郎的怂恿下开始写小说。首部短篇小说《仓库里》一鸣惊人，使宇野浩二跻身新进作家之列。后来，宇野浩二患神经衰弱，接受住院休养。1933年创作《枯木风景》，重新回到人们的视野中。

宇野浩二

他为什么吞食玫瑰？

昭和二年（1927），宇野浩二（三十六岁）在神经错乱之下，吞食玫瑰花瓣。这在当时引起了极大的轰动，也让宇野浩二有了"文学之鬼"的称号。事情的经过是这样的：那一年，宇野浩二在母亲京和朋友永濑义郎的陪同下，准备坐车回箱根静养一段时间。一行人在小田原站下车，就在大家叫出租车时，宇野浩二不见了。慌了神的永濑急忙四处寻找。不远处的人力车夫告诉永濑，宇野浩二刚刚一个人向他嚷嚷说"我快饿死了"，出于好心，人力车夫把他拉到了料理店。

"我马上让车夫带我赶到那个料理店，一路打听着来到宇野所在的二楼单间。推开门，我赫然看见了骇人的一幕：宇野浩二正趴在地板上，两只手不停地撕扯着地板缝隙中长出来的玫瑰花，嘴巴里面塞满了玫瑰花瓣，拼命地咀嚼着。宇野当时的模样，像极了传说中的饿鬼，看到这幅情形的我，不禁愣在了当场。"（《文学之鬼命犯桃花》）

小说家宇野浩二于明治二十四年（1891）出生于福冈。幼年时，随父母来到大阪，就读于天王寺中学。明治四十三年（1910），宇野考入早稻田大学英文科系。大正四年（1915），从早稻田大学退学。三上于菟吉、日夏耿之介是宇野在早稻田大学的同级生。大正二年（1913，二十二岁），发表处女作《清二郎　做梦的孩子》，在文坛崭露头角。他的这部作品，被人们看作是永井荷风所写的下町情话的大阪版。

随后，宇野写出了《阁楼上的法学士》和《仓库里》两部作品，并与芥川龙之介相识。二十八岁时，宇野浩二就已经成为了文学界炙手可热的耀眼新星。宇野"吞食玫瑰事件"一出，文坛和社会各界人士一片哗然。芥川龙之介尤为心惊。他担心自己有一天也会像宇野那样精神错乱，做出荒唐之事。在终日惴惴不安中，芥川于翌年吞服安眠药自杀。

宇野的小说，多为以妻子和情人之间的爱恨纠葛为主题的私小说。

大正九年（1920，二十九岁），宇野和艺伎村田（艺名小竹）结婚。而事实上，宇野在结婚时，还同时与银座咖啡厅的女招待星野玉子、艺伎原（艺名鲇子）保持着不正当关系。三十一岁时，宇野和情人玉子生下一子（守道）。三十二岁时，又与艺伎村上八重（艺名八重）坠入爱河。围绕在宇野身边的女人们，自然就成为了宇野小说中人物的原型。

宇野吞食玫瑰那年，已是三十六岁。这一年，他同时拥有着性格强势的妻子村田、对他一往情深的玉子、爱使小性的原和放纵不羁的八重。在他身边，除了这四个女人之外，还有对他非常重要的一位女性——母亲。宇野三岁时，父亲去世。母亲京对宇野非常溺爱。每天周旋于五个女人之间，疲不堪言的宇野，想必精神压力也非常之大，这也是导致他精神错乱的诱因。但归根结底，这样的结果，是他自己一手造成的。

其实，宇野并没有人们想象中那么脆弱。相反，他很坚强。自打他出名以来，就一直承受着来自各方的恶言蜚语。他非但没有被击垮，反而内心日渐强大起来。公平地讲，很少有作家能像他一样忍受得了如此多的攻击。面对着如潮水般的指责和非议，宇野嘴上说，要把它们当作弹簧，在不断遭受击打中愈发变强。但是，他的内心深处，想必是凄楚的。在赞誉中走向极端的作家大有人在，更何况长期以来默默忍受谩骂和非议的宇野。

吞食玫瑰事件发生之后，宇野开始住院休养。在住院期间，他埋头苦读明治、大正时期的文学作品,这成为了他后半生创作的土壤和养分。五十八岁那年,宇野当选为艺术院会员。昭和三十六年(1961),宇野七十岁。这一年,他宣布退出文坛。宇野是芥川奖遴选委员会的成员,他对遴选作品的要求非常严苛,经常给出最低分,并附上一句"没什么可说的"。同为遴选委员的泷井孝作,在回忆起这位往昔的同事时,这样描述道:"板着一副面孔,惜字如金,这恰恰是宇野的率真之处啊。他的这种做派,有文学大家之风范。"(《芥川奖和宇野浩二》)宇野的去世,也意味着"大正文学的终结"。

  拜读宇野的小说或随笔,其中关于食物的描写,让人感觉索然无味。宇野的饮食习惯偏女性化,他非常喜欢吃甜食,平日里滴酒不沾。他在小说中,似乎刻意淡化对菜肴、食物的描写。宇野一生被女人所宠爱,却唯独没有得到食物的眷顾。

  小岛政二郎编写的《随笔集》(昭和三十一年)中,收录了宇野写过的一篇随笔《画上的点心》。这篇文章,是宇野受马克思经济学教授河肇之托所写。但是写完之后,宇野却对这部作品嗤之以鼻:"这无聊的文章,名字叫《画上的点心》,还不如叫《画和歌造出的点心》来得好。"嫌弃之情溢于言表。

  宇野的父亲六三郎是福冈县立师范学校的国语、汉文、习字先生,他非常喜欢吃,对美食颇有研究。他在吃上花销很大,每天都要吃牛肉、喝酒,几乎一半的薪水都花在了吃上。宇野三岁时,父亲去世。此后的宇野,和姥姥生活在一起,对于吃的东西,始终提不起兴趣。母亲看他可怜,把他带回身边抚养。宇野回忆起当时的生活,这样说道:"我到现在都还记得,当时母亲一边哄我睡觉,一边看着怀中啜吸奶水的我,说:'你都已经五岁了呀。'"(《母亲的"秘密"》)八岁时,宇野离开母亲,来到姥姥生活的大阪,住在宗右卫门町一番地叫作十间胡同的地方。一直到十九岁之前,他都住在这里。这里是红灯区,附近有素人秘密约会的出租房,还有艺伎、娼妓成群的妓院。

住在这里的人鱼龙混杂，有赌鬼，有妻妾同居的理发师，还有挑唆女儿当艺伎的相扑选手。在花柳巷居住的经历，对宇野产生了极大的影响。每天，宇野都要穿过形形色色的人群，去名门学校——陆军偕行社寻常高等小学上学。宇野上学时非常用功，每天课间、放学后的时间都被他用来读书。同学们给他起了个绰号——"圣人"。

十九岁那年，宇野考入早稻田大学英文系，随即搬到了赤坂区灵南坂町住。那年夏天，正在准备考试的保高德藏来东京找他。保高是宇野在大阪上学时的好朋友。保高来到东京后，对宇野自私的表现感到非常失望。

"我刚来到东京的第一天，宇野说，'正好中午了，一起去吃饭吧。'于是，我们两人去吃拉面。吃完后，宇野却让我结账。不光这样，我们坐电车去上野和浅草玩，车费、点心、看海坊主的门票，通通都是我掏的钱。"（保高德藏《作家和文坛》关于宇野浩二一章）

在那之后，宇野也带朋友到保高租住的地方去过。宇野仍是一分钱也没舍得花，吃饭等开销也全部由保高承担。不仅如此，两人在交往时，宇野也一直把保高当仆人使唤。保高稍有不满，宇野就会生气，甚至不理睬他。保高对此一直心有不满。其实，宇野对待身边的人一直都是这样的态度。

宇野整日流连于女人丛中，却未曾在任何一个女人身上花过钱。这样利己主义、自私的性格，却偏偏把女人迷得五迷三道。在宇野成名后，文学界对他的行径颇有微词。

宇野对浅草的料理店有过这样的描述：

"暮色初现，走在略宽的胡同。赫然，路边'某某大阪料理'的饭店招牌映入眼帘。大阪料理店到处都有，但未必见得正宗。而这家店门口摆放着的，却是地地道道的大阪橱柜。心里莫名升起些许怀念。"（《枯野之梦》）

出于对大阪的怀念，宇野也会坐下来，点几道菜，然后拿起餐桌上放着的书看起来。也许，坐在餐桌前的他，会想到保高一直替他付饭钱的事儿。但是，究竟是什么大阪料理令他心生怀念，却只字未提。

二十五岁时，宇野和居酒屋的女招待伊泽纪美子互生情愫，两人开始同居。那时，他和纪美子、母亲京三人一起租住在涩谷。纪美子就是《苦恼的世界》中主人公的原型。小说的副标题是"为歇斯底里的女人所烦恼之苦/镇上的乐曲在呼唤我的心灵"。

"那个时候，差不多有将近一年的时间，我母亲、我女人（窃以为，这种称呼比老婆听起来更好一些），还有我，我们三个一起租住在涩谷一间竹屋最里面的房间。房间面积大概有六块草席那么大。"

有一天，纪美子嫌母亲做的饭不够吃，嘟囔着说"我不喜欢吃，吃饱啦"，进而情绪失控，变得歇斯底里起来。她踹了宇野一脚，然后站起身，穿着袜子跑到了外面满是泥泞的大街上。

晚上，纪美子叫了葱花鸭肉面条吃。不料，女服务员搞错了，送来的是鸭肉荞麦面。纪美子一气之下，打开面碗的碗盖儿，把汤面全部倒在了草席上。然后，她把炉子里的炭灰撒在了地上，用脚把荞麦面、葱花、汤汁和着炭灰搅在了一起。最后，还是宇野跟房东借来小桶和毛巾打扫干净屋子。纪美子每次读宇野的小说，都会精神紧绷。特别是读到书中有关于男女争风吃醋吵架的情节，就如同亲身经历一般，情绪变得异常激动。关于这类趣事，宇野在大正七年（1918）写了《两个人的故事》，发表在杂志《大学和大学生》上。宇野和纪美子相处了大概七个月，最后终于分手了。凡是读过《苦恼的世界》的人，无一不认为纪美子这样的女人实在是太可怕了。但是，曾和爱人、准婆婆一起在同一屋檐下生活过的纪美子看到这篇小说时，又是怎样的心情呢？和宇野分手两年之后，纪美子服灭鼠剂自杀。

宇野在《两个人的故事》的基础上再次进行加工和创作，将小说名字改为《苦恼的世界》，在杂志《解放》（大正八年九月）进行转载。佐藤春夫在文艺时评上高度评价了这篇小说，但对芥川龙之介的《妖婆》却加以贬低，这曾使芥川一度消沉。《中央公论》的主编泷田樨阴也非常喜欢这部作品，并邀请宇野明年继续写续篇。随后，宇野写出了《苦恼的世界》之二《没有血肉的小说》（发表于《解放》）、之三《迷失的灵魂》）发表于《中央公论》、之四《人身之上》（大正九年发表于《雄辩》）、之五《某年的濑》（大正十年发表于《大观》），最后一部续篇发表于大正十年（1921）。目前，《苦恼的世界》全集收录在《岩波文库》中。宇野在后记（昭和二十六年十一月）中写道："大正年代（确切地说是从大正初期到大正中期），我过得很悠闲，写东西漫不经心。但是，却有好几家杂志社抢着要出版我的小说。看来，其实所谓的文坛，也是很好混的。"

但实际上，读完这部作品后会发现，整篇小说完全没给人"悠闲"的感觉。许多人推测，导致宇野发疯的很大一部分原因，是长期以来忍受着女人歇斯底里的压抑情绪，在猛然间得到释放和发泄的一种行为表现。读宇野的男女情事私小说，给人的感觉是，作者有着"享受苦恼世界的乐观心态"。宇野的这类小说，更像是以自己放浪不羁的情事为题材，写出的"情话制作工房"或"私家黄色报刊"。《苦恼的世界》中，主人公吞下灭鼠药自杀，以死来表示抗议。这看起来，像是纪美子的死给放浪不羁、不讲道理的宇野带来了心灵上的某些触动。但是，宇野的写作技巧就在于，小说中的主人公看起来像是他自身的缩影，但也会让读者忍不住产生疑惑：现实中的宇野，真的是这样的人吗？一定有什么地方与实际不符。或许是为了向读者做个说明，宇野将《苦恼的世界》之六的题目定为《一切都是虚构》。

认真读宇野的小说，会发现，让宇野有强烈情绪反应的，其实是食物。比如，《苦恼的世界》第一部中，描写了纪美子把鸭肉面条倒在地上，然后用脚和着炭灰搅在一起的场面，给人留下非常深刻的印象；第二部的副标题是：从被窝里探出头来，把朋友的早饭偷走/将捡来的腰带系在身上，把自己的当掉。

"我隔三岔五地去朋友的出租屋住。每天的早、中、晚三餐要花费99钱。于是，每天早晨，我硬是逼着自己赖在床上不起，以熬过吃早饭的时间。有时，我会把头偷偷地从被窝里探出来，偷朋友的早餐吃。"这样的描写很深入人心。但鸭肉面条也好，早饭也好，都算不得多贵的食物，作者却明显花费了心思来写。在宇野的意识中，小说主体以"女人"为主，而写自己的不堪、狼狈模样会让读者觉得有趣。这就是宇野所追求的"文学"风格。从小说内容来说，对于吃的描写是不重要的，甚至会玷污"文学"。

依据情人星野玉子为其生下一子的真实经历，宇野写了《孩子的来历》这本小说。当时，宇野已经和村田结婚了。玉子告诉他自己怀孕了。于是，宇野前往玉子的家去看望她。玉子家住在一排长屋中的一间，隔壁是为女子梳头盘发的小店。门前的玻璃窗户上贴着写有"卖土鸡蛋"的纸张。踏入大门后，发现地上到处是鸡粪。一抬头，看到旁边倒着一张"某某咖啡馆"的招牌。推开门进去，一个老太婆颤颤巍巍地走过来说，她的女儿已经怀孕了，不能再从事以前那样的工作了，为了肚子里的孩子，暂时只能做这种营生。

宇野丝毫没有为自己的堕落进行反省的意思，而是仔仔细细、认认真真地观察这一家人的生活窘困模样，目的就是要好好地留存在记忆中，为以后写小说积累素材。昭和七年（1932，四十一岁），在妻子的提议下，宇野把他和玉子的孩子带回家抚养。当时，玉子的老母亲对宇野的妻子这样说道："夫人，实在是不好意思。我老家京都很是讲究，逢年过节我们都吃细长的荞麦面，觉得又粗又短的面条讨不了好彩头……孩子也习惯了吃荞麦面，还请别见怪……"字里行间，似乎像是宇野在表达对不吃荞麦面的疯女人纪美子的厌恶。

昭和二年（1927），也就是宇野发疯吃玫瑰花的那年，妻子被情人（玉子）的孩子打骂、玉子的家人三番五次前来索要钱财、在艺伎鮎子和八重之间疲于周旋、纪美子吃灭鼠药自杀……这些烦心事在宇野的脑海中终日挥之不去。随即,他的哥哥也患上脑膜炎,最终离他而去。

昭和二年(1927)三月,宇野创作的小说《星期天》发表在《新潮》杂志,副标题是《小说之鬼》。从此,宇野多了一个外号——"小说之鬼"。随后,他的作品《高天原》、童话集《告知春天的鸟》分别在春秋社、讲谈社出版。就在这个时候,他的精神开始出现异常。

广津和郎担心宇野的病情,专门到青山脑科医院咨询斋藤茂吉。在斋藤茂吉的建议和帮助下,他提前为宇野办好了到小峰医院住院的手续。广津和郎又跑去找宇野,准备劝他住院治疗。因为肚子饿了,广津就对宇野说:"我饿了,要不,咱们去吃鳗鱼饭吧?"宇野听后却回答道:"鳗鱼饭……一块钱一份……太贵了!不吃!"此时的宇野,已经是当红作家,怎么会付不起区区一元钱。随即,宇野说想去新潮社,广津只得随他一同前往。

来到新潮社,宇野叫住负责接待的女工作人员说:"喂,喂,给我来两个冰激凌!"广津忍不住呵斥他:"这里不是西餐厅!"新潮社社长佐藤义亮的长子在会议室接待了两人。一坐下,宇野就嚷嚷道:"我要吃培根鸡蛋和吐司面包!"广津无奈地回答道:"我们回去后在神乐坂吃吧。"宇野听后耸耸肩,大声叫着:"我太饿了,受不了了!"这时,刚才的女工作人员送来了两个冰激凌。宇野赶紧一把抓过,狼吞虎咽地大口吃了起来,迫不及待的模样,像是要把小勺也要一起吃下去。吃完后,宇野对广津说:"广津,走吧?"广津说:"你不是还要了培根鸡蛋和吐司面包吗?"却不料换来宇野的大声怒骂:"我哪能一次吃得下这么多东西!"

离开新潮社,两人去了新桥的酒馆。一进门,宇野就"那个谁,还有谁"大声叫着妓女的名字。女掌柜忍不住对广津抱怨说:"宇野先生看上去很不正常啊,芥川先生也这样说。"

广津把宇野带到茂吉所在的青山医院,在这里遇见了芥川龙之介。芥川拿出常喝的安眠药对宇野说:"试试这个。"但是,茂吉给了宇野其他的药。这一年的七月二十四日,芥川吞服安眠药自杀。芥川自杀时,宇野还在住院接受治疗。

宇野"吞食玫瑰事件"发生在同年六月。宇野病态般地喜欢女色,却对食物格外厌恶。宇野如饿鬼般吞食玫瑰花瓣,或许是长久以来一直刻意隐藏的食欲,在顷刻间喷薄而发。别忘了,他的父亲可是着实喜欢吃。被姥姥带大,自小对吃的不感兴趣,像泽庵和尚一样只吃几种便当,在朋友家里不吃早饭……被宇野自我压抑着的食欲,终于冲破了大闸,如潮水般倾泻出来。"文学之鬼"的自制力,在这一瞬间完全丧失殆尽。失去理智的宇野没有吃普通的食物,而是选择了长在地板缝隙中间的玫瑰。

宇野的病,在医学上叫作进行性麻痹放大症,幕末至明治时期的浮世绘大师月冈芳年也曾得过同样的病。晚年时期的芳年,画下了大量野狼撕咬人的血腥画作。这就是典型的想象力放大所导致的。长期刻意隐藏的童年记忆如井喷般涌出,最终流向了凄惨的河流。

宇野的打扮看上去非常自然,其实是精心设计过的。宇野头发往两边梳开,每天仔细打理,穿的衣服也很时髦,俘获了很多女人的心。他留恋女色,却不舍得在女人身上花钱。宇野的心,是一片荒凉的沙漠。沙漠孤楼之上,盘踞着一条食欲之蛇。在接受疟热疗法后,宇野的精神状态开始好转。可随即,他又迫不及待地和村上八重搞到一起。

昭和二十一年(1946,五十五岁),宇野的妻子患神经官能症去世。此时已成为知名作家的宇野,正在写关于他和情人之间情欲纠葛的回忆小说。他常在本乡双叶馆写作,专门伺候他的女服务员曾告诉他:"宇野先生,只要您舍得花钱,可以吃到任何您想吃的大餐。"但宇野丝毫不为所动,仍旧只吃米饭,不吃任何其他东西。曾有位年轻的主编为得到宇野的手稿,一直围着他转。宇野去澡堂洗澡,去年糕豆汤店吃饭,他也前后不离地跟去,忙不迭地帮宇野结账。

洗完澡、吃完饭的宇野，路过一家卖炸牛肉薯饼的小店，自己掏出十块钱买了两个炸牛肉薯饼，然后回到了双叶馆。一路殷勤地伺候他的年轻主编，还以为宇野会分给他一个薯饼吃，可是，宇野却当着他的面毫不留情地全部吃掉。

昭和二十二年（五十六岁），宇野因服用过量的阿司匹林诱发皮疹，无法再提笔写作。于是，由他口述，水上勉代为写作。战后，日本食物匮乏，川崎长太郎给宇野送来绿豆，宇野常常煮着吃。为了煮豆子，他还专门让水上到神田、上野去买小锅。电热器的电热丝烧断了，水上也帮着去买配件。回忆起这些往事，水上勉唏嘘不已。

"狭窄的门厅被桌子占了一半，宇野常常坐在布垫上。门口左边的壁橱只有上半部分才能打开。拉开壁橱的门，里面全是大酱、霉干菜、酱油等。盘子里面还有剩菜，已经长霉了，发出一阵阵难闻的怪味儿。这样的生活很不健康。"（《枯野之人·宇野浩二》）

后来，宇野在森川町的家里过起了独居生活。以前曾有一个名字叫作铃木、个子小小的女人负责照料宇野。一天，铃木突然离开了他。据水上回忆，铃木很久之前曾对他发过牢骚："别人都叫他老师，可他哪儿有个老师的样子啊。根本不懂得体谅别人。"因为讨厌宇野，铃木决定不再照顾他，最后去了东大医院做了护士。水上又赶忙找了一位名叫古川的女子来照顾宇野。但不久，古川和她的女儿也对宇野心生厌恶，连工资都没要就不辞而别。在那之后，还有一位来自浅草、年纪二十七八岁的女人照料过宇野，但同样没能长久。

最后，宇野曾经的情人、孩子守道的妈妈星野玉子来到他身边，负责照顾他的生活起居。

半生放纵不羁、流连花丛的宇野，和曾被他抛弃的女人星野玉子，在昭和二十六年（1951），正式结婚。

在水上勉看来，真正的宇野，是懦弱的。怀想起这位老友，水上是这样说的："照料一位懦弱的先生，我实在是胜任不了。"

佐藤春夫
(1892—1964)

出生于和歌山县。庆应大学中途退学。年轻时即在文学方面展现出惊人的天赋,成为当时文坛的宠儿。他的作品以评论、随笔居多。代表作有《田园的忧郁》《美丽的都市》。晚年的佐藤被人们尊称为文学泰斗,据传门弟有3000人。

秋刀鱼的味道
是苦,还是咸?

佐藤春夫

佐藤春夫号称门弟三千。但事实上，他远没有人们想象中那般亲切、和善。相反，他有些神经质，内心时常彷徨，气质忧郁。自芥川奖设立以来，他连续二十七年担任遴选委员会委员，一直致力于发掘文学新人。传说中的门弟三千，说的是连同被他发掘和登门拜访的新人包含在内，总数多达三千人。

春夫在文学回忆录《诗文半世纪》（昭和三十八年刊）中这样写道："本来，所谓的3W，即酒、女人和战争（Wine、Woman、War），是诗人创作最好的题材。我虽然不怎么喝酒，却也知道，从传统意义上来说，酒是诗人们进行创作的好素材。可事实上，我一篇关于酒的诗也没有写过。3W中的酒，被我换成了旅行。围绕着剩下的两个题材，即女人和战争，我与其他诗人一样，很是喜欢，并写了不少相关的作品。"

佐藤春夫虽然没有写过关于酒的诗，但是，在他的小说中，酒却经常出现。

大正五年（1916，二十四岁），《读卖新闻》周日版刊发了佐藤春夫的随笔《酒之酒》。这部作品讲述的是耶稣把水变成酒的荒诞故事。佐藤春夫也因此得到了人生中的第一笔稿费。当时的稿费很少，不到三块钱。

大正七年（1918，二十六岁），在谷崎润一郎的推荐下，佐藤春夫的小说《李太白》在《中央公论》发表。该篇小说的主人公是酒神李白。同年，佐藤春夫继《李太白》之后，又写出了《田园的忧郁》（大正八年刊），这是他真正意义上的成名作。春夫自此一跃成为文坛的宠儿。

《酒之酒》也好，《李太白》也好，都是围绕着酒进行的创作。但是，文章中却没有鼓励人们喝酒的意思。在佐藤看来，酒是应该被憎恶的，是堕落的起因。《酒之酒》写的就是耶稣欺骗醉汉，让他把水当作美酒喝下去的故事。

小说《李太白》的主人公是唐代大诗人李白。李白被人们称为"酒仙"，在他身上，发生过许多关于酒的奇闻逸事。据说，李白喝醉酒后，想要捞起水中的月亮，却不慎失足跌入水塘溺亡。在春夫的笔下，才高八斗的李白坠入水底后，老天为了惩罚他喝酒，把他变成了一条小鱼，并斥责他说："你就是仙界的小丑。"作者认为，酒不是高雅的东西，而是堕落的根源，这一点在小说中得到了充分的体现。作者笔下的李白，以一种出乎人意料之外的丑陋形象展现在世人眼前。春夫自来标榜艺术至上，他崇尚古典的情怀和唯美的浪漫，可为什么如此坚信酒是坏东西呢？

其中一个原因是，春夫的酒量很差。春夫出生在和歌山县新宫，祖上世代从医，他父亲的医术在当地很有名。春夫是长子，他自幼生性傲慢，十五岁上三年级时，就被学校强制留级，被认为是"自由散漫的坏学生"。十七岁时，春夫被迫休学。这一年夏天，他参加文学演讲会（生田长江、与谢野宽、石井柏亭担任讲师），发表题为《没有谎言的告白》的演讲，却被人们看作是反社会言论。不光如此，人们一致认为他是学生罢课事件的谋划者，以及校园纵火案的始作俑者。于是，十七岁的春夫，在没有任何正当理由的情况下，被迫离开家乡新宫。在学校看来，行为不端，出身名医世家，又懂得运用文学武器的春夫，实在是个惹不起的麻烦人物。

春夫接触到的第一部文学作品，是国木田独步的《春鸟》。后来，他从家里佛龛的抽屉里偷出钱来，买了很多自然主义文学的书籍看。但是，无论学校还是家人，都不准他看有关文学的书。以至于后来，春夫颇有些自负地评价自己："我不是因为家庭出身好，才当上文学家的，而是我有一种与生俱来的、可以成为文学家的能力。"

当时的春夫虽然是个中学生，但却饱览群书。他读过的书，甚至比老师读过的还要多。想必在老师眼里，他一定是个狂妄自大、让人讨厌的学生。并且，春夫在同学中有着极强的号召力，学校老师对于他这样的刺儿头，应该会有一些忌惮吧。但是，学校对他做出休学的处分，却也很是欠妥。这样的处理结果，着实给了春夫不小的打击。春夫不太能喝酒，也就无法借酒消愁，来化解心中的苦闷。对能喝酒的人来说，喝酒或许可以获得心灵上的一时慰藉，但对春夫来说，文学是他唯一能够释放、复仇的武器。所以，在他看来，终日醉酒、四处吟诗作乐的李白是应该被唾弃的。作为名医儿子的春夫，内心是清高、自负的，他拒绝接受酒精所能带来的欺骗性安慰。

明治四十三年（1910，十八岁），春夫来到东京，拜生田长江为师，在诗歌方面听取了与谢野宽的诸多建议，考入了刚刚成立不久的庆应义塾大学文学部。那时，永井荷风担任庆应大学文学部的讲师，和他同届的作家有堀口大学和久保田万太郎两位。十九岁时的作品《日本人脱却论》之序论，荣获《新小说》论文征文一等奖。随后，他和恩师生田长江搬到根津，创立了超人社，终日不得闲暇，更没有时间饮酒享乐。

和春夫同一届的学生中，还有一位在文学方面很有天分的男子，他非常喜欢喝酒，每次喝醉后都会发酒疯，大家伙儿都叫他"酒疯胜"。"酒疯胜"每天都醉醺醺的，经常逃课，虽然很有天分，但却因为喝酒，被白白浪费掉。春夫亲眼见识到酒的危害到底有多大。

春夫和堀口他们一起去银座咖啡厅和金春路上的酒馆玩过，他们也曾探讨过文学，但是春夫却没有喝酒。他只是在一旁一个劲儿地喝咖啡、吃点心。

二十一岁那年，春夫苦恋青鞜社朋友尾竹红吉的妹妹，患上了慢性失眠。但即便是这样，他也没有通过喝酒来帮助睡眠。二十二岁时，春夫和艺术座的女演员川路歌子坠入爱河，并在本乡区追分町盖了新房子，两人一起住在那里。外界传闻，川路歌子是诗人川路柳虹的情人，春夫也因为此事和川路歌子吵过几次架。后来，春夫爱上了谷崎润一郎的妻子千代，最后与之结婚，这让人们大跌眼镜。其实在此之前，春夫就曾爱上过人妻。看来，在3W中的Woman方面，春夫的确称得上是老手。

春夫二十五岁时，和川路歌子分道扬镳，转而与另一名女演员米谷香代子相爱，两人搬到了本乡动坂町住。这一年，春夫结识了谷崎润一郎和芥川龙之介，并受到他们的赏识。到了二十八岁，春夫爱上了谷崎润一郎的夫人千代，随即和米谷香代子分手，他与谷崎润一郎的关系也正式决裂。

春夫不喝酒，对文学和爱情有着偏执狂般的热情，尤其喜欢女色，完全是性爱中毒者的典型。春夫曾这样说过："我这一辈子，不怎么喝酒，光是在享受文学和女色了"。

春夫在东京时，住在生田长江的家中。有一天，赏花归来的真山青果到家里做客。饭桌上，青果硬是逼着春夫也喝一点酒。长江见状，赶忙打圆场说道："他酒量不行，不能喝酒。"青果闻此言后，朝着正在吃下酒小菜的春夫怒斥道："连酒都不喝的家伙，一定无法了解近代文学的真谛！"春夫本来好好地在吃小菜，不料却被青果出言不逊言语攻击。他后来反击道："青果醉酒的样子一直印在我脑海里，我再也不想见到他。"(《诗文半世纪》第三章)

在超人社时，爱喝酒的室生犀星经常到处瞎逛，春夫和朋友们给他起了个外号,叫作"陀螺"。就是阿呆陀螺中的那个陀螺。

"那个时候,室生经常在根津权现里一带混,时不时跑到居酒屋里面喝酒。大家经常在广川(松五郎)的房间里议论他,列数他醉酒后发酒疯、和别人吵架、挥着椅子想要殴打对方等劣行。朋友当中没有一个人认为他日后会有所成就,更不相信他的才能,他只是个终日醉酒、撒酒疯的陀螺罢了。"(《诗文半世纪》第四章)

春夫曾斥责犀星"比任何人都没教养",就算见面也不和他说话。由此看来,春夫真的是极度厌恶喝酒的人啊。

长江失明后,整天把自己关在家里,足不出户。尾崎士郎就说:"长江的门生们抛弃了他。"春夫很是生气,反驳说:"简直是胡说八道。尾崎君怎么说是他的自由,但是恶语中伤到别人的话,就要小心了。"言辞之中火药味儿十足。

春夫和芥川都是明治二十五年(1892)生人,但春夫比芥川小一个月。芥川一直把春夫当作竞争对手。大正末期时,论名气,春夫略胜一筹。但论人气,还是芥川更旺一些。

春夫和谷崎润一郎的夫人千代相爱时,正是他名气最大的时候,也就是大正十年(1921,二十九岁)前后。由于谷崎润一郎一直从中作梗,两人直到九年后(昭和五年,三十八岁)才正式结婚。

《秋刀鱼之歌》就是在他失意至极之时创作的作品。他在诗的开头这样写道:

啊,凄凄的秋风啊!
如果你有情,
请你去告诉人们:
有一个男子汉,
在今天的晚餐上,
独自吃着秋刀鱼,

陷入苦苦的深思。
秋刀鱼，秋刀鱼，
滴上青橘的酸汁吃秋刀鱼，
是他故乡的习惯。

这首诗的结尾是这样的：

秋刀鱼，秋刀鱼，
秋刀鱼的味儿又苦又咸。
啊！我直想问一问：
滴上热泪去吃秋刀鱼，
这是什么地方的习惯呀？

这首诗一经问世，很快流传开来，成为人人口中传唱的经典。

这是春夫为数不多的、有关食物的一部作品。春夫一生创作了诸多作品，但内容极少涉及吃。唯一的一部关于食物的作品，还是写讨厌喝酒的事情。在春夫的思想中，饮食在艺术里面是最低等的。在人的精神生活层面里，有关于吃的事情，是俗不可耐的。

早于《秋刀鱼之歌》之前4个月创作的《殉情诗集自序》，寄托了春夫极度思念千代的心情，字里行间，他对爱人的想念一览无余。他这样写道："人生路行至半途，却走入了幽暗的森林里。我的心绪万分落寞。我的心如同碎成片的玫瑰在低吟啜泣。心中事、眼中泪、意中人。儿女情长牵挂至极，最终化成诗歌聊以表意。"

这就是《秋刀鱼之歌》中的男子为何悲伤的原因，所有的激情、牵念，终归被悲惨的生活逼成了一声叹息。诗歌中，抑扬顿挫和咏叹等写作技巧，展现的是春夫在文学方面的造诣，字里行间流露的，是无论如何也掩饰不了的心痛。春夫在历经四个月的感情纠葛后，疲惫的目光落在了秋刀鱼身上，把它当作了抒怀的对象。

和歌山县胜浦盛产秋刀鱼，直到现在，秋刀鱼干鱼丸也是这里的特色名吃。纪伊胜浦车站前竖着一块刻有《秋刀鱼之歌》诗文的碑，石碑上面椰树枝叶随风摇曳，像是烤秋刀鱼的薄烟缓缓升起。车站前的胡同里，有一家专卖秋刀鱼寿司的店，一盘600日元。可是，在这样的意境下，再美味的秋刀鱼寿司吃起来，也是索然无味。

背井离乡的可怜人儿，孤零零地烤着秋刀鱼，将青橘的酸汁淋在鱼身上，看上去是一幅多么悲伤的画面啊。春夫在《叹息》第五章里面写道：

蜜柑林里面
夏天蜜柑的枝芽儿还细嫩
却快乐地
支撑着大颗的果实
我也在支撑着
又浓又重的哀愁
和我们爱的果实

那个时候的春夫，看到一颗蜜柑也会联想到自己曲折的感情。当时的他，怕是忍不住落下泪来，滴落在秋刀鱼身上。

未能和千代夫人在一起的春夫，于大正十三年（1924，三十二岁）和小田中民结婚。昭和五年（1930，三十八岁），两人离婚，宇野与千代夫人走入婚姻殿堂。

昭和二年（1927），芥川龙之介去世。昭和十年（1935），春夫担任芥川奖遴选委员会委员。芥川曾后悔如此评价春夫："他不会说法语，也不懂音乐，真是可悲。"但春夫对此却"欣然接受"，他说："如果我喜欢喝酒，或许就会懂音乐了。但是，这样一来，我的一生只会在闲游浪荡中度过。"春夫自认为是个浪子，他唯一给自己身上拷上的枷锁就是：不喝酒。

春夫和川路歌子在一起时，川路柳虹曾百般阻挠。于是，春夫跑去问歌子这到底是怎么回事，结果得到歌子这样的答复："我既没有对他以身相许，和他之间也没有婚约。"虽然不知道真相到底是什么，但春夫这样自我安慰道："歌子曾拜托柳虹给她起个艺名，于是柳虹就随随便便地用自己的姓给她做了艺名。"

春夫开始广收门徒后，立志成为作家的新人们接踵而至，一时间他的家中门庭若市。其中，有一位名叫富泽麟太郎的新人，他每个月都带着自己的草稿或短篇小说前来求教。每次来求教时，都请求春夫将他的五十部短篇小说推荐给改造社的山本社长，以求能够发表。最后，他的短篇小说如愿以偿地发表了。为表庆贺，富泽在神乐坂的田原屋餐厅设宴款待春夫。后来，富泽麟太郎借住在春夫父亲在纪南的家中，患病卧床不起。他得的是一种纪南当地没有的传染性疾病。病情稍见好转时，春夫的母亲来了，她说："病人吃得不好，所以恢复起来才慢。"于是，她买了八条鳗鱼做给富泽吃。富泽大饱口福之后，引发肠胃病，两周后竟一命呜呼。一直给富泽治病的父亲怒不可遏地骂道："我好不容易快把他治好了，你却把他杀了！你到底给他吃了什么！"春夫对食物的厌恶，大抵也有一部分来自于此事带给他的阴影。富泽的母亲四处宣扬："春夫杀了我的儿子。"她还专门跑去找横光利一，向他哭诉道："佐藤春夫忌妒麟太郎的本事，一家人合伙儿杀死了他。"横光在文艺春秋出版社时，将这件事说漏了出去，一时间，人们对春夫开始说三道四。

"他（横光）想要暗算我才故意这么出去说的，当时人们都说我谋杀了麟太郎。我回来后立马把横光叫来，当面痛骂了他。他想要解释，可是再怎么解释也无济于事，最后一个劲儿地给我赔罪……横光的小说情感细腻，人们对他的评价也不错。但直到最后，我都没有正

眼看过他一眼，现在也很鄙视他。"（《诗文半世纪第八章》）

"我不想再帮助别人了"，经历这件事后，春夫曾失望地对父亲说。但后来，还是选择了轻易相信别人。这个人叫作稻垣足穗。足穗能说会道，嘴皮子功夫很好。获得春夫信任后，他跑到春夫家里，偷偷地把春夫的藏书拿出去卖掉。"他一上到二楼来，我就把他一脚踹了下去。""他也算有些本事，很会自我吹嘘。他还是个同性恋，又很缺德……这样的人在我3000门生中，实在是碎渣中的碎渣。有才无德，最后的下场一定是悲惨的。"（上同）

被春夫断定是"碎渣中的碎渣"的足穗，也是一位爱喝酒的人。春夫这样说道："文学家都是浪子，性格中有放浪形骸的一面。但最后能够成功的，全部都是单纯、正直的人。"

春夫担任芥川奖遴选委员会委员时，和菊池宽的关系闹得很僵。这是因为春夫的老师永井荷风和文艺春秋一直是敌对关系。对于菊池宽，春夫是这样评价的："他不是一个纯粹的艺术家，但却是一位具有大乘精神的人物。"

晚年的春夫，称自己的老师永井荷风为"妖人"。"我还是个十四五岁的孩子时，就被老师的妖笔所迷住了，这一迷，就是五十年，始终无法破解这妖术。""那些从街边的炭堆里面偷炭的人（日记里面有相关记述）、为顺走店前的鸡蛋而沾沾自喜的人，在我看来，他们，晚年时应该会得脑梅毒吧？"（《诗文半世纪》第九章）

春夫喜欢幻想，天马行空的想象与现实之间的差距会让他焦躁不安。谷崎润一郎这样评价春夫："他的文字饱含忧郁，一句一句地吞噬掉读者的神经。那些细微得如同针眼般的描写，和凄怆、奇妙的幻想相辅相成，不知不觉地把人领入精神的鸦片世界中。"

但是，值得注意的是，春夫从没写过"醉酒的感觉"。

《妇人公论》曾就食物展开过社会调查。采访春夫时，他是这样回答的："我对吃不感兴趣，也不是美食家。我吃饭也不规律，有时二十个小时不吃东西也不会饿。我甚至觉得空腹时，心情很愉快。我十五年来每天只吃两顿饭。冬天只吃一顿饭。为什么冬天只吃一顿饭呢？那是因为，从早晨六点到晚上十点半之间，我会一直吃很多东西。"

肠胃可真不错啊。

春夫在百无聊赖、寂寞烦闷的日子中常常幻想，成名作《田园的忧郁》的前半部分就是记录了这样的生活状态，最初以《患病的玫瑰》为题公开发表。即便不喝酒，春夫也能很快让心儿沉醉，这是他的独特本领。

他的小说《漫不经心的记录》（昭和四年，三十七岁）中，曾出现过食用瓦斯："把小小的银币投入自动售货机，食用瓦斯就会自动出来。"花店的窗户上写着"人无瓦斯不能活"的文字。窗户台上摆着玫瑰花的花店，看起来却像是点心铺的样子。客人很多。但让人感到不可思议的是，每当有客人进来，女店员就会问道："您是要喜？还是要悲？"

有这样的嗜好，春夫自然对食物提不起兴趣。

春夫喜欢旅游。不旅行的时候，春夫会打开地图，看着地图上没有去过的地方展开天马行空的想象，在幻想中旅行。春夫的弟弟秋雄也喜欢旅行，从医科大学毕业后，他本想当一名随船医生，将足迹踏遍世界各地。但在父亲的强烈反对下，弟弟最终选择了放弃。其实，春夫的父母同样热爱旅游。他们的长子在春天出生，所以取名为春夫；二儿子在秋天出生，取名叫作秋雄。"我们兄弟俩喜欢旅游，应该是遗传的原因。"春夫回忆道。

"在平时，我神经兮兮地思考问题，活得悠闲、散漫、性格多愁善感，现在也是。可是，旅行的时候却一点儿也不像神经质，我的注意力全部放在住宿、景色上面，对于其他东西毫不关心，甚至可以说是反应迟钝。我嘴上说吃的东西啦、床具啦，都是自家的好。但旅游时在外面住几天，我是很讨厌提及这些琐碎的东西的。"（《诗文半世

纪》第十二章）

　　正因为这样的性格，春夫到各地旅行时，对食物基本漠不关心。他只专注于精神方面的食粮。

　　春夫曾画过一幅画，名字叫作《鲷鱼和扇贝》。他的油画作品《自画像》和《静物》还曾入选过第二届二科画展，被评委梅原龙三郎评为第一名。西村伊作女儿阿雅的长女利根结婚时，春夫画了《鲷鱼和扇贝》这幅画作，作为贺礼献上。画中，首先映入眼帘的是一条红色的鲷鱼，后面是海螺和蛤蜊。大概是图个喜庆，才画了红色的鲷鱼吧。这幅画看上去厚重、雄浑，但是画中的鲷鱼、扇贝却没有一丁点儿让人想吃的欲望。也可能是春夫不想跟食欲沾边，故意这么画的。画中充满的静谧感，才正是春夫所在意的。

　　画中的鲷鱼，没有《秋刀鱼之歌》中的哀愁感，更没有苦味和咸味。春夫喜欢透过小的东西见微知著。而鲷鱼和扇贝，像是寓意着结婚。但就是不知道，画完这幅画后，鲷鱼有没有被做成菜吃掉呢？

　　昭和三十九年（1964，七十二岁），佐藤春夫在朝日广播电台录制电台节目时，刚刚开口说了一句："我的幸福是……"突然心肌梗死发作，以一种出人意料的方式与世长辞。

狮子文六

(1893—1969)

原名岩田丰雄,出生于横滨。庆应大学文学部中途退学。1937年,和岸田国士、久保田万太郎一起成立了文学座,长期坚持创作、演出。狮子文六是他的笔名。他擅长写幽默小说,曾红极一时。

狮子文六

到死还想着吃

除了文学家的身份，狮子文六也是昭和年间非常有名的美食评论家。他在美食方面颇有研究，而且食量非常大。他曾在随笔集《无力的随笔》（昭和二十七年发表于文艺春秋新社，时年五十九岁）中很是得意地提到："因为吃得太多、喝得太多，最后不得不到癌症研究所把胃给切了。"而更令人吃惊的还在后面。据说，他看着切下来的胃，这样说道："给我把这块肉放到冰箱里，等到我能吃东西了，我要尝一尝自己的肉味。"（《断肠杂记》）

昭和三十六年（1961，六十八岁），狮子文六发表了《饮·食·写》（角川书店），其中提到："这些年来，他尝到了巴黎嫩牛羹（炖牛犊肉）、大德寺的怀石料理（绝顶好吃）、竹荚鱼寿司（又苦又涩）、小吃店的煮鱼（从前的老味道）、煮泥鳅丸、挂钟时代的关东煮、蚕豆和毛豆、巴黎的蘑菇、白芝麻豆腐拌海参、秋田的粘糕、螃蟹、大德寺素食麦糠、豆腐、生卷心菜（切碎）、烤沙丁鱼、汽车便当（试吃）、新州的西餐、伊予的大碗菜、甘薯酱汤、西南食物志（旅行笔记）、水饭（做好的菜肴放在竹片上，顺着清冷的水流漂向食客）、杂煮（不喜欢吃、讨厌过年）、国产洋酒（品评）、樱桃白兰地（擅长品酒）、炸猪排、乌贼、章鱼、巴黎的日本料理、伦敦的烤牛肉、浓汤、虎屋的羊羹、横滨西洋亭（少年时代的记忆）、南京料理、今川烧、水果糖、砂糖（亲自种甜芦粟、施肥，然后压榨、熬成糖）、内人做的菜（奶酪制品）、鳗鱼（大爱）、天妇罗（推荐名店）、牛肉锅等各种各样的世界美味佳肴。"

文六二十九岁那年去了法国。翌年，与法国中部小学校长的女儿玛丽·苏米（二十六岁）结婚。大正十四年（1925，三十二岁），妻子生下一女，取名巴绘。这一年，文六回到了日本。巴黎是美食之都，文六在这里生活的几年中，在美食方面眼界大开，对于食物也越来越挑剔。文六在吃这方面很是讲究，北大路鲁山人曾到过巴黎，文六斥其为"不懂得如何品鉴美味的家伙"。同时，文六也很会写关于美食的文章。他写过东京平民区关东煮和小饭馆里煮鱼的文章，文采相当不错。在美食方面，文六是与久保田万太郎齐名的达人。但要论起胃口，文六可是要远远胜于对方。

文六钟爱生鱼片和豆腐，他经常到京都、东京的精进料理、日式一流餐厅吃饭。无论是银塔亭的鸭肉饭、法国高级餐厅的鹅肝酱、沃伊津餐厅的传统菜肴、牡蛎、伊势大虾等高档菜品，还是大众饭店的煮菜等平民菜肴，他都了然于胸。如果问他最想吃的东西是什么？文六会说是羊栖菜、煮炸货、煮牛百叶、煮萝卜干、煮菜叶等。但是，很少有饭店能做出他中意的味道。文六认为："只有优秀的厨师，才能把家常菜做得与众不同"。舌头真刁钻啊！文六的饮食随笔中对于食物的味道描写极为细致、准确。

昭和四十三年（1968），已是古稀年纪的文六（七十五岁）自认为"食欲下降了"，却仍旧在《Mrs.》杂志上发表了连载《美味岁时记》，为读者们详细解说了金团、火锅、柴又的草味粘糕、鹿儿岛的酒鮨，法国的素菜、鲇鱼、冰激凌、细面、栗子等美食。其中，文六最喜欢的是鲇鱼和荞麦面。文六六十岁时曾吟过这样一句诗："鲇鱼和荞麦面，伴我度过晚年。"随后，文六对这句诗做出了解释：

"六十五岁时，我意识到自己老了。但是，那只不过是相貌的老去。我觉得，无论是精神方面，还是身体方面，我还都年轻。人们看到的，只不过是我外表的老态。"

文六五十七岁时，迎来了第三段婚姻。六十岁时，长子敦夫出生。看来，文六不光对食物的热情不减，在生育方面也宝刀未老。

在文坛，文六的美食随笔独占鳌头。同时，他也是一位人气作家。《每日新闻》连载（五十五岁）的《乱七八糟》、《朝日新闻》连载（五十七岁）的《自由学校》、《周刊朝日》连载（六十三岁至六十五岁）的《大番》、《读卖新闻》连载（六十六岁）的《香蕉》，均获得文学界的一致好评，后来还被拍成了电影。人们开始把他和德川梦生相提并论。外界传他赚了很多钱，有"梦生一亿、文六两亿"的说法。文六年过五十后，事业一路抬头猛进，最后还拿到了文化勋章。

小说《香蕉》中，有一位叫作吴天通的大胃王。他顶替儿子坐牢时，跟来送饭的儿子女友说：

"今天晚上我要吃神田天妇罗店的炸虾大碗儿盖饭。明天跟千叶田说，做些西餐送来。牛肉切得厚一些，多加些配菜。别忘了放芥末……"

以上就是小说的结尾，让人忍俊不禁。文六的作品选材新颖，故事情节设计巧妙，在揶揄中深刻、尖锐地评判社会文明。因为这些特点，文六成为了当时爆红的人气作家。但是，他却没能够在文学史上留下浓墨重彩的一笔。这，就是流行作家的宿命。

文六写了许多关于食物的短篇小说。

《咖喱饭》讲述的是一位固执的厨师的故事。梦想成为一名西餐主厨的夫先生，被客人硬逼着做咖喱饭而忍不住暴怒。这篇小说的细节描写得非常出色。《夏天的年糕》讲述的故事梗概是：来自乡下的艺子吃完夏天的年糕后去世了，耿直正义的黄铜居士怀疑药店的少爷涉事其中，把他扭送到警察局，但却因为证据不足无法定罪，就在这时，少爷搞外遇的事情败露……

《盐百姓》写的是老实、敦厚的太兵卫通过产盐积攒了十万日元，却突然撒手人寰，妻子最后与一个没有生育能力的男人再婚。这篇小说极具讽刺意味。《辣椒》是一篇幽默小说，主人公赤井藤吉一吃多了辣椒，鼻子就会变红。

文六的小说里，没有温暖的人情味，有的只是残酷和奚落。文六一直用他犀利的目光冷冷地睥睨着这个世界。

文六的本名叫作岩田丰雄。他在明治大学文艺部担任讲师时，用的就是本名。岸田国土在明治大学担任文艺部负责人时，设立了演剧科，当时的同事有小林秀雄、里见弴、横光利一、舟桥圣一、今日出海等人。室生犀星、萩原朔太郎和狮子文六被称为明治大学三大奇人。他们之间互不搭理，上完课后，马上各自分头离开。

一开始，人们并不知道翻译家、剧作家、演出家岩田丰雄和狮子文六是同一个人。最后，当朋友们得知真相后，简直惊掉了下巴。因为在他们眼里，岩田丰雄只是个以翻译为主的剧作家。

明治二十六年（1893），岩田丰雄在横滨出生。他的父亲贩卖丝绸，在当地开了一家名为岩田商店的丝绸店铺。岩田丰雄是家里的长子。十六岁时，父亲做生意失败，家道开始中落。二十岁那年，《万朝报》面向社会征集小说，岩田丰雄用笔名投稿，赚取了人生中第一笔稿费。二十九岁时，他做了一个决定，把父亲留下的少得可怜的财产花光，然后去了巴黎。

他带着妻子玛丽从法国回来时，仍然是身无分文，只能靠妻子出去教法语来维持生计。当时的岩田丰雄，算得上是高龄无业游民了。

昭和二年（1927，三十四岁），岩田丰雄开始翻译外国的剧本，以此来赚取微薄的收益。二十岁那年，岩田丰雄曾在学校里演过戏剧。那是在千代田公堂举行的唯一一次公演，当时台下坐满了人。可表演完后，差评如潮水般袭来，这也让他打消了成为演剧家的念头。

昭和三年（1928），岩田丰雄在帝国酒店演艺场参与演出戏剧《科纳克》（主演是伊志井宽）。演完后，他忍不住发牢骚："大家的评价还是很差，法国的东西看来在日本行不通啊。"

《科纳克》所讲述的是，一位名叫科纳克的医生在村子里面开了诊所，村子里面原本健康的人都被他诊断为病人。到最后，整个村子的人都"得病"了。该作品用讽刺的口吻，向人们传达这样一种观点：所谓的文明（医学），会威胁、甚至赶走原本天然的东西。科纳克医生一步步设下圈套，骗了全村人。法国人比较喜欢这样的故事情节和立意，但是，日本人对此却毫不感冒。

文六的小说比较通俗，和居尔·罗曼的作品一样，充斥着插科打诨和嘲讽。四十一岁的岩田丰雄，在写作通俗小说《金色青春谱》时，第一次使用了狮子文六的笔名。这部小说，用幽默的口吻记录了自己在法国生活的种种失败经历。取名《金色青春谱》，是对红叶的作品《金色夜叉》的一种戏谑。随后，文六又写了《浮世酒场》。《阿悦》是文六在四十三岁那年完成的作品，在当时很受欢迎，后来被日活电影公司拍成了电影。同年，文六和岸田国土、久保田万太郎一起成立了文学座。文六同时兼任演剧家和小说家。

身为大学教师的岩田丰雄生性耿直，平日里话不多。而人们印象中的大众小说家狮子文六个性张扬且外露，人们无论如何也无法将这两个人联系到一起。所以，在当时，鲜少有人知道岩田丰雄和狮子文六是同一个人。

为什么笔名取名叫作狮子文六呢？文六的意思是要比文豪（"豪"在日语中音同"五"）更厉害。岩田丰雄身材魁梧，像狮子一样能吃，并且，六字文殊菩萨是坐在狮子身上的，也叫作文六。

文六非常喜欢喝酒，喝醉后常常和别人发生口角。有一次，文六和小林秀雄在银座的酒馆发生口角，文六因为嘴笨，说不过小林秀雄，最后气得浑身发抖，对着小林秀雄怒喝道："小林，我们到外面去比画比画!"小林当然不甘示弱,马上还击道:"好啊,随时奉陪!"说完,马上跑到门外的石阶上,再次对着文六挑衅道:"文六!出来啊!"当时,今日出海和明治大学的老师们也在场,大家都以为小林秀雄根本不是又高又壮的文六的对手。

不一会儿,外面的大街上,却出现这样一幅情形:文六把另一个身材高大的陌生男子摔了出去。小林早已趁乱不见了踪影。被文六甩出去的男子,很快爬起来,快速跑到一副狼狈模样的文六面前,抓起他的手腕,给他戴上了手铐。原来,这个陌生男子是警察。于是,文六被带到了警察局。今日出海来警察局领人时,司法主任拿着一张纸过来念道:

"岩田丰雄(明治大学讲师)于某月某日,代表明治大学教师队,在上野自治会馆附属棒球场和学生代表队进行棒球比赛,以比分二比三惜败。因为心有不甘,所以到上野山下三桥亭喝酒,随后又来到银座的鲁邦酒馆,饮下大量威士忌。不但不回家,反而妨碍公务人员执行公务,且毫无悔改之意。今后要端正态度,不要再犯同样的错误。"(《回忆狮子文六》今日出海)

这件事情发生昭和九年(1934),文六二婚完婚后的第三天。他的第一任妻子玛丽,在两年前得病去世了。

爽快、耿直,是文六给人的普遍印象。但其实,生活中的他有着许多烦恼。九岁时,父亲因病去世。他在庆应义塾上学时,还曾留过级。他一度厌学,经常逃课。家道没落后,文六寄居在别人家里,尝尽了辛酸。在文六自甘堕落的那段时间,弟弟从商大毕业,顺利进入大阪商船总部工作,开始走向成功之路。文六二十八岁时,母亲去世,只剩下文六孤身一人生活。他万念俱灰之下,离开日本去了法国。

当时的文六,是个穷光蛋。可是,他却有着比常人大足足一倍的饭量。后来,他追求到漂亮的玛丽,两人结婚后,一起回到了日本。

回国不久，玛丽去世。在那时，文六仅靠翻译版税和在明治大学担任讲师的工资，远远不能养活自己和家人。于是，四十一岁的他，用非常吸睛的笔名——狮子文六正式出道。

狮子文六听起来，像是一个大块吃肉、大块喝酒的洒脱男子该有的名字。可是，那时的岩田丰雄，却终日郁郁寡欢，心情低落。

同时身为大学讲师和小说家的人，并非只有狮子文六一个，比如，夏目漱石。明治大学文艺科长山本有三同时也是小说家。说得俗气一点的话，他们都渴望出名。文学科的男性们，最大的理想就是成名。但是，教师（为人师表）和作家（自由不羁）是两个相悖的职业，应该把重心放在哪一个上面呢？从天性方面来看，文六更喜欢自由不羁的生活，但他在剧团文学座的维持和经营上，花费了不少心思。

岸田国士和狮子文六是好朋友，也是文学社的共同创办者，他是一个性格严谨、诚实、正派的人，平日里也不喝酒。文六和警察打架被带走后，曾想让岸田去认领他。但是，岸田义正词严地拒绝了，他说："我讨厌喝酒，我对所有关于酒的事情都不关心，也不想为此担上任何责任。"岸田虽然和文六是挚友，却也不愿为此违背自己的原则。

文六也是这样的古怪性格。平日里不怎么说话，不喜欢跟别人走得太近。并且，文六的小气是出了名的，他不会为面子上的事情多花一分钱，这或许与他在法国生活的经历有关。法式思想以自我为中心，是典型的利己主义，但文六的吝啬却更为甚之。人们表面上说文六是"赶外国时髦儿"，其实心里面想的却是："他可真抠门儿啊。"文六的吝啬，一方面与他幼年丧父、长达十余年生活窘迫却无所事事有关。另一方面，文六六十岁才老来得子，他要为儿子的将来攒钱。

在饭泽匡的印象中，文六是一个非常爱钱的人。饭泽匡给报纸写连载小说，原本排在他后面的作家没有到位，于是，报社让他再继续写下去。饭泽匡曾就这件事向文六发过牢骚。文六听后却说："那太好了啊，那岂不是赚得更多？连载的话，当然是写得越多越好。"显然，在文六看来，与小说的完成度相比，赚钱才是最主要的。饭泽这样回忆道：

"文六这么喜欢算计钱，会让人们误以为他是个冷漠、没有人情味的人吧。"（《狮子文六的金钱欲》）

文六非常在乎得失，性格高傲、固执，很少给别人台阶下。他自己也说："我是个刁钻的臭老头儿。"他打心眼儿里爱钱，晚年时常常要求提高稿酬。

高桥诚一郎是文六在庆应义塾的前辈（年长九岁）。有一次，他和《时事新报》的主编商议，为了重振《时事新报》，得找一位庆应大学出身的作家，来为《时事新报》写连载长篇小说，他推荐了狮子文六。结果，一听到文六的名字，对方无奈地摇头道："不行，他的稿费要得太高了！"最后，高桥诚一郎也万分沮丧，长声叹道："福泽先生的遗业——《时事新报》，就快要撑不下去了。"（《参加岩田丰雄的葬礼》）

大家在文六葬礼上的致辞，更像是一场文学报告会。许多曾批判过文六的人也悉数到场。高桥诚一郎甚至讲了他拜托文六为福泽谕吉的《时事新报》写连载，却被敷衍地写了来龙去脉。

文六自己写小说赚钱，却告诫晚辈田中千禾夫不要把心思放在赚钱上，要多去体验生活。他的意思是要田中千禾夫专心搞演剧。可是话说回来，一门儿心思想着赚钱的，恰恰是文六本人。这样自私、任性的文六让人哭笑不得，可是，也正由于自私、爱钱，才迫使他成为小说家。

高田博厚的哥哥曾在回览杂志《魔笛》工作，和文六交好。高田对于文六的评价是这样的："当我得知，大众幽默作家狮子文六就是岩田丰雄本人时，心里面有一种莫名的失落感。我了解他的尖酸讽刺、不向现实低头，也了解他的野心。我认为，他在日本是独一无二的。……他可以世俗地讽刺，同时也没有丢掉精神层面的东西。但是，他还称不上剧作家。"(《回忆岩田丰雄》)。从文六对待小说和演剧的不同态度，就可以看出来，在他心目中，能赚大钱的小说才是排在第一位的。

文六对于金钱和食物有着超乎寻常的欲望。代表作《大番》讲的是股票商如何赚大钱的经历；《南来的风》写的是一个男子想一夜暴富，最后却一败涂地的故事；《香蕉》的主人公吴天童是一个超级能吃的家伙；《乱七八糟》中，也曾出现过一位名叫田锅拙云的怪僧，想要谋划四国岛独立。文六的小说内容常常和金钱、食物有所关联，非常通俗，所以才获得了如此多读者的支持和青睐。一些纯粹的演剧家对文六嗤之以鼻，他们批评文六的小说是"媚俗的低等小说"。但其实，冷静地思考一下，就会明白，他们其实是在忌妒文六。

喜欢大吃大喝、对金钱充满欲望的文六实在是个怪胎。但是，如果能走进他的内心世界，就会理解他为什么是这种性格。文六说，他所有小说里的主人公，和他的性格都是截然相反的，都是无欲无求的、悠闲散漫的人。文六把现实生活中自己无法做到的一切，全部交给主人公去完成。但唯有食欲，文六和小说的主人公保持着一致。

刚到法国的时候，文六住的是最便宜的廉租房。恨不得一分钱掰成两半花的他，却很舍得在吃上花钱。他曾经坐了四十多天船游历四方，只为吃到三十多种不同口味的奶酪。一说到吃，文六就会变得眉飞色舞、滔滔不绝地说个不停，和他平时寡言少语、神经质的形象大相径庭。

文六五十六岁时，第二任妻子静子患脑血栓去世。他的两任妻子无一例外，都死于疾病。这位别人艳羡的人气作家，家庭命运却是多舛。妻子死后，文六和女儿巴绘搬到了神奈川大矶住。为什么搬到大矶住呢？原因是，这里的鱼很好吃。到底有多好吃呢？文六在美食随笔中有详细的描述。妻子去世带给他的悲痛，最终敌不过美食的诱惑。文六搬去大矶的第二年，做了胃溃疡手术，身体恢复后，便与第三任妻子——幸子结婚了。美食治愈了他的痛苦，性欲也开始复苏了。这一年，女儿巴绘和外交官伊达宗起喜结连理，开始了甜蜜的二人生活。文六一生遭遇诸多不幸，但是，这些不幸很快就被他的金钱欲望、食欲所代替、消弭，这也算得上是文六的一种本领吧。文六的代表作，是在他五十五岁到六十岁写成的。从这一点来看，窃以为，文六在文学方面的动力，大概是来源于他健康的胃吧。

文六七十岁时，肠胃出现了问题。为接受进一步检查，他住进了庆应医院，暂时退出了文学座。就在这一年，以他的作品《可否道》改编的同名电影在松竹上映，作品《岩田丰雄演剧评论集》《岩田丰雄创作翻译戏曲集》也相继出版。前面所说的《美食岁时记》，是文六在七十五岁时下笔，开始连载的。最后，文六这样说道：

"唉，写了一年的连载，真的好漫长啊。别人问我到底最喜欢吃什么，我告诉他是螃蟹。没有原因，没有为什么。一个人，想吃什么就吃什么，就很好。"真是让人啼笑皆非啊。

昭和四十四年（1969，七十六岁），文六获得文化勋章。同年十二月十三日，他突发脑溢血身亡。他离世后，《文艺春秋》登载了他的遗稿。

"我自认为，我的胃口不输给任何人。可是最近，却变得越来越力不从心。听到别人说哪里有什么好吃的，我是很想去尝尝的，但最后，总是因为怕麻烦而打消念头。做起来很麻烦，或是内人讨厌的东西，也无法勾起我的食欲。"

"正宗白鸟濒死时，躺在床上默念阿门。舟桥圣一患脑软化症后，写了让人诟病的文章。当时，我还鄙视过他们……现在，我离死不远了，似乎也没好到哪儿去。我再也吃不下带腥味儿的生金枪鱼寿司了，这真让人无奈。我不会说阿门，最多会说阿弥陀佛。因为，这几乎不怎么需要动舌头。"（《手记》）

文六临死前，仍然对吃的东西念念不忘。真是率真的人啊！

金子光晴
(1895—1975)

出生于爱知县。早稻田大学、东京美术学校、庆应大学中途退学。1928年，携妻子森三千代开始5年的海外流浪生活。"二战"后发表了诸多诗集、随笔，成为了时代的宠儿。晚年被称为奇人。著有《降落伞》《蛾》《骷髅杯》等。

金子光晴

愉快色老头的末路

昭和十二年（1937，四十二岁），金子光晴的代表作《鲨鱼》出版。

"大海中修行的鲨鱼，慢吞吞地躺下，纹丝不动"，由此开始的长诗。其中，有这么几句话：

"鲨鱼什么都不想，眼睛眯成一条线""如小枕头一般的胴体"这种描写颇为生动。"一条残臂露出来""下半身还没完全吃下去"这样的表述亦非常具体。这首诗充满着暴力、血腥，诗中多处出现身体冒出鲜血等夸张、残忍的描写。读完这首让人心戚戚然的长诗，再看晚年光晴的照片，总觉得有点阴森感。

光晴是无赖派的不良诗人，活了八十岁。食欲与色欲，他更青睐于后者。晚年的光晴，被人们称为"愉快的色老头"。媒体对他进行报道时，也直接引用了这一称谓。他的不良做派被部分诗人所不齿。光晴死后，中央公论社将他的作品汇总成十五卷的全集出版。昭和二十七年（1952，五十七岁），光晴的诗集《人间悲剧》（读卖文学奖）发表，他也迎来了事业上最辉煌的时期。昭和四十六年（1971，七十六岁）出版的自传《骷髅杯》是其生涯压轴之作。生命最后的十二年，是他创作的巅峰时期。那时的光晴，跟森三千代结了又离，离了又结，最后提交了结婚申请，妻子仍保留森姓。光晴一生与诸多女子过着放荡不羁的生活，他的著作多半都以女人和性为主要内容。

光晴二十九岁（1924，大正十三年）时，和小他六岁的三千代结婚。昭和三年（1928），三千代爱上了土方定，随后两人住到一起了。光晴强行将三千代夺回来，然后带着她去上海等亚洲各地区开始了流浪之旅。《骷髅杯》就是那时候写的游记。他们把孩子乾（当时三岁）安排在三千代的父母那里，从长崎坐船去了上海。出玄界滩后，大船摇晃得非常厉害，乘客们吐到没有力气，船舱内到处都是呕吐物、男女的汁味和分泌物。

这像是七十六岁的老人写出来的文章吗？在上海登陆后，两人坐上黄包车，"中国的车夫比日本的车夫要脏一些，赚钱也很难。要想赚够二十个铜板，得下很大力气。这些卖力气的车夫，经常到煮牛羊内脏的破饭馆儿去随便填饱肚子。一顿饭大概要二十个铜板，四百个铜板才换不到一日元。我去的地方是可以用日元的。黄包车车夫光顾着挣钱、填饱肚子，何来时间思淫欲"。

上海的街上铺着石灰，被粪便和痰弄得很脏，栏杆锈迹斑斑。落日夕照，流雨轻落，光晴和妻子就这样徘徊在肮脏、混沌的三十年代上海的街头，试图修复爱情。光晴的文体，有一种说不出的优美、颓靡感，在他的笔下，记忆如油画一般铺展开来。

两人在上海落脚，然后依次到新加坡、马来西亚、巴黎流浪，这样的生活持续了五年。带着妻子去流浪，这种事还真像是光晴干得出来的。回国后，光晴依旧一事无成。而妻子写的小说《巴黎旅馆》却深受好评。那时候，妻子森三千代已经是一位小有名气的作家了，而光晴却毫无作为，靠吃软饭活着。

年幼的光晴，常常为自己不正常的心态感到惴惴不安，却又无所适从。不久，养父因工作调到东京，全家也跟着搬迁到了东京。离别那天，他"咬着枕头，一直哭泣到了天明"。

十一岁那年，光晴拜入东京版画家小林清亲的门下学习画画。这让光晴有了一技之长。光晴靠卖画完全可以养活自己。光晴擅长画春宫图。光晴的诗，给人一种身临其境的真实感，这或许与他擅长绘画有关吧。

光晴这样写道：

"我的食欲和性欲同样旺盛。我对女性的肉体有着强烈的兴趣，我对女人也有着血脉偾张的情欲。这种念头始于我十岁的时候。我把少女的身体按部位分开去画，心里面有种奇妙的快感。那张大尺度的画被家人看到的时候，我羞耻得想要去死，但家人却付之一笑，说这孩子画的画好奇怪。"（《诗人 金子光晴自传》第一部）

《人间的悲剧》收录的《食欲之歌》（1952，昭和二十七年）中如此写道：

"北京正阳门外、巴黎大街到处都是让人垂涎的美食，让人不能自拔，垂涎三尺。印有我名字缩写的围嘴儿，在这种情形下根本没时间变干。我短暂的人生，在读了很长时间的菜单中度过。想起那些数不清的餐盘，梦中都会笑出声来。太阳的光烤熟了面包，太阳的热气沸腾了麦酒。"

后面这样写道：

"吃是为了活着，但活着不是为了吃。如青虫一般，我们变得圆润而肥胖。"

虽然爱吃，但光晴骨瘦如柴，一辈子也没有胖过。这还真是有意思。

光晴很喜欢细菌。他把自己也看作细菌。光晴小学时初尝性的快感，经历淫乱的感情生活之后，整个人陷入了堕落的深渊无法自拔。光晴十二岁的时候去吉原游郭找乐子，大人们对他说"小家伙儿，你太小了"，然后被赶了出来。光晴十七岁时，就像个三十岁的成熟男人一样，隔三岔五地逛妓院、找窑姐儿。养父庄太郎也是个风流浪子，这点两人倒是真的很像。光晴二十一岁时，养父因胃癌过世。养父住院期间，养母和邻家的食客价格师通奸，被街坊们说三道四。那时，光晴和表妹秀子经常偷欢，又跟照看养父的保姆搞到一起，真够乱的。养父去世后，光晴和养母平分了二十万元（现在约一亿日元）的遗产，但他乱花一通，很快挥霍殆尽。

光晴自我剖析说："肯定是从一开始就错了，我是明治荒野中的牺牲者。"光晴称自己是青春时代跟异性乱伦的性扭曲患者。但让人好笑的是，他坚信自己"样貌英俊"。看光晴年轻时的照片，他根本算不上美男子，也就是普通相貌吧。

傲慢自大、继承养父的遗产、出类拔萃的才能、放荡的生涯、贫穷、性爱都成为了心灵上的伤痕，继而转化成了作品。光晴将这样的自己视为细菌，依靠这种感觉为生。大正十二年（1923）的作品——《大腐烂颂》（昭和四十九年发表）以"没有不腐烂的东西"作为开头。

"山谷、森林、人都在不断腐烂，腐烂的气味让人心生怀念。地球像一个巨大的苹果，长大、成熟，然后腐烂。思想、自由、道德、爱，统统都在腐烂。"《大腐烂颂》中还有一首"细菌之歌"：

"细菌在菜盘子上，围绕着亿万的九耀纹。细菌无限大，虚数之花。在人指尖，看不见，筑彩虹。然而，细菌只能生长在饭后的废墟之中，堆积的尸体之中，毁坏一切，然后离去。"

这首诗是光晴"歌颂细菌"的绝唱。诚然，诗人跟细菌一样，用语言的细菌将其思想撒下。"我的读物活跃在纸上，能打动人心。爱读的话，一定能看到零零散散的闪耀之光。"他这么写道。

继《细菌之歌》之后，作品《舌》中还有这么一段话："像在海底岩石间蠕动的海参，舌头是欢乐的调味师，是调节人生的根源。""舌头，在全世界放浪。"光晴关于舌头，还这样写道，"撕碎丢掉吧！欲望之女，给轻石和沟水，作为惩罚。"

他一边歌颂舌头，一边给予惩罚；一边肯定食欲，同时又愤愤不平。他与同时代的白秋、啄木等诗人完全不同，是用精神力量去打破时代的人物。一边在打破这种格局，同时，又在现实中迂回，避开了死亡。这就是光晴所说的"明治的荒野"。

光晴说的话，都是对自己的忠实认识。他一直都是我行我素。两岁被送去别人家当养子，大人们心情好了，会说这孩子好可爱；心情不好，就直接无视他。养母一时心血来潮会给光晴穿女孩儿的衣服，这对光晴来说，是一种莫大的愚弄。光晴的幼年时代，像一个可怜的玩具一样被人粗鄙以待。养父死后，光晴虽和养母各拿一半遗产，但他的性格仍旧是扭曲的，并进一步转化为凶器之刃。光晴长大后，变得放荡不羁是必然的。但是，他的放浪却不是孤独的，是带上不忠的妻子一起去流浪。

作品《舌》最后以"赌上此生，为了我这舌头所追求的东西。超越大牢里无与伦比的美味，纵使花费千金，也在所不惜。那正是恋人的唇"作为结尾。作者拼命追求的，是品尝恋人的唇。

光晴的诗中，对自己的食欲和怪物化身似的自己做了最直白的描述。既是对自己的厌恶，又是一种赞美，有种人格分裂的感觉。跟如此多的女子行苟且之事，自甘堕落地和那些女子交欢的同时，又没有欺骗、伤害她们的道德污点，像是求道似的纯粹。

在明治年代出生的男子是耿直的，但在光晴身上，却更能看到纯粹无垢的心境。光晴只相信自然流露的感情。这也使得他的作品中，有着不同于其他文风的专属语言。《米饭》这首诗是他在昭和十九年（1944）七月二十三日所作，当时正值战争时期。

"持茶碗中一杯米饭如日月之辉。褪色的漆筷置于杯米之前，如雪山之巅一般傲然屹立。先祖赐予子孙之量。茶碗中蒸腾的热气，夹杂着内心富足的寂寞。朋友啊，你知道，我也知道……米饭之上的丹霞，如一片彩云。今年大雪堆积的富士山的不毛之路，我在内心祈祷。一杯米饭啊，切勿藏进云中。战争啊，不要再进行下去，玷污世间。"

这是首反战诗。光晴不是从社会主义的立场，而是彻底地从自我精神层面挑战权力。当时的光晴四十九岁，他带着儿子乾到富士山湖畔躲避战争。他"不想成为这场战争的牺牲品"。他们想方设法找米吃，在零下二十度的严寒中，没有窗户挡住冷气，裹着被子，哈口气都能冻住，墨水都变成冰块了。食粮短缺，光晴就在后山开垦了一片荒地。每株玉米只结一个果实，一颗马铃薯最多结四个很小的果实，可天公不作美，下了一场大雨，果实全被雨水打烂了。后来，光晴又种了荞麦，快要收获时，却被台风吹断了枝。

这一年，B-29轰炸机队从富士山上空掠过，东京遭到空袭。光晴的儿子乾收到了第二次募兵令。为了不让宪兵抓走儿子，光晴用生松叶熏儿子的身体，把儿子的衣服扒光，站在雨中淋雨，终于让他患上支气管哮喘。最后，光晴拿着附近医院开的诊断书，成功地帮儿子避开了征兵。如果被军队发现的话，儿子可能就会惨遭杀身之祸。在这种形势下，他写了这首《米饭》。

昭和二十年（1945），战争结束。终于不再遭受战争之苦了，光晴欣喜若狂。他打开录音机，放着美国的布鲁斯音乐，跳起了舞来。

光晴生前，我有幸见过他一面。那时我去请他给我的杂志《太阳》写稿。我和光晴的弟子松本亮在同一家公司。松本后来跟金子光晴以主编的身份创办了诗集《六线鱼》。光晴死后，松本担任了他葬礼委员会的会长。因为是松本介绍的，所以光晴接待我时，很是热情。

诗集《六线鱼》创刊那年，光晴的孙女若叶出生了。三年后（1967，昭和四十二年），《若叶之歌》出版。《若叶之歌》的评价虽然很高，我个人却觉得一般。我觉得，无赖而又反世俗的光晴在有了孙女之后，就变成一位慈祥、善良的老爷爷了。我在吉祥寺的一家叫阪井屋的咖啡店里见到了光晴。

几年后，松本突然来问我："东京最火的脱衣舞剧场在哪儿？""光晴先生想去，所以来问问你。"那时，光晴已经七十岁了。

听闻此言，我就给他介绍了几个跳脱衣舞的场所。光晴有时也会在广播和电视中出现。在周刊杂志的谈话中，光晴对野坂昭直言不讳地聊到自己的放浪和荒唐的性事。但让人吃惊的是，这段时期，是他的创作顶峰期。

这次，我重读《若叶之歌》，猛然觉得，以前读懂的只是皮毛，是自己太肤浅了。光晴在为孙女出生唱赞歌的同时，也看清了自己的死。两岁的孙女若叶，和七十二岁的光晴同时生活着，这在放荡不羁的光晴看来是不可思议的。当时我尚年轻，还没有读懂更深层次的含义。光晴的肉体在慢慢衰老的同时，若叶却在不断茁壮成长。光晴将这种感情自然地表述了出来。这一点在《鲨鱼》以及《米饭》中始终贯穿如一。《若叶之歌》出版四年以后，光晴的自传《骷髅杯》问世。从《若叶之歌》开始蜕变的光晴，开始写起了年轻时的荒诞性事和旅行。

还有一篇我很喜欢的随笔。

"炒面有硬一点的，也有软一点的。青春也是一样。青春也是有柔软的，青春也有坚硬的。回首我的青春，应该是柔软的吧。柔软的青春也有西式和日式的区别。我的青春，是西式的、温柔的青春。"（《青霉 红霉 洋风 和风》昭和四十三年）

光晴写得真是绝了。光晴还写过自传，每次改的时候内容又大不相同。自传有虚构性，随笔也有虚构性。纵观光晴的一生，就是一部长篇自传。自传中有游记，也有诗和随笔。最让人称道的是，其游记文笔的准确性。《骷髅杯》《沉睡的巴黎》《西东》这三部作品，用了浓厚而细腻的文笔，这是旁人无法做到的。

光晴虽然是浪子，可他既不抽烟，也不喝酒。光晴死于昭和五十年（1975）。当年一月份的东京报纸上，刊登了光晴的一段话，现在看来，像是遗言一样。

"葬礼不要大张旗鼓地办,不用守灵。如果非要大办的话,就在吉祥寺东急大楼旁边的'吉'寿司店买个两三万日元的手握寿司,最好别要酒,把在东京的松本(亮)、樱井(滋人)、新谷、佐藤英麻、《面白半分》的佐藤(嘉尚)之流叫去,大家肆无忌惮地聊些猥琐的事儿就行了。"(《竟然昭和五十年了》)

葬礼完毕后,光晴钦点的这五个人聚到"吉"寿司店。如光晴所愿,他们没有喝酒,只是吃了寿司。当时的寿司到底是什么味道呢?这应该也是一段不错的佳话吧。

宇野千代
(1897—1996)

山口县生人。岩国高等女子学校毕业。1921年,第一部作品《脂粉之颜》获得小说征文一等奖,随即去往东京。先后与尾崎士郎、东乡青儿同居,结婚,最后离婚。1936年,宇野千代与北原武夫一起创办了杂志《风格》。代表作有《色忏悔》《阿藩》等。

宇野千代

沉溺于男色

平成八年（1996），宇野千代去世，享年九十八岁。她年轻时，和许多放浪形骸的男子有过情感纠葛，创办了流行女性杂志《风格》，还在京桥开过和服店。但让她真正名声大噪的是小说家的头衔。宇野千代丰富多彩的生活经历，成为了她创作的素材和源泉。同时，她还是一位烹饪达人。昭和三十七年（1962），宇野千代在银座里木挽町家中举办了女性作家联欢会（参加者有大原富枝、大谷藤子、阿部光子、三宅艳子、吉屋信子、中里恒子、板垣直子、真杉静枝、网野菊、壶井荣等人）。她亲自下厨，为大家做了丰盛的晚餐。大原富枝回忆说："宇野做菜非常好吃，她一大早就到河岸边的海鲜市场采购新鲜食材，为我们做了一大桌子好吃的。"（《木挽町、女性文学者联欢会》）宇野不苟言笑，外表看起来有着女王般的威严，但骨子里却非常害羞、淳朴。她对每个交往过的男人都痴情以待，就算分手了，也绝不会说对方一丁点不好。

代表作《阿藩》《风之音》文体优雅、行文通透，融合私小说、净琉璃、法国心理小说的特点，情节紧凑，从女性的视角出发，层次递进地表述，丝丝扣人心弦，有非常强烈的代入感。并且，作者在小说中不露声色地加入了米团、年糕、寿司、便当、米粉糕、鲸鱼醋酱、竹笋、柱娄煮饭、玉子烧等食物的描写，是隐藏在小说主线背后的另一个出彩之处。

《阿藩》《风之音》分别是千代六十岁、七十二岁时创作的作品。人们对她如此高龄仍坚持写作的敬业精神大加褒扬，可千代却认为这不过是尽到小说家的本分，她坦诚说道："豆腐店就要好好做豆腐，饭店就该好好做菜。"

宇野千代出生于山口县岩国，家里以酿酒为生。大正六年（1917，二十岁）来到东京，从事过杂志记者、家庭教师、服务员等职业。她在本乡三丁目的燕乐轩餐厅当服务员时，结识了中央公论社的主编长泷田樗阴。泷田樗阴是燕乐轩餐厅的常客。随后，她又与今东光、芥川龙之介、久米正雄等文学家打成一片。宇野千代天生貌美，被大家称作是"本乡之后"。

有一次，千代和今东光相约外出散步，路过一家蔬菜店，千代进去买了一捆葱。于是，今东光告诉芥川说："千代是那种会在约会逛街时去买葱的女人。"芥川后来以这件事为题材，写了短篇小说《葱》。

芥川龙之介在小说《葱》中，是这样描写千代的："穿着白色围裙的君（千代），美得像是竹久梦二的画中的人物一般。当时的君，租住在咖啡厅附近胡同里一家梳妆店的二楼，每天和恋人田中（今东光）过着花前月下的日子。一天，田中带君出去吃饭。路上，经过一家蔬菜店，蔬菜店的葱贱价出售，旁边的牌子上写着'每捆四钱'。这么便宜的葱可不多见。于是，君停下脚步，对店家说：'我买两捆。'她的声音听起来像是漫不经心哼出的歌声一样好听。田中目瞪口呆地看着此时的千代，她的头发向两边分开梳着，头发里插着一支琉璃草簪子，上半身披着奶油色的披肩，略微盖过脸庞，一只手拿着两捆葱，水汪汪的双眸含着浅浅笑意。"

《我的人生化妆史》中有这么一段：

"胡同口的蔬菜店卖打折的碎莲，一堆三钱，我每天都要去买些回来。那儿的碎莲纤维多，有嚼劲，煮着吃最好了。早饭吃莲，中午的便当也吃莲,晚饭还是吃莲。我有个怪癖,一旦喜欢上某样东西,就想要生活中的全部都是它。对于食物,也是这如此。"

千代说,偏食对身体不好。可是,她却经常偏食。所幸的是,她的身体一直很健康。昭和三十年(1955),《我的人生化妆史》发表在千代主编发行的杂志《风格》上面,分为《为皮肤黑而烦恼的少女时代》《恋爱后,我更加注重化妆》《不化妆的女孩子可要小心了》三节,阐述了她自己关于化妆的看法和观点。那时,千代刚刚和第四任丈夫北原武夫结婚不久。在北原之前,千代和人气作家东乡青儿好过。她的第二任丈夫是尾崎士郎,第一任丈夫是东大毕业后回到本乡的藤村忠。千代和藤村忠一起在札幌生活了五年。

千代的祖上是酿酒大户,在当时算是有钱人家。后来,千代爷爷另立门户。父亲俊次是养子,平时也不工作,靠父辈们给的生活费过活,久而久之,养成了他放荡散漫、花钱大手大脚的坏习惯。千代十六岁时,父亲得病去世。小说《风之音》主人公的原型,就是千代的父亲。当然,小说中对于父亲的描写有一些夸大的成分。千代的生母智早在千代两岁时因病去世,继母柳把千代抚养长大。

岩国女子高中毕业后,千代当了一名临时教员,薪水不高,一日三餐都吃煮豆子。说是煮豆子,实际上,就是把黑豆先放到平底锅中煎,然后盛到盘子里,淋上几滴酱油,就可以吃了,非常简单的食物。后来,千代和另一名临时教员恋爱了,她为他做煮海带,并亲自送到对方家里,这符合恋爱中的千代的行事风格。两人谈恋爱的事被校方知道了,千代被解雇。随后,千代被恋人抛弃,哭得像泪人似的。十八岁那年,她去了东京。由于始终对恋人念念不忘,第二年就回来了。回到下关时,千代去五金行买了一把开刃菜刀打算送给母亲。她把刀用纸包好,别在裤腰带里面,然后去了曾经的恋人的家。结果,对方看到千代带着刀来,大惊失色地喊道:"你是来吓唬我的吗?"随即,他一把夺过刀,远远地扔到竹林里面去了。

"这样的结局真让人意外啊。我一直解释说那把刀是我买给母亲的礼物,可无论怎么解释,他也不相信。说到这里,我禁不住地想,说不定,我在下关的店里买这把刀时,本意并不是作为礼物送给母亲,而是正如对方所说,这把刀是我用来威胁他的。我把刀别在腰带中间,任谁都可以轻易看到,任谁都会这样想,不是吗?想到这里,我的后背不禁一阵发冷。"《活下去的我》

大正十年(1921,二十四岁),千代的作品《脂粉之颜》(笔名藤村千代)获得时事新报小说征文一等奖。二等奖被尾崎士郎摘得,横光利一获选外佳作奖。千代在小说《意料之外的巨款》中写道:"小说,不也是赚钱的一种方式吗?"出于这种想法,她离开了丈夫藤村,只身来到东京,寻求更大的发展。据说,千代走的时候非常匆忙,没做太多准备,家里的碗筷就堆在洗碗池中,没有洗就离开了家。

千代曾向濑户内寂听若无其事地说过,她为藤村忠堕过六次胎。堕胎的理由是,他们是近亲结婚,并且,自己的骨盆很小,这样生下来的孩子养不大。

千代二十七岁时,和尾崎士郎结婚。这一年,她发表了小说《晚饭》,并首次使用了宇野千代的笔名。千代和尾崎士郎一起共同生活了五年,后来尾崎爱上了更加年轻貌美的女人,两人最后离婚。离婚后的千代,整天喝一些奇奇怪怪的东西。"先喝一种德国的安眠药,然后再喝一些酒,马上会变得精神恍惚,有一种说不出的愉快感觉。"(《活下去的我》)

但在别人眼中,千代这样的行为无异于自暴自弃。

昭和四年(1929)三月,法国归来的大画家东乡青儿为情所伤,他拧开家里的煤气阀门,拿刀割开自己的喉咙,想要和爱人一起殉情但未遂。一时间,新闻媒体大肆报道。当时,千代正在写一篇名为《罂粟为什么是红色的?》的小说,正在为不知道如何描写小说中关于煤气自杀的场景而苦恼。于是,她到东乡家取经,聊到夜半,东乡很自然地抱起她，自此，两个心灵受伤的男女开始同居。这是发生在千代和尾崎正式离婚一年以前的事情。

当时，千代和头上缠着绷带的东乡青儿一起吃饭，在被东乡青儿的血染红的、皱巴巴的被褥上睡觉。他们总共一起生活了五年时间。这让一直爱慕千代的梶井基次郎愤愤地说道："和那个不可理喻的家伙过了五年生活，真是让人无语。"

东乡青儿的画作也曾大红大紫过。有钱后的东乡，在世田谷淡岛上盖了一座二百坪的大洋房。他专门造了一间宽敞的画室，画室正中间摆着一张大大的圆形画板。卧室也非常漂亮、豪华。最后，千代被东乡青儿抛弃了。原因是，东乡青儿选择和从前的爱人重修旧好。

昭和十一年（1936），千代（三十九岁）和都报社（现东京报社）的记者北原武夫相爱了。北原武夫比千代小十岁。一开始，北原武夫向千代邀稿，没想到，千代对他一见钟情。她每天都去都报社找北原。

当时的千代，由于频繁更换恋人而"臭名昭著"。北原的上司也提醒他，让他离千代远一点。千代回忆说，外界的阻隔因素，恰恰成为了两人在一起的动力。昭和十四年（1939），千代（四十二岁）和北原武夫正式结为夫妇，并一起创办了时尚杂志《风格》和文艺杂志《文体》。千代和小林秀雄、青山二郎交好正是在这一时期。有一次，千代请小林秀雄帮忙写稿，让他住进了奥汤河原的温泉旅馆加满田，并对他说写不完的话，不准出来。这座旅馆，就是千代"关押"作家写稿的地方。

北原武夫是一位非常出色的小说家，他很了解法国文学，千代从他身上学到了许多法国心理小说的精髓和写作技巧。昭和十六年（1941）十二月八日，日美开战，北原武夫应征入伍，随部队到新加坡参战。战事紧张，国内粮食严重不足，千代不得不想尽一切办法从黑市上弄到食物填饱肚子。

被疏散到热海时，千代凭借天生的机智和聪明，总能搞到吃的东西。她还用白米酿酒喝。因为有吃的，文学界吃不上饭的人都来找她。当时，谷崎润一郎被疏散至此，也来找过千代。

谷崎润一郎这等大人物到访，千代的内心是惶恐的。她试着和谷崎润一郎聊《源氏物语》，但是谷崎却没有回答她，而是问道："你这儿有没有猪肉？"

虽然有些大言不惭，但是，像我这样，能想方设法找来食物的女人，算是凤毛麟角吧？应该算是疏散人群里面响当当的人物吧？来这儿还不到十天，黑市卖活鱼的渔民家住哪儿、哪个山里姑娘卖的黑芋、小豆、萝卜、米最好吃我就已经门儿清了。虽然比不上以前，但是，也算生活得高枕无忧了。

在热海，我有幸见到了文坛大家。他和我的生活方式一样，也是从黑市想方设法搞东西吃。

"那个，先生。"

"嗯。"

这就是我和谷崎润一郎先生第一次见面时的对话。谷崎当时住在热海的来宫。自那天之后，我们几乎每天都要串门，这似乎成为了一种习惯。但是，我们主要是为了交流黑市食物的信息才凑到一起的。

"那个，我搞到了一条冬鲥，给你一半吧？拿回去用盐腌一下，可以放很久都不坏掉。"

"您那儿有猪油吗？我做饭需要点猪油……"

打电话的是我。谷崎会在电话里一一告诉我他搞到了什么好吃的，还会给我送来。(《我的文学回忆录》)

谷崎润一郎回家时不走正门，而是从厨房进。谷崎对食物有着近乎于偏执的执着，对于他的这种执着，千代始终抱有"一种敬畏之心"。

战争结束的第二年，杂志《风格》重新开始刊发，销量相当不错。季刊《文体》也重整旗鼓，登载了大冈升平的战争代表作《野火》，千代的事业顺势达到了顶峰。她给小林秀雄送去了梵·高的赝画，小林据此为她画了一幅画，叫作《梵·高的信》，并登在了《文体》上。

《阿藩》最初是在《文体》上面登载。后来，《中央公论》也陆陆续续地开始连载《阿藩》《色忏悔》。大约十年后，才连载完全部内容。千代把家搬到了银座，每天忙于杂志、编辑等各项事务，几乎没有时间写作。昭和三十二年（1957，六十岁），《阿藩》终于连载完毕。这天，北原武夫来到千代的房间，开口对她说道："律师找上门来了，不给那个女人钱的话，看来是不行了。"

千代这才知道，原来北原和杂志编辑部的一个女的偷情，两人还有了孩子。这件事情给了千代非常沉重的打击。北原告诉千代，那个女的找了律师，要求每个月给孩子抚养费。千代得知一切后，如同晴天霹雳一般，愣在了当场。

千代对作品《阿藩》不断打磨、修改，直到六年后，才正式在中央公论社出版发行。昭和三十四年（1958），《风格》杂志社宣告破产。五年后，即昭和三十九年（1964），千代（六十七岁）和北原武夫正式离婚。其实两人早已分居，只是因为杂志社破产，共同背负了相当大的债务，才没能够立即离婚。直到五年后，债务全部还清，北原拿着离婚协议书来到千代面前，提出了离婚。

"我看着面前的离婚协议书，沉默不语。然后，拿起笔，签字，按下手印。北原推开门出去后，我仍旧一动不动地坐着，一声不发，默默地哭了起来，眼泪止不住地往下流。"（《活下去的我》）

和北原离婚的当年，尾崎士郎去世了。

昭和五十年（1975，七十八岁），千代的另一部人气作品《淡墨色的樱花》（新潮社）公开发表。小说讲述的是关于岐阜县根尾村（现本巢市）一棵树龄超过二百年的樱花树的故事。小说一经发表，好评如潮水般袭来。后来，根尾村还专门修建了一座名为"淡墨色樱花"的石碑。

我第一次见到千代，就是在这个时候。当时，我为了原稿的事情去拜访千代。我犹记得，她穿着一件淡蓝色的和服，系着一条茶色的腰带，戴着一副像是蜻蜓眼睛似的眼镜，右肩略微下沉，看到我来，缓缓站起身来，风韵犹存。

昭和四十八年（1973），北原武夫去世。昭和五十三年（1978），东乡青儿去世。千代的前任们一个接着一个地离开了这个世界，而千代看上去却依旧精神矍铄。

千代八十三岁时，说要做一个"像鲜花绽放般的老太太"。"泡完澡，站在镜子前，看着自己的裸体。侧身轻摆腰肢，周身肌肤红润，看上去好像维纳斯一样。"她在每日新闻《周日俱乐部》发表了宣言："如果有人问，我会告诉他，如同鲜花般绽放的老太太，会以微笑面对任何事，笑起来饱含幸福，这种幸福感围绕在周身，如鲜花般绽放。我要这样活下去。"

她还这样写道："我可能天生比较贪心吧。比方说，对食物之类的，非常执拗。我一旦喜欢上某样东西，会把全部精力都投入进去，直到做到最好。"（《模仿艾伦》）

千代喝的茶，不是京都产的，而是青山二郎在伊东农庄种的茶叶。千代泡茶的手法很独特：不将煎茶直接放入茶壶煮，而是先倒入浅底锅煎一下，然后倒入开水，一下子发出"啾"的声响。

千代喜欢用压力锅做饭。她尝试了很多次，终于找到了用压力锅做出美味佳肴的诀窍。然后，她订了二十多个压力锅送给朋友，并贴心地附送上自己制作的压力锅烹饪时间表。比如，做饭时，该用多少分钟大火、多少分钟中火、多少分钟小火，关火之前要大火收汁，还要盖上锅盖焖几分钟,都一一详细说明。"后来我才知道,我连同时间表一起送给朋友的那些压力锅,他们几乎都没有用过。"千代回忆起来,这样说道。

千代长寿的秘诀在于,对食物孜孜不倦的探求。千代曾坦诚地说过:"小说家和面包店老板的营生是一样的,"换句话说,"和写小说一样,做饭也是需要好好下功夫的。"

于是,千代每天都泡在厨房。她到青山胡同口的海鲜市场、蔬菜店买蚬子、萝卜、白薯等食材,然后回到家中烹饪"千代发明的料理"。她把猪肉搅成肉末,然后调味,最后盛到醋米饭上,做成"猪肉寿司"。

千代九十三岁时,喜欢上了大麦汁。大麦芽长到五六厘米时,摘下来擦成细末,然后加水就做成了大麦汁。"她的屋子里面充斥着草腥味。大麦汁太苦了,喝的时候龇牙咧嘴的。"(《我擅长做梦》)

千代一旦有什么想法,会马上付诸行动。她把保加利亚产的乳酸菌倒入牛奶里,发酵后做成酸奶,送给朋友们。听别人说糙米对身体好,哪怕大家一起聚餐时,她也只吃从家里带来的玄米。她一旦打定主意,就践行到底。

千代九十五岁时,早饭只吃面包和果酱。菜的话,以鸡蛋、沙拉为主。水果是一定要吃的。千代曾傲娇地说:"我有着与年纪不相符的旺盛食欲。"

"人们都说,人越老,就会变得越来越不想吃东西。这是真的吗?今年秋天,我就九十岁啦,对于这种说法,我不敢苟同。我的食欲很好。实际上,是内心变了。年轻时,欲望很多,而现在,我把它整理了一下,变得更加单纯了。"(《我擅长做梦》)

平成四年(1992,九十五岁),千代在日本高桥屋举办了宇野千代展。第一天,濑户内寂听被邀请到会场发言。回忆起当天的情形,她是这样说的:"那一天,人山人海,几乎都没有下脚的地方。我努力拨开身体两侧的人群，用尽吃奶的力气喊着'请让一下'，好不容易才进到休息室。"原定十点正式开展，而热情的人们早在六点就等候在此。

千代九十六岁高龄时，食欲仍丝毫不减当年。那时的她，还在为《须原》和《文学界》写随笔。没有什么比现实更能说明：千代对食物和小说始终表里如一，这两样东西是她生命的支柱。

千代每年到那须的别墅住两次。她在这里采摘天然的蜂斗叶做天妇罗吃。这里有一尊"北原地藏"，神情和北原武夫一模一样，只不过周身长了苔藓。青山二郎、中里恒子、小林秀雄、里见弴等人也曾到这里做客，如今早已天人永隔。回忆起往事，千代唏嘘不已。她在随笔《不仅自然，人也在变》中写道：

"曾在这里写作的人们，如今已不在这世上。现在，只剩下我孤零零一人活着。为什么只剩下我还活着？我从没考虑过这个问题。"

平成八年（1996），千代寿终正寝。中央公论社社长鸠钟鹏二在为她守夜的晚上，说了这样一句话："现在，最后一位作家也离开了。"长年给千代做秘书的藤江淳子，在《我擅长做梦》（中央公论）的后记中追忆道："今天的晚饭，是千代老师最爱吃的玉米啊。老师啊，请再多吃一点吧。"

横光利一
(1898—1947)

福岛县生人。早稻田大学退学。1924年,与川端康成等人创办了杂志《文艺时代》。为对抗自然主义文学,他们发起了"新感觉派"运动。后来,被逐渐兴起的左翼文学所压制。代表作有《机械》《纹章》《旅愁》等。

横光利一

抱着空便当盒的孤寂身影

横光利一写过一篇名为《新鲜的礼物》（昭和四年，三十一岁）的短篇小说。小说讲述了这样一个故事：一天，朋友送给A夫人一盒泡芙。A夫人把它转送给了经常照顾自己的B夫人，B夫人又把泡芙送给了C夫人，C夫人又送给了D夫人。A、B、C、D四位夫人都很善良、贤淑，她们都是舍不得吃才把泡芙送给了朋友。最后，D夫人和她的四个儿子一起吃掉了这盒泡芙。没想到吃完后，母子五人肚子疼得要命，最后，其中两个儿子竟然死掉了。爱心传递的速度终究没有食物腐烂的速度快。于是，直到儿子去世后，D夫人的家中，才第一次收到了朋友们送来的最新鲜的礼物——吊唁的鲜花。

读完这篇小说不难看出，作者对奢侈的美食极其憎恶。作者对一向谨慎的主妇们闹出这样的笑话，毫不留情地进行了讽刺。横光利一认为，"通俗小说才是纯文学"。

大正十四年（1925，二十七岁），《文章俱乐部》杂志展开了一项社会调查，调查的问题是：文人们把稿费花在了什么地方？横光利一的回答是："我的稿费几乎全部用来买鳗鱼吃。"

"《日轮》（大正十三年刊）发表后，我赚到了人生中第一笔稿费，总共两百日元。我把稿费全拿来买鳗鱼吃了。一个月吃了两百日元的鳗鱼。后来才想起来，当时我连房租都交不起。"

大正十五年（1926）六月，横光利一的第一任妻子君子患肺结核去世。横光和君子共同生活了三年，却始终没有领结婚证。直到大正十五年（1926）七月八日，也就是君子去世后，横光才递交了婚姻申请表。横光的小说《春天乘着马车来》（昭和二年刊），讲述的就是和妻子的往事。家里的保姆只干了半个月就离开了。当时，横光一边写小说，一边照料妻子，分身乏术。

小说《春天乘着马车来》中的结尾是这样的：夫妻两人意识到，死亡正离妻子越来越近。一天，他们发现身边多了一束麝香豌豆花。

"这是哪儿来的啊？"

"这束花乘着马车，从海岸边迎着春天而来"。

高中一年级的我，第一次读到这篇小说，就被横光的作品所深深吸引。后来，我一口气儿读了他的《蝇》《日轮》《机械》等小说，并尝试模仿着写文艺杂志小说。

大正十五年（1926）十二月二十五日，大正天皇驾崩，年号改为昭和。这一年，妻子和女儿同时发高烧。横光在《从早到晚》（《文艺时代》大正十五年二月号）中这样写道："妻子、女儿同时发高烧，一天到晚嚷嚷着'冰袋、我要冰袋'，一口饭也吃不下。但过年时，我们吃了杂煮、黑豆、海带和干青鱼子。"

"大家都知道，文学源于生活。大家也都知道，文学不仅仅只是写生活。如果文学只是在描写生活，那么，何谓文学？何谓生活？我们将不得而知。这也是大家都明白的道理。文学是捉摸不透的。我们在此基础上不断探明文学的真谛，但始终不得知。唯一得知的，就是在新潮社发表作品就会领到稿酬。"

"我对餐桌不感兴趣。房间里没有其他的味道，晚上，灯光亮起，映照着餐具发出光泽，这样就很好。……说到我的爱好，美味的食物我也可以吃一些。但最我感到不快的是，吃饭时被打扰。吃饭时不要有太多的心绪，安安静静地吃饭就好。"（《吃饭时》《夫人之

国》大正十年三月号）

横光擅长运用反论比喻，措辞略显揶揄，而这正是新感觉派的特点。一流的文体和另辟蹊径地看待问题的角度，让人耳目一新。

昭和十九年（1944，四十六岁），横光利一在《文艺春秋》上发表了小说《面包和战争》。小说内容是：在东北地区，有一位德高望重的老人，他为了改善当地农民和渔民们的生活，奋斗了六十余载。

"人不能只靠面包活下去——人吃饱后，就会冒出更多其他的欲望，想要成为掌权者。西方国家就是这么来的。但是，在我们国家，大可不必有这个担心。"横光的观点是，"在我们国家，即便有三餐，也只给吃两餐"。

有一次，横光公费旅行，来到地方城市后，发现这里很富有，但给游客们吃的食物却很差劲，像是贫困人家吃的东西。问其原因，当地人回答说是，以前来这儿的游客，跟他们说吃得太奢侈了。所以后来，他们只给游客吃粗茶淡饭。

说到这里，我想起了横光在昭和十一年（1936，三十八岁），作为《东京日日新闻》《大阪每日新闻》特派员去欧洲出差时，和特里斯坦·查拉的对话。当时，查拉开口问道：

"超现实主义在日本获得成功了吗？"

横光当即回答道：

"日本老是地震，所以超现实主义还没有发展起来。"

这样的回答让查拉摸不到头脑。能随机应变，用语言唬住对方，让人不知所云、百思不得其解，这也是横光的一种本领。

横光是民粹主义者，性格很好，心地善良。在小林秀雄眼中，横光是一个言辞、行为故意标新立异，但实际上却很传统、朴实的人。旅行时，横光穿着一身特意在米袋定制的西服，这身西服穿在他身上相当肥大，看上去很不合身。横光却得意地说："这样穿凉快，很好啊。"

昭和二十二年（1947，四十九岁），横光得了非常严重的胃溃疡，快要离开人世之前，他仍然每天都喝茶、抽烟。一到早上，他就拖着椅子来到家里水井的旁边，坐下来，然后泡一壶热茶，再抽几口烟。横光说，喝茶是为了更好地抽烟。喝下一口茶，马上点烟。如果用一直烧着的火柴点烟，烟的味道就会变坏。抽烟之前要先漱口。横光抽的烟不是从市场上买的，而是普通烟叶混着虎杖叶抽。他常说："一天中有五分钟的快乐就很好。"（桥本英吉《战争中的事》）

横光曾对弟子八木义德说："你的作品很有趣，但是，没有写出灵魂。灵魂这东西，没有的话，就不能够称之为好的作品。"横光在下北泽车站前的炸猪排店请八木义德吃炸猪排、煎鸡蛋卷，还请他喝了啤酒。而横光自己，却仅仅喝了一杯啤酒。他不喜欢吃肉，饭量也不大，对弟子却是非常疼爱。

横光在巴黎时，到冈本太郎的工作室做客。冈本太郎打开一瓶年糕罐头，卷上紫菜烤好递给横光，横光吃得津津有味。横光不喜欢吃油腻的西餐，他在国外只吃嫩鸡肉。横光经常光顾一家饭店，饭店的领班知道他只吃鸡肉后，每次看到他来，什么也不问，自动地会端上一盘鸡肉。冈本太郎回忆起这位老友时说道："横光在女色方面完全没有欲望，"他说，"小说就是他的性欲。"

横光还写过一篇名为《白薯和戒指》（1924，大正十三年）的小说。小说主要描写了穷凶极恶的有钱老板和穷人的人性。穷人一家的米缸早已见了底，他们从地里偷白薯、挖田螺、找蜂巢吃，只为填饱肚子。这天，在老板家做长工的穷人妻子找到老板讨要薪水，老板没有给她钱，而是给了她一枚戒指。

小说设定的主人公是两个对立的立场：资本家和无产阶级。作者也在隐喻自己所属的新感觉派和自然主义之间的对立。戒指是值钱的，可是对于穷人一家来说，却毫无价值，因为他们只想填饱肚子。在通俗的描写中去寻求背后隐藏的真谛，这是艺术至上派的做法。

一直陪伴在横光身边的藤泽桓夫、武田麟太郎转而投向左翼文学的阵营。新感觉派时期的同事片冈铁兵则选择继续留在横光身边。亲友北川东彦加入了无产阶级作家同盟。但是，在横光看来，文学是不分阶级的，他顽固地坚持要"克服并超越马克思主义"。北川东彦告诉横光自己加入了无产阶级作家同盟时，横光脸上的肌肉不停地抽搐，他说道："同一个问题有两个真理。一方是真理的话，那么另一方自然站不住脚。如果双方都是真理，那么他们都在撒谎。介于两种真理之间不断探寻，是苦恼的，就像是数学中的排中律。"（《微笑》）

这也是横光究其一生的问题。

小说《白薯和戒指》中这样写道："黑色水缸旁，勺里的水滑过喉咙，发出咕咚咕咚的声响。""咕咚咕咚"的声响自然是人发出的。作者学习马克思，读陀思妥耶夫斯基，却没有丢掉文艺的自律性。小说中还写道，母亲去地里偷白薯，儿子也要跟着去。他哭着说："我讨厌要饭。"母亲用手敲了儿子的头一下，"别哭啦，傻瓜"。

横光不赞同无产阶级文学的观点，遭到了左翼文学派的笔诛口伐。但是，他也从来都不是唯心论者。芥川龙之介去世时，横光给北川东彦写信说："不准去参加芥川的葬礼。我们注重的不是精神，而是实实在在的东西。"北川说："这封信是我加入左翼文学的导火索。"

横光的文章具有深厚的底蕴，他的小说很有张力，这与他孤独的心境是分不开的。《第二艺术论》的作者桑原武夫曾批判过横光。小林秀雄对桑原武夫批评横光这件事大为光火，他找到桑原，当面骂道："你写的是什么玩意儿！你这个人比你写的东西更差劲！"

横光的小说《白薯》（1935，昭和十年）是这样开头的：

"茂盛的蜜柑田如同微微隆起的羽毛枕头，将入海（地名）紧紧包围起来。湛蓝色的天空下，蜜柑田的山丘之间，随风飘来一股浓烈的植物气息。一所老旧的传染病医院，就坐落在这里。"

医院里住着一位老爷爷，靠着渔夫们给他的沙丁鱼过活。每天晚上,都会响起狐狸的叫声。下雪后,小卖铺里面仅有两三根枯萎的萝卜可卖。后来,没有患者到这里来看病了,医院就关门了。老爷爷从床底下找出挖山芋的锄头,打算到山里挖些山药填饱肚子。

这就是横光的视觉性文体。仅仅几句话,就把故事背景交代清楚,仿佛在读者面前竖起了一幅巨大的画,让人置身其中,风的味道、光、声音,都可以感受到。横光的小说大作《上海》《纹章》《旅愁》等,以及短篇小说里,经常出现山药、白薯、沙丁鱼、米饭等食物。可是,横光是对食物不感兴趣的人,为什么小说中还会经常出现食物呢?这是横光不得已而为之,因为他知道,人不吃东西是活不下去的。

横光在国外时经常吃鸡肉。回到日本,他也经常去银座后面的大排档吃鸡肉烤串。对于横光,河上澈太郎是这样分析的:"横光不会去主动尝试新的食物,而是一直吃同一样东西,在吃的过程中慢慢发现、咂出新的味道。他对待文学也是一样,不会去贸然尝试不同风格的作品,而是一直在打磨、探索自己的风格。"

横光平时也喝酒,他酒量不大,很少喝多。出云桥旁边有一家叫"羽濑川"的小酒馆,新感觉派众人平日经常聚在这里小酌。横光有时会和今日出海等人一起到这里坐坐。但是,更多的时候,是横光自己一个人来。他会坐在桌旁,盯着慢慢冷下去的酒杯看很长时间。今日出海说:"横光跟其他柔弱的文人不一样,他内心很坚韧。"但是,横光跟人见面时却经常嘟囔"现在的气候,让人头疼得厉害""不知道身上哪块地方有些疼啊"等一些仿佛神经质般的牢骚。有一次,今日出海硬是拉着横光喝了个酩酊大醉,结果三天后,横光大病一场。

昭和二年(1927),由菊池宽做媒,横光和漂亮的日向千代子结婚了,两人生下了两个孩子。横光的突然离世让千代子有些猝不及防。昭和二十二年(1947)六月,横光开始咯血,随后长期卧床休养。十二月份，横光毫无征兆地开始头晕目眩，并有过短时间的昏迷。但自十二月十五日后，并未有过胃痛的症状。十二月二十九日晚上，虚弱的横光开口说："我想坐飞机。"第二天凌晨时分，横光开始剧烈腹痛，最后一命呜呼。千代子后来在《临终记》中满腹怨气地写道："原大夫说，到清晨时横光的肚子就不疼啦。真是愚蠢而又冷酷的人啊。"

医生说："横光平时常吃素食，这导致他体内营养失衡。"得胃溃疡后，千代子让他吃了很多鸡肉和鳗鱼，这让他原本千疮百孔的胃更加苦不堪言。千代子对此非常后悔。北川东彦当时送给横光一块珍藏多年的天然陨石，说是这块石头有辐射，对他的胃病很有帮助，"确实很有用，夏目漱石的胃病就是用这块石头治好的"，横光听后大喜过望。

千代子口中那个糊涂、冷酷的原大夫，一直宣称对横光采取的是蜜蜂自然疗法。原本讨厌求医问病的横光，对他却非常信赖。横光中学时代，是体操、棒球、柔道达人，身体素质还算可以。

横光利一的儿子横光佑典反驳说："原大夫在每次实施蜜蜂疗法之前，都让横光喝一种神仙药水。"而所谓的神仙药水，要么是掺了黄纸烧完的灰，要么就是生姜末水。

横光的弟子八木义德劝他另请一位正规医生，但是横光根本不听。横光经常暴饮暴食。在巴黎时，他听别人说黄油很好吃，于是他每天吃掉满满一大碗黄油，身体也变得很胖。回到日本后，他却又很快地瘦了下来。横光的性格看似温暾，实则非常倔强。他对待创作也是如此，在小说上下了不少功夫，一遍一遍地打磨。横光从来没有对别人发过火，但对自己却非常狠。他经常为创作新作品废寝忘食，导致身体长期处于亚健康状态，这也是他得病的原因之一。横光的初期作品具有强烈的自然主义色彩，后来崇尚新感觉派，最后回归人类主义。每一次风格的调整，想必也会给他的身体带来不小的影响。

《盐》是横光利一的遗作。盐和米，是日本最古老的食物。"这个时候，我的家里面，囤积了许多作为配给品发放的糖，但是盐却常常不够用。于是，我们就用等量的糖和邻居换等量的盐。""砂糖好吃，是因为它会麻痹人的感觉，让人尝起来很甜。但是，吃多了糖，反而会觉得苦。于是，我知道了糖其实是含有一定毒性的。但是，很多人喜欢这种毒性，他们像吃禁果一样吃糖，并且感到很快乐。"

　　横光非常认同石塚式食饵疗法，所以，他们家做饭时不放糖和肉。但是，连续二十天不吃糖和肉，人的身体难免会发出想吃甜食的信号。最后，横光选择了吃糕点。当时，他说了一句话：

　　"春晓和罪恶，都留在了我的胃里。"

　　《甜蜜的生活》这部作品对横光来说，像是敌人一样的存在。横光决定写完这部小说之前不刮胡子。这天，横光终于写完了。他一边刮着胡子一边说："哎呀，恶魔终于走了。"

　　昭和二十年（1945，四十七岁），横光一家因战事被疏散到妻子的老家鹤岗。当时，他们租住在一户农家，每天自己烧饭吃，直到战争结束。横光是非常不愿意租房子住的。后来，在横光追悼会上，菊池宽向大家问道："横光被疏散时，过得怎么样？"川端康成回答说："啊，那时他的日子可一点儿都不好过啊。可即便是这样，他也从没在人前愁眉苦脸的。"

　　横光有些不谙世事，他甚至都不会打电话。他偏瘦，但是却有高血压，又讳疾忌医。战后，他因为长期消化不良，导致久卧在床。川端康成身材更加消瘦，可是身体却很棒。大佛次郎说川端康成像是"蜈蚣"一样，有百足，不知疲惫。和川端康成比起来，横光差得可就远了。横光本来身材就偏瘦，饮食方面又缺乏营养，所以看起来更瘦了。

　　八月十五日，日本宣布投降。这一天，横光从鹤岗出发，踏上返回东京的路途。他用了将近一百天才回到东京，他将一路上的见闻、感受,以日记的形式记录下来,整理成作品发表,作品的名字叫《晚上的鞋子》(昭和二十二年刊)。每天晚上,横光都被无处不在的跳蚤折磨得够呛,每次看到这些吸血的小虫子,横光就大叫:"它们又来空袭啦!"横光一家借住在农户的一间小屋子里,配给食物少得可怜,最多再加一点蔬菜,就是每天的伙食。没有香烟,横光就用虎杖叶代替烟叶卷起来抽。这样的生活虽然艰苦,却也恬淡。有时,横光会带着孩子们沿着泥泞的小路,到温海温泉美美地泡个澡。温海温泉在战事激烈时,被当作海军伤员宿舍,后来,伤员们陆陆续续走了,这里又重新恢复营业。

刚一到家,横光又被别人硬拉着去听公开座谈会。横光对上台发言的医生一点也不感兴趣,根本不想听他大肆吹牛。听说,这位医生在给患者做盲肠手术时,不慎把手术镊子落在了患者的肚子里,没有取出来就缝合了。

虽然生活很艰苦,但是横光觉得,"人只要活在世上一天,就要有意义地过完一天。"他不想虚度,想创作一部短篇小说。

"写作是另一种形式的、相对轻松的劳动。但是,许多人仍未把写作当成是劳动的一种。如果没有写作,何来抽象呢?如果没有抽象,近代自由又是如何萌发的呢?"横光如此自问。

战争结束后不久,有一位清廉的法官因为坚持原则,坚决不从黑市上买米,导致营养不良,最后竟死掉了。横光想从黑市上买米,但却苦于买不到,这也是导致他去世的原因之一。

横光在遗作《无题》中这样写道:"近来,我每天都要做的事情看起来有些古怪。清晨起床,然后洗脸。洗完脸后,喝一杯茶。喝茶是让我最开心的事情,但也就只有短短二十分钟的时间。喝完茶,我这一天的幸福也就消失了。接下来做的事情我不说你也知道。剩下的就是盼着明天幸福的二十分钟到来。早晨我是不吃早餐的。虽然我也很想吃,但是还是不吃比较好。……我讨厌到人多的地方去。我有钱买米，可是，我不知道怎样到黑市上买米。……我一大口喝掉最后一口茶，穿上鞋子，把空便当盒夹在腋下出门了。夹着空便当盒的我，看起来有些好笑，但这是我的任务，我回去时要把它装满，这也是我给你写信的缘由。我出去找了一天的米，却一无所获。可能是买米的人出去了，或者是其他想不到的原因，总之没有买到。我很不想给别人添麻烦，但是，我想试试看能不能从您那儿讨一杯白米，倒进我的铝盒里。你知道了吧？找米，真不是一件容易的事儿啊。"

横光利一三十八岁时，发表了《横光利一全集》（全十卷·非凡阁），并成为芥川文学奖第一届遴选委员会委员。四十二岁时，发表《横光利一集》（全六卷·创元社）。作为新感觉派的旗手，引领了一个文学时代的小说界先驱，彼时的横光，在荒村中茫然无助地徘徊，他的心境，又有谁能体味？

吉田一穗
(1898—1973)

出生于北海道,早稻田大学英语专业中途退学。深得俳句之精髓,曾尝试写过三言诗。1948年发表的诗集《未来者》得到大众认可。晚年卧病在床,仍坚诗歌创作。

吉田一穗

饮月狂徒

吉田一穗出生在北海道木古内。父亲是鲱鱼场的船主,家庭条件也相当不错。因此,吉田一穗打小就很狂妄,目中无人。同时,他又很有骨气。

古平寻常高等小学高年级毕业的时候,为了惩治粗暴的老师,一穗召集了一帮同伙,把他关到一个寺庙里。作为回报,一穗买了很多馒头、包子、浴巾,作为礼物送给了小伙伴。船主的儿子,花起钱来当然是眼睛都不带眨一下的。一穗继承了父亲的叛逆。到北海道中学读书时,因为殴打高年级同学,被学校开除。后来,一穗揣着家里给的两百日元去了东京。回想起儿时的家境,一穗说"像群山一样厚实"。"我脾气暴躁,身材魁梧,是遗传了父亲和祖母。我虽然是渔民的儿子,但是幼年时,体质跟母亲一样偏弱,经常生病。"(《海之思想》)一穗对食物非常挑剔,特别是茶。

一穗十五岁时去了东京,住在一间小出租屋里,每天喝牛奶,吃面包。但是,一穗以前过惯了大鱼大肉的日子,这样的生活在他看来是清苦的。二十岁(1918,大正七年)那年,一穗考入早稻田大学英语系,跟横光利一成为同窗。他在大学的短艇部担任舵手,本就健壮的体魄变得更加强健。他读大学时,每天都到隅田川划船,久而久之,性格愈加自信、坚韧。

一穗祖上三代靠打鱼为生，自他十八岁时家道开始中落。二十三岁时，父亲无力供应他上学，一穗索性退学了。他的母亲在老家开了间杂货店，后来也倒闭了。这年冬天，一穗决定做一位诗人，他写了一首诗，取名《母亲》。

那段优雅的距离，
那么悠远的风景，
在悲伤的彼岸，
夜半试探寻找母亲最柔弱的声音。

这首诗收录在大正十五年（1926）发表的诗集《海之圣母》之中，是一穗的代表作。年轻时初出茅庐的作品即为代表作，也就是说，一穗出道即巅峰。后来要想有所突破，必将付出更加艰辛的努力。长大成人后的一穗，过得并不如意。他像是法国象征派诗人保尔·魏尔伦口中的"被诅咒的诗人"。他既不被上流人士所认可，也不被大众所认可，只能孤芳自赏。一穗与北原白秋在诗歌上的天赋不相上下，却一生都在贫苦中度过。

二十三岁那年，一穗还在小田原的"猫头鹰庄园"拜访过白秋。他和好酒的若山牧水关系很好。在片山伸的引荐下，他投稿给实业之日本社的幼年杂志。当时的一穗，既拥有创作畅销作品的能力，也有崭露头角的机会。他写了很多的童话和童谣，凭此有了一些收入。他投过稿的杂志有《少年俱乐部》《少女俱乐部》《幼年朋友》《妇人俱乐部》等。杂志《金星》（大正十四年六月）中，有他写的一篇名为"月光酒"的童话。

"咣当咣当的水车场里，一大清早，蝗虫就啄着大米，蚂蚁工人汗流浃背，卸下沉重的稻草包，在小屋的前面敲着门。"

这是写给孩子们看的童话。蝗虫和蚂蚁聊起蜜蜂酒仓的事儿，却被懒汉蝙蝠听了进去。蝙蝠打算去偷蜂蜜。白天，它呼呼大睡。入夜后，在月光的映照下去偷蜂蜜。蜘蛛告诫过它"别把蜘蛛网弄坏",蝙蝠却置之不理。蝙蝠偷蜂蜜得手后,正暗自窃喜,却不料被蜜蜂抓住狠狠地教训了一顿。它向蜘蛛求助,蜘蛛没有搭理它。这时,蝗虫飞了过来,对着只剩半条命的蝙蝠喊道:"游手好闲的家伙,干了坏事然后让人救,不就是给人找麻烦吗?自己去工作啊。"听了这个,蝙蝠陷入了反思。

"对啊,我也要开始找个什么工作吧。"回到阁楼的蝙蝠,对自己做的事儿非常后悔。他想起了蝗虫和蚂蚁聊起的酿酒的事情。蝙蝠想,萤火虫可以从月见草中提取精华做出香水,那么,自己也能够从那美丽的月光中酿出美酒。那夜之后,蝙蝠开始跟炼金术师一样,用三棱镜分析从屋檐下照进的月光,把松露滴入试管中专心做起了研究。大概不久之后,它就能从月光中酿出这不可思议的美酒吧。

文中的蝙蝠,其实就是一穗自己。童话里的蝙蝠,是一穗自虐式的一个影射。童话中的月光酒寓意着什么,孩子们自然无法理解。白秋说,一穗无法做到将诗和童话完全分开。一穗虽然写的是童话,最后还是走入诗人的幻想世界。

之后,一穗又写了《Macbeth夫人》(《故园之书》)。喝了月光酒后大醉的Macbeth夫人,"有着让人忌妒、内心燥热的美貌,她用这种美貌迷惑了所有人"。一穗诗中的月光酒,是充满着诱惑、妖媚的,但不适合在童话中出现。一穗为了生计而去写童话,其实,稍作修改的话,就能成为一部纯粹的童话作品。但一穗做不到。

一穗说:"我这四十五六年,一直以诗为伴,试图把诗从黑暗中拯救出来。这是一种无法痊愈的病。或许死了,才能完全离开诗吧。就算死了,也会给后人造成麻烦吧。"(《渔父庄》)。

三十二岁(1930,昭和五年)时,第二部诗集《故园之书》发表。卷头诗《业》中如此写道:

人不生,地也不熟,没有任何依靠和安慰。

满是泥泞和哀叹的小路尽头,是一间陋室。
手头的小营生,点亮了夜里的点点灯光。
我胸中的饥渴,被现实和否定的噪音所燃尽!

字里行间洋溢着沮丧的心情,带给人灰蒙蒙的意境,完全没有了写《母亲》时的抒情。此时,内省和审视成为了他的主线。《故园之书》中全都是散文诗,洋溢着作者孤独无靠的情感。这篇诗集出版后,一穗获得了不少好评。但是,这样的立意与白秋、福士幸次郎的《新诗篇》创办方针是截然相反的。后来,一穗只能帮白秋做编辑工作。他主持编辑的《白秋诗抄》《白秋抒情诗抄》发表在岩波书库。但是,他得到报酬却比想象中少许多,生活陷入窘迫。

三十七岁(1935,昭和十年)那年,一穗在《圣餐》二号上面,发表了《VENDANCE》。这首诗是这样的:

我们收获葡萄,
大镰刀收谷入仓。
落日的璀璨紫霞,
酒足饭饱后高歌,
窖中的美酒恰好。

妻子说一粒米都没有了,他却丝毫不着急。开始画起了葡萄,最后作了此诗。虽有些可怜,却不悲惨,他的内心是桀骜不驯的,甚至颇有些自负。这种自我陶醉的心境,可与山上忆良《贫穷问答歌》的意境相匹敌。

在以前,一穗一直是刻意无视物质生活,幻想着摸不着边际的世界。现实中,他连孩子都养不起,生计也成了问题。现实中的窘迫生活,与一穗的诗歌世界形成了强烈的对比。他宁愿饿得直嘬牙花子,却可以欣然沐浴在月光下露出自负的微笑。

三十八岁,一穗的妹妹良枝过世了。

"二月初四,噩耗传来,故乡吾妹丧。彻夜未眠,焚落木以至天明,作此三言诗以为祭。"

鸟迹绝

拾流木

烧鱼介

勺浊酒

涛声骚

波蚀洞

在一穗的精神世界中,诗歌是排在第一位的。食物、吃饭这等人间烟火之事,不应该出现。他认为,诗歌中出现食物,是可耻的。但反过来说,一旦他的诗歌中出现了食物,其实从侧面说明了,他的精神已濒临崩塌。这首"哀歌"后来改名为"鱼歌",刻在北海道乡村古平町的严岛神社入口的诗碑上。一穗每一句诗的背后,都满藏北海道男人与生俱来的不安和倔强、孤独,让人读之无不为其动容。

"祖父(1863~)拿着枪去沼泽附近的猎场打猎"(《家系树》),描写这个场景的诗人,自己也背着枪酒后兴奋地在草原上徘徊。结果,一个猎物也没打着,牵着狗回到小屋。被雪淋湿的衣服冒起了白汽,脱掉鞋后,满屋都是臭味。随后,就有了"生命就是在地下百尺的黑暗之处捧出清澈之水"这样的绝句。从这一句,就能看出他的坚韧。

一穗和稻垣足穗在开会时说道,他为自己是普通百姓而感到自豪。他认为,"劳动当中,最累的就是种田,老百姓就是靠着种东西才能活下去"。足穗在一穗面前有点招架不住。主持人加藤郁乎说"喝那个大瓶的日产威士忌吧",结果被他责备"买那么大的干什么啊,应该喝多少买多少"。最后,足穗被他气得拂袖而去。可是一穗还误认为足穗是去买新的威士忌去了。一穗的酒量也很大,相信不会输给足穗。

但是，他没有足穗那么粗野。

四十岁的一穗，生活得最为贫困潦倒。家里没钱交电费，点起了煤油灯。了解到他的窘境后，诗人福田正夫开始给他寄钱，前后持续了两年左右。四十一岁时，一穗因欠地租而被没收土地，搬到三鹰三坪的出租小屋住。太平洋战争爆发时，他四十三岁。

一穗痛恨战争。昭和三年（1928）的诗《播种人》中，有"家畜无存，一个子儿都没有了""我们种下的种子颗粒无存""饿死线""战争还在继续"这样的句子。句中，能看出一穗一直在饥饿边缘挣扎。"饿死线"是一穗造出的新词，指的是人快要饿死的临界点。"饿死线"的对面，就是死的荒野。而一穗，就在"饿死线"上左右徘徊。站在"饿死线"上的他，头脑中不断涌现出诗歌中奇幻世界的意象。

> 紫色落日的点滴，
> 圆圆的葡萄果实，
> 收获的大镰，
> 风过谷仓。（《水边合唱》）

这是一穗在昭和十五年（1940，四十二岁）完成的作品。挣扎在饿死线边缘的他，看到一粒葡萄像被施了魔法一样，在紫色的落日余晖下滴落下来。昭和十九年（1944），弟弟忠雄战死沙场。随后，生父幸朔也去世了。昭和二十二年（1947），母亲告别人世。

一穗那时经常喝酒。对于一穗而言，酒是能将自己带入荒漠、忘却自身的一种奇妙之旅。在酒后朦胧混沌的世界里，他才能找到真正的自己。

他昭和十七年（1942，四十四岁）的《酒神》这样写道：

> 在我走的路上撒满鲜花吧！
> 这里有新谷物和葡萄的祝贺。
> 总有泉水从某处汹涌流出，

烤焦的面包,

蜜蜂们纯粹的琥珀色的亢奋,

苦苦等待谷物的金黄,

朝阳早已酿入葡萄的清香。

在战事最激烈的时候,一穗在歌赞美酒。他把对战争的憎恨幻想成空谷仓。他写反战诗,却不喜欢无产阶级文学。一穗是不妥协的,他永远保留自己内心的那份孤傲。

为了请一穗为杂志《太阳》写稿,昭和四十五年(1970)九月的满月之夜,我和诗人难波津郎到三鹰台一穗家里去拜访他。这位七十二岁的高龄诗人,当时端坐在三坪的书房里。他为我们泡玉露茶,喝完茶后,又在杯中倒入北海道产的威士忌。在明亮的月光的映照下,我们聊到了月光酒的酿制方法。这位骨瘦如柴、牙齿不全、满脸皱纹的老人,哈哈大笑起来。接着,他为我们讲述了月光酒制作的秘诀。他说,外面小贩卖的威士忌兑着月光也能做成月光酒。

他的家很小,只有三张草席大小的空间。角落燃着火盆,火光随着微风摇曳。一穗过着隐士一般的生活。难波津郎是公司的前辈,非常尊敬一穗,席间吟诵了一穗的诗歌"我收获着葡萄……"一穗说:"这个世界上最好吃的就是鲍鱼汤。将鲍鱼切成薄片煮成味噌汤,最后加入葱末,这汤绝对是日本第一啊!"说完,他又哈哈大笑起来。那时,一穗的随笔《归心万波》已经在《定本 吉田一穗全集》(小泽书店)上刊登了。在全集的别卷里,一穗和加藤郁乎的谈话中也提到了我。

之后,我每次去北海道,都会去找有没有卖鲍鱼味噌汤的店,但是一直都没有找到。我也曾试着找专人做,也没能找到。鲍鱼味噌汤是渔民料理。船主过节时才能吃到吧。所以,只能想象一下它的味道吧。

一穗喜欢对料理展开幻想。他虽然过着贫困的生活,思想中却饱含诗魂,臆造出很多食谱。其中的杰作——在天河钓鱼就是之一。

银色微波，

海女之川，

何鱼上钩？《天河》

一穗专门做了独白："我在飘着厚厚云朵的水流上，垂下鱼钩，愚蠢地等着鱼儿来上钩。不出所料，没有一条鱼上钩。"在他的笔下，一根渔线，就把他和天上的世界联系到了一起，从而映衬出了精神层面的东西。对诗人而言，没有修辞表现，精神也就变得没有意义，单纯的描写不能称之为艺术。

"整日坐在水边，却一条鱼也钓不上来。内心在纠结着，踟蹰不前，和水中若隐若现的云彩戏玩起来。自古面朝大海思考的思想家，出人意料的竟没有一个日本人。"（《画龙》）

一穗也想在自己的内心世界钓一钓鱼。这是一种野蛮行为。他睡着的时候也想着去钓"梦"。对一穗而言，心中的荒野是沉睡在体内的恶魔，他想将其钓上来煮了、烤了吃掉。

"如果作家看到内在的神，也预示着他的魔力消失了……"

一穗跟神仙一样以食虚幻为生。所谓食虚幻，并不是指吸食欲望，而是吸食贪欲。贪婪地吃着，同时又徘徊在饿死线的边缘。同时，神兽化的诗人自己耕地、种大米、种豌豆，扛着枪去雪原狩猎，每天在迷茫中度过。肉体的彷徨就是精神的彷徨。"思考是不自然的。怀揣梦想的同时被现实撞击，意识被撞得粉碎，然后解体。"

昭和四十八年（1973），一穗逝世，享年七十五岁。长谷川四郎想起当年拜访一穗时，母亲说"给他带些盐去"。

一穗的短歌中有"口含血痰，仍不忘摸索枕边之原稿至夜半"之言。这着实让人感到凄凉。

最后，奉上我很喜欢的一穗的一句诗：

"秋风及吾妻离家之余酒。"

壶井荣
（1900—1967）

香川县小豆岛生人。1925年来到东京，与壶井繁治结婚。她是左翼运动的支持者。1952年发表《二十四只眼睛》，成为当年最畅销的小说，之后被拍成电影大卖。此外，她还创作了不少儿童文学作品。

壶井荣

矮脚饭桌上的文学

昭和二十九年（1954）的我，还是个小学六年级的学生。那年年末，学校组织学生们观看电影。我们当时看的是根据壶井荣同名小说改编的电影《二十四只眼睛》（松竹电影公司出品）。小说中的小学教师大石由高峰秀子扮演，她在小豆岛上骑着自行车英姿飒爽的身影，在我脑海中留下了极深的印象。

《二十四只眼睛》讲的是昭和三年（1928），大石老师回到家乡小豆岛一个贫困乡村的小学任教，和十二位学生之间发生了一系列感人的故事。战后，大石再次来到当年任教的小学校，和饱受战争苦难、侥幸活下来的十二位学生再次相拥，潸然泪下。电影散场后，我记得带队老师在回去的路上一边走一边小声啜泣。就在那个时候，我成为了一名坚定的"反战争主义者"。我常常想，小豆岛，到底是一个怎样的地方呢？

电影《二十四只眼睛》获得了空前好评，热度居高不下，刷新了电影上映时长纪录，一时间，壶井荣大受人们追捧。

电影中出现了不少吃饭的场景。其中一次是，大石老师不慎跌入陷阱导致骨折，学生们前来看望她，大石请学生们吃清汤面。学生琴江对这份清汤面有了特殊的情感，她永远忘不了清汤面的味道，"一提到清汤面，就会想起大石老师。一想起大石老师，就会想到清汤面"。

另外一个关于吃东西的场景是，一直向学生们灌输反战思想的稻川老师被捕了，为了让老师不至于挨饿，他的学生们偷偷地把鸡蛋一个一个塞进看守所，给稻川老师吃。

除此之外，电影中还出现了大家在院子里种萝卜和红薯、南瓜藤蔓爬上屋顶的画面。学生们也到野外摘虎杖叶吃。有着相同经历的我，当时看到这样的场景后，感到无比怀念。最后，电影中还出现了在小豆岛沿岸捕捞的小鱼和螃蟹等食物的画面。

电影中有关于百合花图案的便当盒的桥段。学生松江想要一个百合花图案的便当盒，母亲始终没能满足他。就在开学的第一天，母亲因病突然去世。大石老师得知后，送给了松江一个百合花图案的铝便当盒。最后，松江去了面条店打工，没能参加毕业旅行。他非常珍惜老师送的便当盒，一次也没舍得用过。后来逃到防空壕里，也把便当盒当成宝贝一般爱护。这次重读《二十四只眼睛》，回想起当初看电影的时候，自己哭得像个泪人，还真有些难为情。

壶井荣写《二十四只眼睛》是在昭和二十七年（1952）。当时的她，已经五十二岁了。

壶井荣三十七岁时创作了第一部人气小说《萝卜缨》。二十九岁时，她的作品《无产阶级文士妻子的日记》在杂志《妇女界》上发表。当时，《妇女界》公开征文，壶井荣怀揣这部作品投稿，最后被一眼相中，还拿到了三十日元的稿酬。

壶井荣出生在香川县小豆岛，父亲是箍桶匠。她和同为小豆岛生人的无政府主义作家壶井繁治结婚。繁治是文艺杂志《文艺解放》的编辑、发行人。他和杂志社的其他人思想相左，支持马克思主义。后来，他与三好十郎、高见顺、新田润等人成立了左翼艺术同盟，因组织游行示威，被捕入狱二十九天。在这之后，壶井繁治多次因扰乱治安罪被逮捕拘留。《无产阶级文士妻子的日记》，就是壶井荣在这一时期所写。

《无产阶级文士妻子的日记》记录了壶井荣每次到看守所看望丈夫的情景和对话。她会向丈夫说没有生活费了，有钱该多好。但其实，这并不是她的抱怨，她打心眼里没把钱看得很重，也没有觉得日子很苦。他们的小女儿也自豪地跟别人说："我爸爸是无产阶级劳动者。"三十元的稿费让捉襟见肘的日子开始好过一些。壶井荣也意识到，原来，"写东西可以赚钱养家"。

《无产阶级文士妻子的日记》发表两个月后，警察又上门来抓捕繁治。壶井荣以迅雷不及掩耳之势把《无产者新闻》购买者名单藏了起来。警察拷问繁治无果，也没有找到证据，只得在二十九天后再次把繁治放了出来。当时和繁治一起释放的松山文雄也跟着来到繁治家里，壶井荣用夏橘和鸡蛋做成一杯特殊的饮料给他们喝。松山文雄回忆起来说道："太好喝了！那个味道，我一辈子也不会忘。"（《故乡的味道》）

"荣把夏橘剥皮，再把橘肉揉碎，然后加入砂糖，打入鸡蛋，搅拌成糊状就可以吃了。我们在狱中待了好多天，因为营养不良、缺乏运动，很容易得脚气。这杯富含营养的饮料，对当时的我们来说，简直太棒了。"（壶井繁治《鹭宫杂记》）

繁治也很喜欢荣做的"面条火锅"。把从老家小豆岛带来的面条、鱼、蔬菜一起下到锅里煮，就做成了这道美味可口的火锅。荣的的确确是一位料理达人。

因为经常有《左翼艺术》的同志到家里来，每月要吃掉将近八斗（大约二十千克）米。荣除了要给丈夫和朋友们做饭之外，还要挤出时间来做被子赚钱、替丈夫到战旗社送信，有时忙到很晚才回家，累得瘫倒在门口就睡着了。

昭和八年（1933，三十三岁），小林多喜二被关进筑地警察局，严刑拷打致死。壶井荣受《文学新闻》之托，为小林多喜二写了一篇悼文。宫木喜久雄对这篇悼文大加赞赏，却没有正式发表。或许是担心悼文一旦发表，壶井荣也要被捕入狱。翌年，宫本显治被捕入狱，后来被转移关押在网走监狱。在宫本显治未转到网走监狱的十二年间，壶井荣经常和他的妻子百合子一起到监狱来看他。在壶井荣三十七岁成为知名小说家之前，她一直是无产阶级坚定的支持者，为共产党人默默地奉献着。

壶井荣的小说既不像无产阶级文学那样谦卑，也不媚俗，而是非常自然、大方、朴实。人们把她的小说叫作"便装小说"。

昭和十八年（1943，四十三岁），太平洋战争局势愈演愈烈，官方对出版物的审查也愈加严格。这一年，壶井荣在《妇人朝日》上发表了小说《裁缝箱》。小说讲的是，一个女子带着上小学四年级的女儿一起生活。她在病死之前，把自己的衣物卖了五十六钱，给女儿买了一个裁缝箱，让女儿吃了碗热面条。

"来两碗热面条。"

母女二人靠着饭店门口的门框站着，望向厨房。厨房里煮面条的大锅中，热气腾空升起。女儿突然感到肚子饿得难受。海带酱汁的味道飘到了鼻腔里，让人迫不及待地想大吃一顿，女儿的肚子也不争气地开始咕咕叫了起来。其实，从这里到家仅有一公里的距离，路上还可以买点米，回家就能马上给女儿做米饭吃。但是，还是想看到女儿吃上想吃的面条，想看到她开心的样子。

热腾腾的面条终于端到了两人面前。虽然只是加了酱汁的素面条，但是，母女二人还是忍不住吞了口口水。女儿学着母亲的样子，在面条中加了些佐料（辣椒），然后夹起一口吃了下去。猛的一下，女儿像是惊到了一般，扔下了筷子。她感到喉咙快要烧起来了，舌头辣得不行……于是，妈妈只好再给她要了一碗。

小说的结尾，是三十年后，女儿成了旅馆的老板娘，她看着母亲买给她的裁缝箱，心中升起无限怀念和伤感。这里的裁缝箱，和小说

《二十四只眼睛》中百合花图案的便当盒有着异曲同工之妙。

壶井荣非常喜欢吃小豆岛的细面条，这在她的小说和随笔中，也经常出现。战旗社刚创办时，有两位客人到访。壶井荣给他们下了细面条吃，两位客人一口气吃了足足五个人的饭量，吃完还大呼："太好吃了！"两人走后，繁治问壶井荣他们是谁？壶井荣回答道："中野重治和宫木喜久雄。"（《两位客人》）

荣对细面条也曾怀念地写道："盂兰盆节时，这家传来吃面条苏噜苏噜的声音，那家传来吃面条苏噜苏噜的声音，整个村子，都是苏噜苏噜吃面条的声音。"（《符纸·细面条·什锦寿司饭》）

小豆岛有一个传统，新生儿百日那天，要吃细面条。第一次吃，仅仅只能咽下一粒米大小的面条渣，随着时间流逝，婴儿越长越大，吃的面条也越来越多，不知不觉间已长大成人。壶井荣的小说中经常描写平民食物，因此，添田知道把她的小说叫作"矮脚饭桌小说"。

壶井荣在战争年代还写了不少童话作品。她在杂志《少年之友》《少女之友》《少国民之友》《少女俱乐部》《幼年俱乐部》都发表过童话小说。写儿童小说，也是为了在战争年代免于非难。昭和二十年（1945），荣在杂志《少年俱乐部》上发表了《山顶上的一棵松树》，这篇小说让她名声大振，成为战时最当红的流行作家之一。

壶井荣在创作童话《海之魂》时，为了寻找灵感，到上林温泉住了两个月。这篇童话后来改名为《有柿子树的人家》，获战后第一届儿童文学奖。

同年七月，壶井荣参加文学报国会举办的讲座，参加插秧活动，并在埼玉县鸿巢试验所举行的猜种子比赛中获得一等奖，领到了奖品小豆。繁治在十二月开始到北隆馆出版部工作。夫妻两人对待生活的态度都非常认真。

战争结束后，荣开始写《右文记录》。右文是一名战争中的孤儿，为了他的将来着想，荣觉得一定要记录下他成长的轨迹。荣身体不太好,总担心自己会突然死去,这种念头让她想尽可能多地记录下来一些东西。战争结束后,自昭和二十年至二十六年期间(1945—1951),荣一直在写《右文记录》,并发表在杂志上。

"细面条是我的家乡小豆岛的特产,它穿过层层关卡,伪装成书信送到我身边,可谓是'小豆岛的牵念之线'……细面条根根散发着如同丝绸般的光泽,在烧开水的锅中翻腾不止,把筷子伸进去,翻滚的面条就会缠在筷子上。"

"右文用筷子捞面条,却总是夹不太好。在锅中不断翻滚的面条,就像是水中游泳的鱼儿,总也夹不住。"

"右文是个吃货,他的嘴里总不闲着,吃鸡蛋、吃苹果,还从朋友家的杏树上摘杏儿吃,结果拉肚子便血。他最喜欢唱的歌儿是'一粒葡萄'。"

"张开嘴巴/请你看看/有一粒葡萄/尝尝看怎样/葡萄又甜/又好吃啊。"

《右文记录》里记录的全都是关于吃的事。这是一篇关于"没有母亲的孩子"和"没有孩子的母亲"之间的故事,右文就是那个战争中出生的孩子。荣对于战争是憎恨的,但是,她又对孩子的明天抱有希望。她既是一个左翼运动斗士,又是一个洋溢着母性的普通女人。

荣自幼在小豆岛长大,这里离日本本土较远,有着氏族公社般的社会环境,这使得荣和繁治在潜意识中迷恋社会主义。和其他通过理论学习接受社会主义的朋友们有所不同,他们是从内心情感上热爱社会主义。因为,在他们的家乡小豆岛,就有着社会主义的环境,岛上明媚的阳光,海浪的声音,橄榄树的葱郁,以及蜜橘的香气,构成了他们心中完美世界的样子。

荣还为右文做过便当。

"我也非常喜欢做便当。在家时,就算生病,每天早晨也想要为两个孩子准备便当。即使耽误到妇人杂志做事,也要先把便当做得漂漂亮亮的。我最喜欢做手握寿司。我会把寿司做得小小的,一人能吃十五六个的样子,然后用海苔和白色海带小心翼翼地卷起来。"(《便当》)

荣说,去剧院看戏,如果没有便当吃的话,看戏的乐趣就少了一半。有时,她会到歌舞伎座前的街上买便松家的便当。

荣的小说中,关于吃饭的描写很是生动。小说《砧板之歌》的开头就是关于啤酒的描写。父亲把啤酒瓶放在井水中,让它变得更凉,口里自言自语道:"哎呀,今天吃点什么下酒菜呢?马上,父亲想起了长在墙角的黄瓜。虽然天天吃黄瓜,可是父亲还是摘了几个黄瓜,在砧板上边切边说道:"嘿,砧板可真有趣。光是用菜刀就能叮叮咣咣奏出各种各样的曲调。"

小说《什锦寿司》中,有这样一段场景:丈夫接到了征兵令,于是请求妻子每天都给他做寿司吃。妻子吃惊地说道:"不管你有多喜欢吃,我每天做,会很累的呀。想想我就害怕。这样吧,从今天开始,我只给你连续做三天寿司,好吗?"丈夫说:"我参军后,恐怕再也吃不到寿司了。"过了不一会儿,婆婆开始在厨房里做什锦寿司。什锦寿司是婆婆引以为傲的拿手绝活。妻子对婆婆的手艺大加称赞:"妈,您做的什锦寿司是不是有什么祖传秘方啊?"婆婆骄傲地回答说:"我的年纪都这么大了,我从生下来,就一直做寿司,吃过的人都说好。"说到这儿,婆婆话锋一转,给妻子讲起了她丈夫参加战争战死沙场的往事。后来,妻子怀孕了,孩子顺利生产。

婆婆一边背着孙子,一边做寿司,嘴里念叨着:"没有香菇,没有牛蒡,会做出什么样的寿司呢?"这时,妻子走到婆婆身边,接过孩子,婆婆说:"寿司肯定好吃,因为是母亲做的啊。"小说的最后,妻子默默地点点头,嘴角蠕动了几下,却一句话也没说。《什锦寿司》讲述了一个悲剧故事,但是全篇却透着无处不在的乐观心态。这是荣的小说的特质。

昭和二十三年（1948），荣相继写出了《便当》《海边村子的孩子们》（长篇童话）等作品。昭和二十六年（1951），她的挚友宫本百合子和林芙美子突然去世，这带给荣很大的打击。

昭和二十七年（1952，五十二岁），小说《二十四只眼睛》问世。

《二十四只眼睛》里面出现的清汤面、鸡蛋、便当盒，都来源于荣幼年时的饮食生活。小豆岛的和煦阳光，照进了荣的回忆里。

《二十四只眼睛》被木下惠介导演拍成了电影，壶井荣也一跃成为人气作家。但是，她却受到了《新日本文学》朋友们带有"左翼色彩"的批评。他们说荣的小说有着"伤感情绪""这样可不行"。他们还说，荣的这部作品既没有与封建思想做斗争，也没有体现战中、战后女性对待生活的态度。后来，荣在和中岛健藏的对话中这样说道：

"有人说，我的作品没有思想。……可是，我认为我的作品饱含思想。文部大臣看我了的作品，一边流泪一边说：'这是对战争的抗议啊。'我说：'是的，这就是反战小说。我这一辈子都在努力写的反战小说。'"

荣还说："我的作品不会赤裸裸地表明自己的观点，而是非常含蓄地表达。"

继《二十四只眼睛》之后，荣又创作了小说《风》，摘获了第七届女性文学大奖。接下来，她又写出了《月夜之伞》（日活电影公司拍摄成电影，田中绢代、宇野重吉主演）、《阁楼里的记录》（大映电影公司拍摄成电影，影名《阁楼里的女人们》）、《风和波浪》（东映电影公司拍摄成电影，影名《父亲和女儿》）、《明天的新娘》（日活电影公司）等小说，这些小说陆续被拍成电影公映，壶井荣的人气也达到了顶峰。

荣的小说中的主人公大都是出身贫寒，却有着坚韧不拔的毅力。他们看上去是非常不起眼的小人物，但是却有着不平凡的经历。他们聪明、有幽默感、内心充满希望，对故乡有着深切的眷恋之情。这样的人物形象，很能抓住战后老百姓的心。荣的作品或许称不上"思想文学"，但却是实实在在的"矮脚餐桌文学"。她所描写的关于吃饭的场景中，虽然食物不足为奇，但却散发着耀眼的光彩。荣这样写道：

"我时常对别人说，我不是文学少女。我的爱人繁治每次听到，就会这么对我说：'你曾经是文学少女啊。'可是，我想，应该没有不读文学书籍的文学少女吧。我十四岁小学毕业。直到二十五岁之前，一直生活在小豆岛，在邮局和村子里面工作，我的薪水全部都交给了家里，哪里有钱买书来看。"（《作家之路》）

荣在邮局工作时拍过照片。照片中的她，胖乎乎、圆嘟嘟的。晚年的荣，身材也很胖，像是女相扑选手似的。看她的体型应该就能知道，荣非常喜欢吃。繁治被拘留时，虽然家里很穷，但荣的体重可一点也没减。敦厚的身材中，饱含着母亲的威信和慈爱。荣的小说像是有机栽培的产物，味道是天然的。

荣写过很多关于食物的随笔。除了细面条、乌冬面，还写过味噌汁、红薯、什锦饭、面包皮儿、鲷鱼、鲺鱼、沙丁鱼、大麦饭、泥鳅汁等。泥鳅汁并不是用真的泥鳅做的，而是用荞麦粉做成泥鳅的样子，吃起来很有趣。荣晚年在信州生活时，喜欢吃蕨菜、土当归和菜叶。六十岁时，荣的后槽牙咀嚼不了任何东西了。她说："不能吃肉了，我已经营养失调了。"

昭和四十二年（1967），壶井荣去世，享年六十六岁。即便家里穷得揭不开锅，荣也会毫不吝啬地为朋友做饭。想起这些往事，北畠八穗说：

"壶井荣的寿司和小说，我大致是在同一时间领略到。她把寿司做成好看又好吃的形状，上面撒着海苔、芝麻、黄豆粉，一口咬下去，里面夹着的梅干、干鱼子、煎鸡蛋、腌鲑鱼肉、鳕鱼子就会在口腔里蔓延开来，让人吃过还想吃。有时她会做一些锅巴，也很好吃。做出美味的饭菜，离不开合适的炊具、握寿司的手感、鲑鱼的挑选技巧、切菜的方法、烹饪的火候等，但所有这些因素，都不及荣的用心。"

想起荣做的寿司的味道，北畠八穗不禁又咽了咽口水。

丈夫繁治说："别人眼中的我们是一对恩爱的夫妻，其实，我们经常吵架。"荣和繁治在一起生活了四十三年，他们的体格、性格、脾气都不一样。荣比较胖，所以怕热。繁治偏瘦，比较怕冷。于是，两人经常为冬天煤气炉开大还是开小而拌嘴。荣对"泡茶"这件事也坚持自己的观点："女人就该干泡茶倒茶的活儿，这没有任何道理啊。以前的男人们，认为女人泡茶是理所当然的事情。但是现在时代在进步，很少有人还抱有这种旧思想了。"（《关于泡茶的观点》）荣还对繁治说夫妻不是"一条心"，而是"两条心"。繁治说："荣表面看上去很和善，不会发脾气，有时甚至过于没有自我。但有时，也会与她表面上表现出来的样子相反，非常固执、一点也不放弃自己的原则。"

壶井荣在鹭宫的家门口，有两棵橄榄树。橄榄树的树苗是香川县知事金字正则送的。那年，壶井荣五十六岁，她把树苗栽到了门口两旁。直到荣去世，橄榄树也没有结出果实。后来，橄榄树上终于长出了果子，繁治看到后，在《鹭宫杂记》中写道：

"家门口的橄榄树今年才开始结出果实，并且硕果累累。如果她还活着，看到这一切的话，该有多么高兴啊。出于这种想法，我把挂着果实的树枝锯了下来，放到了她的遗照前。"

稻垣足穗

(1900—1977)

大阪生人。关西学院毕业。来到东京后,发表了《一千零一秒物语》等作品。后来开始酗酒,日渐颓靡,慢慢淡出文坛。1968年,出版作品《少年爱的美学》,重返文学界。

稻垣足穗

酒乱・酒魔・毒舌・极贫

稻垣足穗是文学界的奇人，酗酒成性、酒后发癫、毒舌、极度贫困是印在他身上的标签。他患有中度酒精中毒症，一喝起酒来就没完没了。他的母亲曾唉声叹气地说："足穗喝起酒来不要命，跟疯子一样。"她甚至诅咒道："横寺町的酒馆全都被火烧光了才好。"足穗一般从下午一点左右开始喝酒，连续喝两三个小时，能喝掉两斤酒。如果有人陪他喝，他就会异常兴奋，喝酒的速度也会加快，并且，语速变得像机关枪一样，滔滔不绝，口若悬河，开始他"狮子发疯"的表演。足穗是秃头，没有头发，身材魁伟，一旦喝高了，就会激动地双手挥舞，发出鬣狗般的吠叫声和狮子般的呜咽声，模样很是可怕。

客人酒足饭饱回家了，发完酒疯的足穗，一个人继续再喝两斤酒，然后倒头呼呼大睡。第二天醒来后，他继续再喝两斤酒，喝完继续睡。连续四五天过后，家里变得像修罗场一般。地上横七竖八地躺着二十多个空酒瓶，足穗的肚子胀得快要开裂了，还捧着酒杯不肯撒手。他喝酒时不吃东西，常常喝着喝着就吐了，胃里面翻江倒海，肚子也疼得要命，甚至等不及上厕所，粪尿横流，足穗痛苦地把身子蜷成一团不住地呻吟。

不一会儿，足穗身体开始发冷、颤抖，身上一个劲儿地出汗，脑子里也开始出现幻觉，发出一声声的惨叫。如果连续这样喝酒一星期、十天，情况会更严重。这样的情形每年都要有个三四次。足穗的妻子志代回忆道："我每年大概有二十天的假期，全部用来照顾他了，甚至都还不够用。"(《夫　稻垣足穗》)足穗五十岁时(昭和二十五年)，和在京都府儿童福利院上班的志代结婚。婚后，靠着志代微薄的收入过活。

志代夫人千方百计地劝阻足穗酗酒，可是足穗却当作耳边风，甚至打骂志代。足穗的自尊心很强，他不会单纯地为了赚钱去写文章。

对足穗喝醉酒后"狮子发疯"的狂乱行为，同人杂志《作家》的主办者小谷刚是这样描述的：

"狮子从丛林里跑出来了。足穗双手握拳抬起，模仿狮子的前爪，左右挥舞，张牙舞爪。喉咙里发出低吟呜咽，像百兽之王狮子在低鸣。围观的人群饶有兴趣地期待他像野兽般咆哮起来，可是，却不知为什么，足穗缩起肩膀，慢慢地逃走了。"

逃走的狮子，恰恰隐喻着孤独的足穗。

足穗参加过同人杂志《作家》朋友圈的聚会。他穿着一身颜色鲜艳的和服，和服的下面只穿了兜裆裤，称自己是"妓院的老鸨"。小谷把其他作家向《作家》投稿未采纳的稿纸收集起来，在纸的背面印上格子，送给足穗当作写稿用纸。足穗一直用铅笔写稿。他从来不从文具店买笔，而是用买花鲣鱼购物袋时送的笔写作。年轻时，足穗经常把街上张贴的电影宣传单撕下来带回家，在宣传单的反面写稿。

昭和三十五年(1960，六十岁)，足穗一家搬到妻子志代工作的地方——京都府桃山妇女职工宿舍住。屋子小得可怜，不足十平方米，屋里摆着一张小桌子和一本破旧的《广辞苑》。足穗把报纸里面夹着的广告传单取出来，在反面用墨水画上格子，当作写稿用纸。买花鲣鱼购物袋送的铅笔，一直用到三寸左右才舍得丢掉。墙壁上用饭粒粘着一张飞机的插画。

是什么导致了足穗酗酒成性呢？他曾写过这样一句话：人生在世，应当疯癫至死。"我二十岁左右开始喝酒，酒龄有五十年了，一直是这样的状态。我喝了酒心情会变好，从没觉得酒是不好的、违背道德的东西。"足穗口中的"这样的状态"，说的是酒鬼的状态。

昭和十二年（1937，三十七岁），足穗搬到东京牛迁区横寺町居住，这一住就是八年。他天天跑到神乐坂一带喝酒。最常去的地方是饭塚酒馆和山顶酒吧。梅崎春生曾写过饭塚酒馆的故事。饭塚酒馆离新潮社很近，许多作家、诗人、编辑常到这里消遣，石川淳、丸山薰、吉田一穗、梅崎春生、辻润、武田麟太郎是这里的常客。足穗没有钱，他常常在酒馆里一边站着喝酒，一边等其他新潮社的相识路过，帮他付酒钱。昭和十六年（1941），足穗从垃圾箱里找残羹剩饭吃，患上伤寒，住进了大塚医院。

我在大学时，就听过关于足穗的种种奇葩传闻。昭和四十四年（1969，六十九岁），足穗的作品《少年爱的美学》获第一届日本文学大奖（新潮社）。那一年，我和涩泽龙彦一起到中东沙漠旅行。晚上，我们在伊拉克首都巴格达一起望着深邃的夜空，涩泽开口说："如果把宇宙看作一个时钟的话，足穗不能是王子，而是万星之王。"加藤郁乎后来评价足穗说："他是天狗（恃才自傲的怪人）。"松山俊太郎说："足穗是一个以自我为中心的思想大家。"

三岛由纪夫给予足穗大力支持，并把他的作品举荐参赛。三岛由纪夫自杀半年前，曾和涩泽龙彦一起聊过"足穗的世界"。两人聊到足穗在《少年爱的美学》中写到的"A感觉的卓越性"，三岛由纪夫有感而发说道："我活到现在，做过一些蠢事。在许多日本人眼里，我就是个傻瓜，我是他们茶余饭后的笑柄。所有人都在嘲笑我的时候，我坚信，只有稻垣足穗是懂我的。因为，有且仅有足穗一个作家，是真正了解男人的内心世界的。"但是，足穗却相当看不起三岛，他奚落三岛是"两面派""表面的肉体派""混账"。这还是他心情好时的评价，要知道，《少年爱的美学》获奖，作为评委之一的三岛由纪夫功不可没，可足穗却当面怒斥三岛，也没参加颁奖大会。足穗这样乖张、暴戾、疯癫的性格，却偏偏让他的粉丝更加喜欢。跟足穗同时代的作家们，常常受到足穗的无端指责和谩骂。

佐藤春夫去世后，足穗写了一篇《佐藤春夫送辞》，发表在《新潮》杂志上（昭和三十九年七月）。对曾经的恩师，足穗在文中极尽谩骂之能事，说佐藤"不懂装懂""吝啬鬼""抄袭""怪胎"，有着"虐杀一切的残忍"和"低等魅力"。佐藤春夫生前就曾遭到足穗的指责，每次见了他都要躲着走。这篇悼文一出，文坛一片哗然。

被骂惨的可不只有佐藤春夫一个人。在足穗的口中，横光利一写的东西是"似是而非、抽象的赝品"，芥川龙之介则是"戴红头巾的傀儡在写少年文学"，石川淳"会几句外国鸟语、虚张声势"，川端康成是"按摩文学、永远的磨纸匠"，室生犀星"掉进了钱眼儿里"……

足穗不分青红皂白、一个接一个地攻击文学界名人，这让他心情通畅，他的粉丝们也乐得其所。于是，足穗的性格越来越乖张，越来越暴戾，他慢慢被文坛排挤。

足穗的成名作是《巧克力》和《造星星的人》，这是他在大正十一年（1922）完成的作品。翌年，《一千零一秒物语》出版。足穗是一位天文爱好者，他以宇宙和星星为题材写出了这部寓言童话。中央公论社的编辑们造访佐藤春夫家，在这里发现了足穗写的《巧克力》原稿，然后整理成书出版。

足穗就是从这个时候开始酗酒的。他的恩师佐藤春夫也因此抛弃了他。

足穗的许多作品都以宇宙为题材，透着浓郁的忧愁，大都发表在《新潮》《中央公论》《改造》等杂志上。佐藤春夫抛弃他之后，没有了老师的照顾,他的作品很快在主流杂志上消失无踪。作品不被认可、赚不到稿费,生活更加困窘,足穗的性格变得更加孤僻,于是酒喝得更凶了。足穗每天都过得非常抑郁,常常幻想"有谁朝我的头开一枪",来了结自己的生命。

昭和二十四年(1949,四十九岁),足穗的日子过得越来越苦,他每天只吃一个小面包,要是再饿了,就只能喝水填饱肚子。有时饿得实在不行了,他就跑去找《Eureka》的主编伊达得夫要钱,每次讨一两百日元。要钱时,足穗穿着一身皱巴巴的衣服,戴着厚厚的墨镜,手上戴着银戒指,嘴里叼着香烟。当时,人们一说起哪个作家生活最潦倒,答案肯定是足穗无疑。伊达得夫非常同情足穗,在他的介绍下,一年后,足穗和志代结婚。伊达得夫是为数不多的对足穗抱有同情心的编辑之一,如果没有他,足穗可能早就饿死在街头了。

可即便在伊达得夫面前,足穗也管不住自己酗酒、发疯、咆哮。足穗一喝酒就耍酒疯,再好的朋友也会疏远他。于是,足穗发誓说,今后再也不碰酒了(《户冢抄》)。可是没过几天,他又喝上了。足穗把酒比作液体美女。他说,每次喝酒,都会觉得是跟美女在谈情说爱,那感觉美妙极了。昭和四十年(1965),足穗写了一篇名为《五位死者》的文章,内容涉及梅崎春生、高见顺、乱步、谷崎等人的死。他在文中写道:从今往后,再也不喝酒了。

志代夫人因癌症早于足穗一年离世。小谷刚赶来吊唁,足穗对他说:"我知道酗酒的不好了。酒不是个好东西。酗酒的人,不配当作家。"足穗的一生和酒是分不开的,他在不断和酒做斗争的同时,写出了饱含真情实感的作品。

结婚前,足穗曾给志代写信说:"我想和你在洋溢着桂花儿香的宴会上,品茗香茶,吃加了红糖的红豆糕。"在另一封信中,足穗又这样写道:"感到寂寞、无助、神经衰弱时,就绝食一两天,什么都不干，就会好很多。"在足穗看来，绝食，是精神恢复正常的最好办法。他还说："感到悲伤时，绝食，对别人好一点，心情就会变好。"

如此看来，足穗连续一星期酗酒，发酒疯，其实是他所追求的精神世界的另一个反面，是处在安宁世界对立面的恶魔风暴。追求安宁的精神世界和发酒癫，在某种程度上来说，是相互制衡的。足穗十八岁时，住在真宗寺院。有一次，在过盂兰盆节时，一个人喝了五十瓶啤酒，但却没有发酒疯。

为了和志代结婚，足穗去了京都。那天，他穿着一身皱巴巴、脏兮兮的西服，头戴一顶黑色的线帽，戴着墨绿色的眼镜，穿着一双帆布鞋。志代夫人形容当时的心情就像是"迎接刚从战场回来的丈夫"一样。他们来到火车站前的一家饭店，点了一壶酒和一盘醋泡章鱼。当时，足穗的打扮和火车站附近的流浪汉没什么区别，喝完一壶酒两眼放光。志代说，她当时心里就想："我现在退货的话，还来得及吗？"

后来，足穗常常拿醋泡章鱼来说事。他埋怨志代说，醋泡章鱼这道菜点得太没有水平了，是乡巴佬才吃的。如果真要喝酒的话，应该切点腌菜来。明明是别人请客吃饭，足穗却挑三拣四，脾气真是臭啊。他或许觉得，就算是粗茶淡饭，也是要有所讲究的。

足穗试过好多次想要戒酒。他们住在宇治时，有朋友送了他一瓶酒。待朋友走后，足穗抱着这瓶酒跑到宇治桥南首，用力把它扔进了河里面。然后，他把手上戴的嵌银红宝石戒指也摘了下来，丢进了河里。回想起这件事，志代夫人说："宇治桥下面，红宝石戒指就像是供品一样，陪着那瓶清酒。"这是足穗独特的戒酒方式。对于自己认为的文学，足穗在离开宇治时这样写道：

"法国人吃饭时必须要喝葡萄酒，我是非常不喜欢这点的。我还是比较喜欢英国人。……我曾亲眼见过，作家M坐在饭桌前，桌子上摆着十几个小盘子，里面盛着不同的菜肴，他喝酒时，拿着小酒盅一口一口地抿。这不是退休的老人才有的样子吗？我讨厌这种状态，我觉得，这是一种淫行。但是，我讨厌的是这样的状态，并不是讨厌饭菜。食物是能量的源泉。并且，通过食物可以看出一个人品行的好坏。比如，叛徒或行为不端的人才吃粗茶淡饭。现在的我，吃得就不怎么样。我写的东西也只不过是'吃不上饭的人的文学'。……而倚松庵谷崎跟我完全不一样，他写的是'有饭吃的人的文学'。他也是有弊病的。我也在尽量避免。"（《吃不上饭的人的文学》）

足穗口中的作家M是室生犀星。足穗对谷崎的作品大加称赞，称其是"用金箔、铜绿、白胡粉做成的上等马赛克"。他把谷崎出色的感官描写称之为"有饭吃的文学"。

《少年爱的美学》获日本文学大奖后，足穗这样说道："我平日里吃粗粮、喝凉水，把胳膊弯起来枕着胳膊肘儿睡觉，这样的生活乐在其中。没怎么努力却获得了荣誉，这个文学奖对我来说，就是浮云。"足穗本不想去领这个奖，他不想踏入主流文学圈，他害怕一直坚守的自尊心被亵渎。但后来，足穗安慰自己说，获奖的作品不是小说，是随笔，所以，还是接受这个奖项吧。最后，他还是领了这个奖项。这是六十八岁高龄的足穗第一次拿奖，他的名字也被更多的人所知道。

足穗获奖后，我开始认真拜读他的文章。从获奖后，一直到他去世的八年期间，足穗留下了为数颇多的作品。足穗六十九岁时，曾向加藤郁乎这样说道："我好像不是活在人间。"七十岁时，他又说"我平时经常和宇宙各地通过电话保持联络。"七十二岁时，发表作品《铅子弹》（文艺春秋）、《寻找红色公鸡》（新潮社）、《蓝色的箱子和红色的骸骨》（角川书店）、《缝纫机和蝙蝠伞》（中央公论社）。七十六岁去世那年，出版《男色大鉴》（角川书店）。一直刚愎自用、鲜少写作的足穗，晚年时创作热情却突然高涨。

如果选择一种颜色代表"吃不上饭的人的文学"，足穗会选择灰色。在所有的色彩当中，足穗认为灰色最能代表这种文学的颜色。

"现在我们所追求的，是'没有色彩的色彩'，也就是灰色。灰色是超越漂亮、愉快、朴素的一种存在。它能够让人感到绝望，任谁也无法掌控，能促使人到达另一个世界。……就像是，划破阴霾天际的一架银色飞机，或是薄薄晨曦中，天水相连处的一艘白色军舰。"（《蓝色的箱子和红色的骸骨》）

其实，足穗所追求的，是世俗、情色，以及少年时的梦想。他在少年时，野心很大，曾跑到西洋建筑下面，假装用竹竿钩落墙上长出的果实，实际上，他是想摘下天山的星星。

爱喝酒、无赖、浑蛋，人们印象中的足穗大致是这幅形象。但实际上，足穗内心深处的欲望很少，他是一个禁欲主义者。

比如说，他对飞机的幻想，要么是"无法飞行的飞机"，要么是"坠落的飞机"。大正二年（1913），飞行员武石浩玻从美国回来后，在京阪神三都进行了试飞。第二天正式飞行时，却不幸坠机身亡。当时，十三岁的少年足穗，到大阪天王寺公园参观武石飞行纪念馆，看见惨不忍睹的飞机残骸：右翼毁了近一半，左翼全部碎掉，机身的钢丝像蜘蛛网一样卷曲着裸露在外面。从此之后，足穗对飞行的印象，一直停留在这幅画面上。

坠落的飞机残骸，和足穗的禁欲意识有着密切的关联。后来足穗出名了，得到了芥川龙之介的赏识，可他却依旧过着清贫的生活。有时，在路上见到一只死老鼠，他都会兴高采烈地捡起来带回家吃。其实，足穗是有意过着贫穷的生活，毕竟，他一直追求的是"吃不上饭的人的文学"。由此可见，他有着非常坚韧的精神。

足穗是昭和年代的隐居文学家。他说，人一旦出名了，就会受到许多人的追捧，这样就很难保持自己的初心。而且，当别人接近你，发现其实与想象中的不同，也会心生遗憾。因此，一直敬仰足穗的三岛由纪夫才会说:"我再也不想见到足穗。"在三岛心中,有距离感的足穗才是好的,不想接近他,是因为怕破坏心中原有的感觉。

足穗一旦开始喝酒,即便意识清醒,也会写下"黑色的木贼群生"这样违背常理的话。

"定睛一看,却又不见了。恍惚间,又出现了大片黑色木贼,它们密密麻麻,都快要长到屋子里面了。其实不应该叫木贼,应该叫问荆比较好。它们是黑色的,枝叶繁茂,向四面八方伸展着,像是六角形的细铁丝一样。地上的那些像是苔藓,也可能是虫子,它们看起来令人毛骨悚然,我生平第一次被这样的怪东西袭击。女人们双手捂住耳朵让我住嘴,男人们在一旁打着帮腔说:'您说的是和现实存在正相反的东西吧。'"(《我的酒历书》)

足穗把喝酒时的幻觉和所想,用这样一种怪诞的风格写了出来。他不怕喝醉酒在众人面前出丑,喝醉的同时也在审视着自己。晚年时的足穗不爱吃饭,他经常带着饭团到厕所去,说是大便的时候吃。其实,他借着上厕所的声音,把饭团丢进了茅坑里面。他说:"反正都是要排泄出来,还不如直截了当地扔进茅厕。"这则逸事是真是假,无从考证。但是,这也的确像是足穗的行事风格。

草野心平

（1903—1988）

出生于福岛县。中国广东岭南大学中途退学。战后，一边经营居酒屋一边进行诗词创作。1935年创立诗刊《历程》。发掘了宫泽贤治、八木重吉等人才。

草野心平

居酒屋诗人

吉本隆明称草野心平是"无固定职业的知识分子"。心平关注人的生存和死亡,歌颂富士山,创作了许多关于青蛙的诗,经营居酒屋"火之车"、编著筑摩书房版《高村光太郎全集》,还写了文艺评论《我是光太郎》(昭和四十四年获读卖文学奖)。昭和六十二年(1987,八十四岁),心平获得文化勋章。心平初期的诗有无政府主义倾向,部分评论家恶语伤之,称其是"烤鸡店的小混混转型,浑水摸鱼拿到勋章了"。心平乃多面之人,他的思想没有那么简单。他能够顺应时代潮流,也能够为诗歌献身。心平的一生,如同一部完整的作品一样,跌宕起伏。在此,略作简介。

明治三十六年(1903),草野心平出生在福岛县的上小川村(现在的磐城市)。十七岁进入庆应义塾学习,半年后退学。十八岁时远渡中国广州,考入岭南大学(今中山大学)。二十二岁(1925,大正十四年)时,中国爆发反帝运动,心平被迫回国,并结识了宫泽贤治、荻原朔太郎。二十八岁,在上京麻布十号开了一个烤鸡店,叫作"磐城"。之后,心平搬到新宿十二社,将烤鸡居酒屋移至新宿纪伊国屋里面。三十岁时,宫泽贤治过世。心平出版的《宫泽贤治追悼》得到横光利一的赏识。此后,作品《贤治全集》顺利发表。宫泽贤治生前一直是一个无名诗人。将这样一位优秀的诗人挖掘并呈现在世人面前,心平功不可没。

心平三十二岁时创立诗刊《历程》。三十九岁时作为中方代表参加了"大东亚文学者大会"。四十四岁时，下决心把乡里小川乡车站前的开了一年的书店"天山"关掉。四十九岁时，在文京区小石川开了一家居酒屋，取名"天山"。五十岁时，将居酒屋移至新宿百人町。三年后，居酒屋"火之车"开业。五十七岁时，心平和园生一郎一起在新宿开了一个名叫"学校"的酒吧。五十八岁（1961，昭和三十六年）移居到国立市。我曾在国立居住过。那时，我二十岁，在国立车站边看到正在烤鸡店喝酒的心平。心平身材非常壮实，是一个像摔跤选手一样的大汉，身上散发着浪人特有的杀气。心平在国立住了两年时间，之后搬到东村山市。七十二岁时成为艺术院会员。八十五岁去世之前，一直都是一位胃口很好的无赖派诗人。

心平曾直言，昭和六年（1931）在麻布开烤鸡店单纯是为了讨生活。一串烤鸡肉卖两钱，去除成本和人工，一串赚一钱。卖一百串才挣一日元。当时没钱付房租，所以索性没等到夜里，在白天把做生意的工具一块装车，然后堂而皇之地逃走了。心平脾气暴躁，经常跟客人吵架。有时会被警察带走，在拘留所过夜。烤鸡店的买卖非常薄利，心平囊中羞涩，晚上用的炭每次只买十钱的。心平也没有钱买酒，常常蹭客人带来的烧酒喝。喝得酩酊大醉后，去炭场偷炭，结果被巡警抓住暴打一顿，然后扔到高田马场。那时的巡警非常暴力，会用鞋底狠狠地踹心平。心平连做饭的柴火都没有，只能偷摸卸掉别人家的门牌拿回来当柴火。眼看日子快要过不下去了，好友介绍心平到出版社做校正工作，不久正式入社。入社后的薪水每月有十五日元，生活慢慢开始好转起来。

心平的诗集《废园的喇叭》（大正十二年刊）中，有一首叫作《月》的诗。

深夜浸身于浴盆，
如处女一般艳丽的月光从窗外流进，
朦胧地触碰到我的身体，
如此迷人，如此温柔，如此缠绵。

《废园的喇叭》是心平的处女诗集，内容包含了心平自己的作品和十七岁去世的兄弟民平的遗作。心平有着将月光视为女子的细腻情感，拥有将风景、草、风、光、酒、人等所有东西都归为一体化的天赋。

《酒味酒菜》（昭和五十二年刊）是心平七十四岁时写的关于料理的书。这本书集合了心平开居酒屋时，对美味佳肴的一些心得。书里面详细介绍了"牛舌""内脏类""木通果""萝卜根""蓼科土当归""腌菜""松本马肉""荔枝""鱼生粥""血料理"等菜品的做法。有"酒菜诸事""山菜谈义""我的酒"等章节。这本书和《檀流烹饪》堪称双剑合璧，我打算在文库本再版后，再买一本。

心平的食欲异常旺盛。他到鬼怒川岩钓鱼，在石头周围找鱼饵时，发现了无名指长的山椒鱼。他把鱼放在手心，一口吞了进去。"鱼儿扭动着划过喉咙的感觉，至今记忆犹新。"（《食山椒鱼杂谈》）

心平很喜欢吃动物内脏。在新宿开烤鸡店的时候，除了猪内脏以外，心平还会为客人烤鸡冠、烤鸡肠等。鸡肠子里面有粪便，所以得仔细清洗完再煮一遍才能烤着吃。心平拜有名的烤鸡师傅为师，学会了酱料的调制方法，然后结合自己的喜好调出最棒的味道。心平在烤鸡店上花费了大量心思，好友高村光太郎盛赞其为"东京最棒的烤鸡店"，并携智惠子夫人来店捧场。

心平养了一只叫"船尾"的斗鸡和一条叫"玄"的家犬。这两个小家伙儿一直相处得不错。但一天夜里，玄把船尾给吃了。心平说："黑暗之中，我看见玄的眼里泛着光，活生生把船尾的内脏给吞了下去。我用木屐狠狠地拍那条狗的头。"这就是心平写过的关于内脏的故事。他还养了一只叫"高藏"的鹰。心平喂它吃蛇,高藏会把蛇的皮撕咬开,先从内脏开始吃。"狗和鹰,对鸡和蛇的内脏是贪婪的,胜过于身体的其他部位……秋刀鱼自然也对鲍鱼和墨鱼的肠子更加垂青。"(《内脏》)

钓鱼时心平又说:"鱼的胃就像一个小的博物馆一样,川虫啊、青虫啊等的都在里面。就像用安全剃刀的刀刃划开腹部,抑或从瓶中取出串串儿一样。"心平对饮食之事的执念,一览无余。

用开水烫一下牛舌,加入胡椒、甜汁、酱油做成拌菜,这是心平的拿手好菜。酱油味的牛舌切成片,加入芥末,就成了居酒屋"火之车"的特色小吃。焯牛舌用的汤,加入香菇,撒入少许盐,味道尝起来也很棒。"比起牛舌,我更喜欢这道汤的味道。"心平在《牛舌》一书中如此说道。

心平对吃的东西近乎于吹毛求疵。他喜欢三文鱼的鱼头,于是就到市场专门买鱼头吃。有时去肉店买十克"肉末",店员都很无语。吃炸虾时也跟别人不同,他说"咻啦咻啦刚出锅的虾尾最好吃",于是乎,就去抢别人吃剩下的虾尾。有的蘑菇看上去好像有毒,心平也不在乎,用盐腌一下就吃了。他还说:"萝卜叶子用糖腌一下,加上切成丝的海带就可以做成茶泡饭。往海苔上抹点橄榄油,再抹上盐,不要烤焦,轻轻一烤就可以吃。"

他还研究了许多独特的烹饪方法。比如,鳕鱼剥皮后,加入酱油、甜料汁等捣成肉糜,或去皮后加入柠檬、色拉油或抹茶粉拌成糊状等。

竹荚鱼刺身是心平的发明。用刀尖去鱼骨,用刀锋敲打鱼肉,然后加入绿紫苏,做成团后配着柠檬汁一块吃。鲱鱼也可以加入甘蓝细丝后用醋调制。根曲竹则是用盐白开水滚一下,浇上法式色拉调味汁食用。木通的果实吃完后,在果皮上面抹上味噌,蒸着吃味道也很好；也可以用色拉油炸一下，切成片吃。以上这些，都是心平独创的菜肴。

芥末叶子切成两厘米左右的长度，加入两三杯醋或者酱油拌成凉菜。把鲣鱼干切片，加入芥末搅一搅，再淋上一滴威士忌，味道尝起来也非常不错。

心平做菜时，会用到五花八门的食材，比如山蒜、蜂斗菜的茎、笔头菜、芹菜、菠菜、银杏、秋葵、蔓菁、莲藕、慈姑、大蒜、莼菜、春季的七草、溪蟹等。关于溪蟹，他说："大胆地闭上眼睛直接生吃味道最好。首先，夹住小螃蟹的背，用两只筷子的宽头部分卡住壳，咔地一下打开，先小口尝一下，然后慢慢地全部吃掉。有人害怕得肝蛭，吃完以后喝点杂酚油就完全不用担心了。"这可谓是简单粗暴。

对食物的欲望，从心平率真的内心深处自然地流露出来。另外，心平对"玫瑰三明治"也有自己独到的见解。

"溪荪三明治、紫藤三明治、玫瑰三明治、杜鹃三明治等虽没出现在西餐厅的菜单里，却一直在我的脑子里。不只是在脑子里，我自己也有亲自去做、去品尝。如果手脚利索的话，我会用溪荪、藤花、玫瑰、杜鹃花代替火腿，做成三明治。"（《四季点滴》）

心平开烤鸡店时，说过一句话："除夕之日，头痛欲裂之时。"人们都说，大正时代的生活相对悠闲、安稳。可是心平却说："大正末年到昭和初期这段时期对我而言，简直是黑暗时代。特别是年末腊月时，雨夹雪、雪、冰雹交替着下，真是难以忍受……我的嗓子好像被什么堵住了，连呼吸都变得异常困难。"（《我的岁月纪》）十二月三十一日，头疼欲裂，直到一点才稍好一些。究其原因，只有做餐饮的同行才能懂。还有一个原因，那就是心平体内的食魔、酒鬼在作祟。

心平写过一篇关于烤鸡店的文章。其中提到的烤鸡店，正是我二十岁见他时的那家店。

"我以前也开过烤鸡店,需要什么东西、做什么东西也大致了解,所以没有太大兴趣。但是仔细一瞧,这儿有别的地儿没有的猪头。头是比内脏还要贵重的东西,里面藏着很多好东西。直接在头上撒盐,烤着吃也可以。"

这家烤鸡店的名字叫作"小松"。后来,这里还成为山口瞳氏《居酒屋兆治》的原型。昭和二十四年(1949),心平以《定本 蛙》为素材创作了"青蛙诗",获读卖文学奖。三年后,心平将居酒屋"火之车"搬至文京区小石川。在创元社发表随笔集《火之车》后,次年四月,他又把这家店转搬到了新宿百人町。

"火之车"在文坛很有名气。坂本安吾、壇一雄、高村光太郎、堂木顺三、中岛健藏、青山二郎、河上彻太郎等战后复兴文人常去喝酒小聚。据说,这里每四天就会发生一次吵架。时有喝醉的客人口里骂骂咧咧说"你这家伙",然后动手找碴儿。而光着膀子的心平嘴里说着"好的好的,滚蛋",然后把那人揪起来扔到外边去了,相当的帅气。新宿百人町附近有个新兴暴力团伙,经常拿着横幅到处滋事。有一次,暴力团伙来到他家喝酒,喝完后赖账。心平气势汹汹地说:"敲诈、勒索到我头上来了,我可饶不了你们!"然后把他们赶走了。二十多岁就开始创业的心平,最后胜在了气势上面。"火之车"在当时非常红火,大学教授、评论家、编辑等也是这里的常客。

做买卖讲究和气生财,遇到事情能忍则忍。但心平怒气积攒到一定程度,就脱口而出骂道:"你这家伙给我滚蛋""这是我的店,赶紧掏钱走人"。久而久之,这样的话就变成了口头禅。要是对方还不走,等待他的,只能是更加严重的后果。

林房雄是"火之车"的熟客。一天,他带着四位朋友在柜台喝酒,玉川一郎一只手拿着东西,慢慢地走了进来。旁边喝醉的客人不怀好意地问:"喂,拿的是啥玩意啊?"心平立马把那男的揪出去暴打了一顿。心平非常仗义，他不能容忍别人对他的朋友不敬。据在"火之车"做厨师的桥本千代吉回忆，"心平打架时，沉下腰，身子弯成一道弧线，右手快速出拳，击打对方面部，拳头很硬。说起来，我真是在金钱至上的年代，看到了很多打架的场面（《火之车厨师帖》）"。

有一次，心平和随檀一雄来的客人吵了起来，把他赶了出去。最后，檀一雄也忍无可忍，把那家伙暴揍了一顿。心平、檀一雄曾和太宰治、中原中也一起喝酒，双方一言不合扭打在了一起。心平和中也一伙儿，太宰和檀一伙儿，四个人打得不可开交。檀一雄说，最后他把中也扔了出去。但据心平回忆，是他把檀扔出了门外。这场武斗之后，心平跟檀的关系变得非常亲密。檀送给了心平一条狗，心平给它取名叫作檀。

"火之车"搬到新宿后，仅仅维持了三年就关门了。昭和三十五年（1960），心平重新开了一家酒吧——"学校"。"学校"酒吧开业那天，心平还跑去参加了反对安保条约的示威游行。他在警察厅前面见到土门拳，还塞给了他一份"学校"酒吧的宣传单。其实，心平参加游行队伍的目的，就是为了能在队伍中见到熟人，并发传单宣传他新开的酒店。

中桐雅夫在"学校"酒吧干了半年左右的调酒师。他回忆说："我记得那时，心平发了三次火。一次是木原孝一唱'菜店小七'的时候，唱得无比难听，曲子也烂，歌词更是没品位。另一次是田村隆一惹心平生气了，结果，田村嗖地一下逃走了。第三次是跟一个美国人。那个美国人用英语连珠炮似的骂心平，当时旁边坐着的人全都瞠目结舌。"

后来，心平右眼视网膜脱落，看不见东西，不得已关闭了"学校"酒吧。心平失明后，开始暴饮暴食。原本叛逆的冒险主义者心平，慢慢开始发福了。

心平七十二岁（1975，昭和五十年）时，在诗集《全天》（筑摩

书房)中写道:

> 我虽右眼失明,但天空是清澈的。
> 满天繁星,被黑暗包裹。
> 这里只是地球的一个点,
> 本不可能看到整个世界,却将其延长。
> 如彩虹一样的大圆,如此。
> 遥远的、遥远的星星的半边天。

医生告诉心平一周内不能喝酒。"这可真是太寂寞了。小学时虽然没有请过假,但没有酒喝的心情,就像是请假后无所事事的寂寞。"(《禁酒》)不到两天,心平就开始喝威士忌了。

长期酗酒,导致心平得了胃溃疡,切掉了三分之二的胃。病愈的心平,在东村山的院子里种起了菜。三十坪左右的小院里,种着茄子、黄瓜、西红柿、生姜、蘘荷、韭菜、马铃薯、芋头、辣椒、紫苏、玉米、西瓜、南瓜和薄荷等蔬菜。另外,他还专门划出了一块区域,用来种从西安买来的香菜。

"我是个贪吃的人。由于胃被切得只剩下三分之一,所以不能吃粗粮。这真的是很奇怪,做菜和一个劲地种菜只是为了生活的乐趣,吃菜倒是排在其次了。"

心平古稀之年时,在赤坂王子酒店举行了盛大的贺寿宴。一只眼睛失明、只剩下三分之一胃的心平看上去意气风发,气势十足。他晚年去苏联、去欧洲各地旅行,也是精神头儿满满。这样的气魄,也大概只有放浪诗人心平才有吧。经营烤鸡店时,终日繁忙的工作练就了心平强健的体魄。心平还兼任日本现代诗人协会会长一职,他也曾多次担任诗友葬礼的主持人。每次参加诗友的葬礼,心平绝不会流泪。对心平而言,至亲的诗友不是过世了,而是永远活着。他们只是暂时在眼前消失了踪影而已。参加朋友的葬礼,其实就如同代朋友参加一场宴会一样。这就是心平看待生死的态度。

昭和五十八年(1983),六十四岁的诗人中桐雅夫逝世。彼时,八十岁的心平写下了以下诗句以吊唁:

心平兄,一定要长寿啊。
这是我从你那儿听到的最后一句话。
中桐啊,我无论如何都会去那个世界。
那是一片漆黑的传说,也可能错过。
不会了,永远不会再见了。

中桐雅夫的追悼会进行到后半段,心平又说:"你在这场宴会喝得酩酊大醉,鞋都丢了。穿着拖鞋跑回东京了吧。"(《余生只能是带着回忆活下去了》)这样的悼念,无论如何是发自真心。再怎么亲近的友人,一旦过世,就"永远不会再见了"。

心平开居酒屋是为了生活,因为诗是不能当饭吃的。但开了居酒屋后,他又常常和客人打架。心平这种血气方刚的性格根本不适合开居酒屋。他对诗非常在意,甚至偏执。有时仅仅因为与客人意见相左,就会动粗。其实,做买卖一定要懂得忍让。但是,常常有文坛上的对手,或是同行竞争者到店里来喝酒。心平遇到他们,就更加控制不住自己的脾气了。和这些人在一起喝酒,真的需要很好的体力啊。

即使如此,心平还是喜欢开居酒屋。因为在这里,他可以保持自己的本性,可以和挚友喝着新酒,吃着美味的菜肴谈天说地。哪一道菜比较美味,应该如何去吃,吃着上等的料理,享受美好时光,这才是真正的生活。只有彼此互相了解的挚友,才能够互相满足对方对吃这件事的欲望,尤其是心平这样的诗人。他的朋友不管是男是女,都是大口喝酒,大口吃肉。这就是人活着的最好证明,人死后就再也不会再见。所以才要大碗喝酒,大口吃肉。

心平如此写道:"在蓼科高原散步时发现了土当归。拨开岩崩的红土,看到新鲜的嫩芽朝着太阳光生长。摘下长着茸毛的叶子带回山中小屋烹而食之。沿山路而下买点豆腐,回来做豆腐味噌汤和凉拌豆腐。剁碎叶子,把碗里拌好的汁往上面一浇,手里的黑碗中,突然就冒出让人一下子提神的刺鼻香味。"

"在这一瞬间,想起那群贪吃的朋友们。不禁自言自语说:'唉,怎么办?好想让他们也尝一尝。'"(《蓼科的土当归》)

从碗里散发出来的、让人瞬间觉醒的香味是有生命的。心平心中很是骄傲,他很想让朋友们尝一尝。心平的身上,有着古时男子身上才有的那种气息,让人甚是怀念。

平林泰子
(1905—1972)

出生于长野县。诹访女子高中毕业。后来,来到东京参加社会主义运动。她和多名无政府主义者同居过。后来被捕入狱,遭受严刑拷打。1947年,出版作品《这样的女人》,获得日本女性文学奖。代表作有《沙漠之花》等。

平林泰子

女贼的人参

平林泰子从长野县诹访女子高中毕业后,决定到东京市电话局工作。她在长野火车站坐上开往东京的火车,等待火车发车时,送行的父亲把脸凑到车厢窗前对她说:"就算当女贼,也要当个一流的女贼!"平林的祖父从事制丝业并参与政治活动,父辈时家道衰落,经营着一家杂货铺。

平林到电话局上班后,仅仅工作了两个月就被开除了。因为,她是社会主义者堺利彦的忠实读者,她经常偷偷地用公司的电话给堺利彦打电话互诉衷肠。不料事情败露,平林被炒了鱿鱼。

丢了工作后不久,在堺利彦的介绍下,平林来到一家德国书店当店员。在这里,她结识了许多无产阶级人士,并与其中一位基督教徒山本虎三同居。那时的平林,年仅十七岁。

大正十二年(1923,十八岁)劳动节期间,虎三起草并印刷了煽动无产阶级革命的传单,和平林连续几日到街上分发。第四次发传单时,虎三被捕入狱。家里很快没有了经济来源,连锅都揭不开了。于是,平林到京城找有岛武郎借钱。有岛武郎当时财力雄厚,资助了不少无政府主义者。但后来,越来越多的无产阶级者用这样那样的理由找他借钱,借了之后从来不还,所以有岛武郎对无产阶级革命者逐渐丧失了好感。

平林到京城找有岛武郎借钱时，寄宿在虎三的姐夫家里。因为关系处得不好，就离开了。平林刚刚回到家，就听闻了有岛武郎殉情的噩耗。

　　后来，平林也被捕了，她和虎三关在一起，二十九天后才被释放出来。接着，平林怀孕了，两人一起来到了大连，因为没有钱，他们过得相当凄惨，长期营养不良还使平林患上了夜盲症。再后来，虎三因反对政府的罪名被判两年实刑，关押在大连监狱服刑。平林也因发动内乱罪被逮捕。在审讯期间，平林生下一名女婴，取名为曙。一周后，婴儿患上脚癣离开了人世。

　　平林的代表作之一《在免费病室》（昭和二年《文艺战线》），就是以这段时间的悲惨生活为素材创作的。她在文中这样写道：

　　"食指和拇指夹着乳头轻轻地挤，几滴乳汁飞溅了出来，像白色的细线一般，划出一道弧线，落在了枕头上。我猛地想起了什么，把食指在枕边的茶碗里洗了一下，放到了孩子桃红色的嘴唇上。刚一放上去，孩子因高烧热得发烫的嘴唇就含住指头吮吸了起来。我抽出手指，一把把孩子搂在怀里，哭了起来。"（《在免费病室》）

　　平林的伙食很差，一碗白水煮上海菜、一小碟煮腌海带、切成半月形状的两块腌萝卜块儿和一碗稀得不能再稀的粥，就是她连续多日的早餐。家里中风的老婆婆再也忍不住抱怨道："今天吃上海菜，明天还吃上海菜，天天吃上海菜，干脆饿死我吧！"说着，把嘴里嚼着的青菜"呸"的一声吐在了地上。

　　凭借《在免费病室》这部小说，平林被评为无产阶级文学的最佳新人。

　　平林没有在大连等虎三出狱，而是回到了东京。她认识了当时在《MAVUO》杂志工作的漫画家高见泽仲太郎，两人开始同居。不久两人分手，平林转而又和《MAVUO》杂志的冈田龙夫住在一起。

　　在冈田的介绍下，她认识了小野十三郎、辻润、林芙美子等无产阶级斗士和达达派艺术家,他们经常聚到本乡南天堂书房的二楼喝茶。后来,她又和另一位编辑饭田德太郎同居。年仅二十岁的平林,已经和四个男人发生了肉体关系。

"年轻时的平林,略微有些胖,有点婴儿肥,并不是很漂亮,但身材却让人浮想联翩。她和林芙美子一起在涩谷富士烤肉店和新宿的咖啡厅做服务员,把客人的找零偷偷地装进自己的口袋,颇有些做女贼的潜质。"(《对金钱的欲望》)

平林和虎三同居时,虎三曾告诉她:"富人榨取了无产阶级的钱财。"平林对这句话的理解是,作为无产阶级,要把被抢走的钱财夺回来。于是,她和朴文子两个人穿着破了洞的鞋子、褪了色的裤裙,怀揣一包朝鲜人参到处叫卖骗钱讹钱。不动银行、安田保全社、高田商会、久原矿业都中过她们的招儿。她们一人一天骗到手五日元,两个人加在一起就是十日元,比上班强太多了。后来,朴文子走了,平林自己接着干,据说最多时一天能挣到二十日元。

在德国书店打工时,因为老板不发工资,平林生气地把店里售价两百日元的珍珠拿走了,说是用这个抵工资。老板报了警,平林又被抓紧了警察局。

"金钱共享"不是平林对待金钱的哲学态度,她认为,"金钱就是敌人的一切"。这种想法自始至终没有变过。

平林二十一岁时,虎三释放出狱,从大连回到了日本。平林又和虎三旧情复燃,但同时也没有和饭田德太郎断绝关系。有一次,三人狭路相逢,饭田拿起墨水瓶扔向虎三,用烙铁殴打他。虎三则朝着饭田德太郎一个劲儿地吐唾沫。这让在旁劝架的林芙美子大为光火。

后来,警察开始严查治安,平林不能再出去骗钱了。家里的经济一下子变得紧张起来。平林开始按升买米,做饭时,也不再往炉子里添炭烧,而是塞进一大堆废旧报纸或杂志。有时还会饿着肚子睡觉。

平林交往的男人都是无产阶级左翼人士,他们平时不工作,而是让自己的女人到咖啡店打工养活自己。二十岁的平林，从大正十四年（1925）十二月三十一日到翌年三月期间，一直居无定所，只得在中野附近的无产阶级人士们家中辗转借宿。能在这些男人家免费借宿时，想必也是付出了肉体的代价吧。

杂志《文艺战线》的编辑山田清三郎看不得平林继续过这样的生活，把他的同事小堀甚二介绍给平林认识，两人最后结了婚。这一年，平林二十一岁。小堀向她求婚时，平林开口问的第一句话是：

"结婚后，你能养活我吗？"

小堀自信满满地回答说："如果连一个女人都养不活，还算什么男人！"

但是，"我的爱人，在结婚前信誓旦旦地说要养活我，但结果呢，结婚后整天忙于无产阶级事业，哪儿还有心思来赚钱养家。也正因为这样，我才开始写小说赚钱养活自己，这样的结局，应该不能算是不幸吧（《我的简历》）"。

小堀的老家是九州炭坑，他很能吃，并且在吃上不会迁就平林。平林第一次看到小堀狼吞虎咽吃饭的样子时，就愣住了。一旁的青野季吉不禁莞尔。后来，青野季吉对平林说："那个时候，看到小堀吃饭的样子，你应该就知道，你们两个迟早会分手吧？"

有一次，小堀又被抓了，他在拘留所关了二三十天。平林每天在家做好便当给他送去。从拘留所出来后不久，警察又找上门来了，平林突然大声连珠炮似的喝骂警察，趁着这当口儿，小堀逃走了。回过神来的警察胆战心惊地跟平林解释道："我们这次来只是约小堀谈话的，没有其他事，既然他不在，那就算了。"平林待警察走后，给小堀写了两封信告诉他安全了，小堀这才回来。

以上的经历被平林写成小说，在战后（1946，昭和二十一年）发表在杂志《展望》上，名字叫作《这样的女人》。《这样的女人》和《在免费病室》都是平林的代表作。

《这样的女人》讲的是：丈夫逃亡他乡，于是，"我"被关进了警察局。后来，丈夫为了救我而自首入狱。"我"在拘留期间患上腹膜炎，之后又得了肺结核，在警察的照顾下住进了医院，孤独地直面死亡，却仍旧顽强地活着。

昭和二十二年（1947），小说《这样的女人》荣获第一届女性文学大奖。担任作品遴选委员的是林芙美子、大谷藤子和平林泰子本人。当时，平林四十二岁，是一个女人最成熟的年纪。她和小堀的婚姻生活虽然曲折不断，但也还勉强过得下去。

凭着《这样的女人》这部作品，平林重返文坛顶峰，跻身流行作家之列。昭和二十二年（1947），平林陆续发表了三十四篇小说、随笔，出版了三本单行本。其中的一本是短篇文集《我活着》（板垣书店）。

《这样的女人》是一部私小说，小说内容和现实相差无几。书中，曾出现过两次对于冰激凌的描写。第一次关于冰激凌的描写，是"我"病友的丈夫来探病时，顺便给"我"带了一个冰激凌。另一个关于冰激凌的描写，是"我"跟死神做斗争，心灰意冷之际，吃到了一口又凉又甜的冰激凌，心中又重新燃起了活下去的希望。这两处冰激凌的描写，很能体现平林在写作方面的技巧。

《我活着》以一个坚强的病人的口吻叙述了这样一个故事："我"的家里面雇用了一个名叫乙女的保姆。乙女原本是龅牙，她做了牙齿矫正，偷偷地跑出去相亲。"我"的丈夫每天为我煮粥、扎头发、伺候我屙屎屙尿。丈夫是看守所的勤杂工，他是唯物主义论者，却每天都向看守所的头头算卦、占卜吉凶。保姆乙女也是这样。

"我"的丈夫一遇到好的事情，就会向看守问我的病情会不会也跟着好一些。其实，所谓的好事，不过就是吃大福饼等不足挂齿的小事。一天，有人给了丈夫一杯茶喝，丈夫开口喝下去，才发现其实是酒，他担心这件不好的事情，会影响"我"的病情，于是，顷刻间脸色大变,说道:"糟啦!"

四十岁的保姆乙女在节假日时会休假跑出去。后来,她被"我"撞破所谓的相亲,不过是找一个人分担伙食费。

后来,丈夫找了亲戚家的女儿来帮忙照顾"我"。这个女孩子对"平等主义"似乎有着自己独特的见解。她认为,病人吃得好、喝得好,被人照顾,这样一来,对其他人是不公平的。于是,她在喂"我"吃肉时,自己也会跟着吃。每天"我"吃几个鸡蛋,她也跟着吃几个鸡蛋。最初来"我"家时,她的皮肤是黝黑色的,没过几天,她变得白白胖胖。于是,"我"狠下心来要保姆乙女减少每天的饭量。但是,乙女却以肾脏不好为理由,不但驳回了"我"的请求,还多加了一瓶牛奶。

平林从病人的角度出发,将护士和保姆的贪得无厌展现得淋漓尽致。

有时,丈夫会用开玩笑的口吻和"我"说,"我们抱一抱,亲热一下吧",可每次"我"都严词拒绝。丈夫的身体和气息一旦离"我"很近,"我"就会感到喘不过气,接吻的过程就像是"海女潜水时的憋气"一样。

昭和二十一年(1946),平林在《妇女文库》上面发表了《歌日记》,以歌曲的形式记录了许多食物。文章的开头这么写道:

吃霜月的牡蛎,汗水止不住地往下滴
我的泪水也止不住地往下流

丈夫提着瓶子,去给"我"买年糕小豆汤。我拿着汤匙一勺一勺地喝得美滋滋的。"我"吃完后,丈夫接过汤匙,把碗里剩下的汤底喝了个精光,然后端起盘子,把盘底的酱油也舔了个干净,嘴里还说着:"唉,真麻烦啊!"

"丈夫去买葱前，我把他袜子踇趾上破的洞用墨水掩饰一下。"

丈夫有时还会把睡衣反过来穿在身上出门。

"我"叮嘱道："吃饭时别把菜汤滴在膝盖上，抽烟时别把烟灰抖在膝盖上。"

老朋友里村欣三的二女儿出生时，平林送去了一顶桃色的帽子，并写了一首歌送给她：

吃水藻的香鱼，长得更大，肉更鲜美，吃下的草也会变成佐料。

无论是平林的小说还是随笔，都是典型的无产阶级文学作品，多是对穷苦人家窘迫生活的描写。这些作品，其实是平林在战前贫苦生活的真实写照。直到昭和二十一年（1946），平林成为当红流行作家，日子才变得富裕起来。昭和二十三年（1948），平林写了五十篇作品，整理成三本单行本发行。昭和二十四年（1949）写了七十一篇作品，整理成六本单行本发行。昭和二十五年（1950），平林写了七十八篇作品，整理成七本单行本发行。昭和二十六年（1951），写了八十五篇作品，整理成两本单行本发行。昭和二十七年（1952），平林写了七十八篇作品，整理成一本单行本出版。昭和二十八年（1953），平林任妇女时代杂志社社长，写了五十五篇作品，整理成六本单行本发行。平林说，出版一本单行本，就够半年的生活费。几年来，她已出版如此多的单行本，想必家底一定非常丰厚。丈夫甚二也是一位作家，他经常写一些杜撰的文章，把发生在自己身上的事情写得比较夸张，让读者读起来更有趣。他对平林写暴露隐私的私小说睁一只眼闭一只眼。但想来，他的心里肯定有芥蒂的。

平林离开家乡时，父亲对她说："就算当女贼，也要当一流的女贼。"平林擅长以生活中的人物为原型写小说。昭和二十五年（1950），平林以松谷天光光的事迹为原型，写了小说《荣誉夫人》，发表在杂志《小说新潮》上。松谷天光光以侵害名誉为由，向法院提起了诉讼。在以前，平林写丈夫、保姆的丑事，这姑且不会滋生事端。但是这次，她得罪的是大人物国会议员松谷天光光，事情变得相当棘手。平林喜欢以他人为原型写私小说，毫不顾忌别人的感受。但，这也正是她吸获大批粉丝的原因所在。

有时，平林对食物的描写也充满着戏谑。在《厨房之歌》中，她对丈夫做的饭菜进行了无情地嘲讽。有一次，丈夫在妇女杂志上看见一道用白菜和腌鲑鱼做成的西式焖菜非常不错，于是就想尝试着做一下。结果做的过程中，麻烦一个接着一个出现。先是没有把带把儿的铝杯子刷干净，闻起来还有牙刷的味道。然后，做菜时忘了放盐。最后，丈夫还把米饭给烧煳了。

文中的保姆，态度谦卑，毕恭毕敬地叫"老爷""太太"，"我"和丈夫把吃剩下的鱼丢给她，她就"像猫一样把盘子舔干净"。"我"告诉她不要吃得这么不雅观。她回答说："太太，我已经习惯了。"文章的最后，保姆离开了他们。在这篇小说中，平林对"希望被使唤、被指使"的女性是非常同情的。但是，她在《我活着》中，却又对追求平等、想和女主人吃一样饭菜的保姆横加指责。由此可见，平林在标榜无产阶级文学的同时，其实内心对食物有着强烈的占有欲，这种情感，在不经意间，就会在她的笔下流露出来。

平林还写过许多关于食物的随笔。其中一篇写的是抠门的丈夫的故事。"丈夫很小气，每天都要记账。晚上翻看账本，再决定明天买什么菜。妻子懊恼地把购物袋打开，把血淋淋的鱼肉块放在榻榻米上一字摆开。榻榻米被弄脏了，丈夫却毫不在乎，他很满意。"

另一篇写的是一对再婚夫妇的故事。二婚的夫妻两人，仍保持着分床睡、分开吃的习惯。过年时，他们一起吃完虾后，猝然死去。这些虾是早在他们结婚时，妻子的亲戚送的，早已变质了。然后，他们家大至房子，小至随身物品，被他们的孩子们，像是饥饿的秃鹫寻找

动物的尸体一般，很快地瓜分完了。(《夫妻间的契约》)

《黑砂糖的爱情》中，平林写过这样一件事：丈夫让"我"把身边的东西递给他，"我"呢，就用脚给他毫不客气地踢过去。回到家的妻子，和在外面贤淑端庄的形象大相径庭。但是，爱情的分量却丝毫不减。"黑砂糖的颜色比白砂糖要深许多，看上去更甜、更有营养"。

平林还说，其实，夫妻间的爱情受封建道德的影响。比如说，丈夫偶尔拍打一下妻子，这绝不是违背男女平等观念的行为。反过来，妻子也打丈夫一下，同样不构成有悖于男女平等的理由。夫妻间应该坦诚相待。假如，夫妻二人每天精心打扮、客客气气地面对对方，这样的婚姻反而不牢固，甚至是不幸的。平林和丈夫甚二经常吵架，但是，她却坚定地认为夫妻两人的感情很好。

平林四十九岁时（1954，昭和二十九年），丈夫向她坦白，自己和六年前雇的保姆下村清寿一直保持着不正当男女关系，两人还生下了一个女儿，现在已经四岁了。平林得知这一切后，精神遭到了极大的打击。她说："身为小说家，自己身上发生这样的事情却一直被蒙在鼓里，我不想再写文章了。"平林和丈夫在一起生活了二十八年，这些年间，她一直在写关于食物和性的小说，甚至病态地将自己和丈夫的生活暴露在世人面前。而丈夫，一直在默默地纵容着她。终于，这份隐忍的爱选择了向她"复仇"。平林一时间慌了神，她和丈夫的事情也被媒体大肆报道。但后来，她却食言了。

平林根据这件事写了许多作品：《我的丈夫》(《日经新闻》谈话3/4)、《我一定要挽回丈夫》(《妇女时代》谈话3/6)、《分不开》(《Sunday每日》3/7)、《小堀回来了》(《周刊朝日》谈话3/7)、《不舍》(《周刊读卖》3/7)、《不后悔被背叛》(《妇女公论》4/1)、《无悔之爱》(《主妇之友》4/1)、《想原谅丈夫》(《妇女朝日》4/1)。除上述作品外，平林还写了许多回忆小说。

在读卖新闻报社社长的调解下，当年五月份，平林和丈夫两人的关系开始缓和。随后，小堀以读卖新闻报社特派员的身份前往德国柏林担任分社社长。但毕竟，破镜难重圆。翌年八月，小堀从德国回到日本，和平林协议离婚。平林似乎仍对小堀恋恋不舍，她在《妇女公论》一月刊上发表了《结婚分居的理念》，以此来表达自己未舍弃婚姻的立场。但后来，她又在八月七号的报纸《Sunday每日》上发表了《我到底还是离婚了》，最终接受了离婚的事实。

四年后，昭和三十四年（1959），小堀甚二突然心绞痛猝死。

平林在《周刊公论》上这样写道：

"听说小堀每天只吃罐头。他们不是住在东京市中心吗？那里有鱼有肉的，为什么每天只吃罐头啊？我真为他感到悲哀。孩子们跟我说，偶尔会吃天妇罗。但是，那绝不是在自家厨房做的，而是外面卖的蔬菜天妇罗。那个女人当年在我家当用人时，连针线活儿都不会做。还说自己只学的做菜，不懂针线。"

两人离婚后，小堀患上了高血压，每天控制饮食，身材变瘦了，说是要学着养生。

平林得知后，在文章中这样写道：

"小堀年轻的时候，喜欢喝酒，经常熬夜，非常不爱护身体。当了爹之后，为了孩子们变好了啊？这很让我感动。所以我想，我也不能落后。于是，我开始每天早晨都吃人参。人参又硬又难吃，但是，看到小堀这样努力为孩子改变，我无论如何也要吃下去。"（《经常争吵、和我离婚的丈夫之死》）

不知道平林吃人参的时候，有没有想起年轻时揣着朝鲜人参骗钱的岁月呢？虽然离婚了，但平林依然对丈夫的饮食非常关注。

她在《主妇之友》上写道：

"听闻小堀从八月开始血压升高，我有些心疼他。那个女人，应该不怎么在乎他吧？但是，小堀的表现却让我吃惊。他开始只吃素食，杜绝一切肉类，每天只吃荞麦和生菜，仅仅过了两三个月，西装穿在身上就显得肥肥大大了。"

昭和三十四年（1959），小堀去世。平林在料理杂志上如此写道：

"以前，曾在田头上捡到一枚鸡蛋。回家煮熟剥开后发现是蛇蛋。唉，当时没有尝尝，现在想来，真是有些后悔。说到这儿，突然想到，炸老鼠仔是什么滋味呢？把老鼠剥皮，抹上黄油炸一下……"（《我的空想料理》）

女贼平林对食物的欲望，真是令人瞠目结舌啊。昭和三十六年（1961），平林在《新周刊》上发表了隐喻小说《平林泰子之死》。

小堀去世后，平林的创作欲望似乎变得更加强烈。到她六十六岁去世之前，一直在从事文字创作。昭和四十七年（1972），平林写完最后的大作《宫本百合子》（文艺春秋）之后，因感冒引起肺炎，后来病情进一步恶化，导致心力衰竭，结束了她"女贼的生涯"。

武田泰淳
（1912—1976）

东京生人。东京大学中国文学系退学。1937年应征入伍，随部队来到中国，在上海参与对华作战，直至战后回国。战后，陆续发表多部优秀作品，是战后文学的代表人物。代表作有《富士》《审判》等。

武田泰淳

大爱炸猪排的一家

武田泰淳是诸行无常论的积极求道者,他一直在探寻人类的根源到底是什么?小说来源于事实,却又在此基础上探讨更深层次的问题,这是武田在写作方面的高明之处。

武田也同样"一直在忍"。明治四十五年(1912)二月十二日,武田出生在东京本乡(现文京区)的一所净土宗寺院——潮泉寺内。武田是二儿子,父亲大岛泰信是寺院的住持。父亲的师父武田芳淳临死前,赐其名武田泰淳。十九岁时,武田考入东京帝国大学中国文学系。在求学期间,武田因发放组织工人罢工的反动传单被警察逮捕,在狱中关了将近一个月。出狱之后,武田又因散发《第二无产者新闻》三次被捕入狱,学业渐被耽搁。昭和七年(1932,二十岁),武田加入增上寺的加行道场,获得僧侣头衔。后来,武田和涩川骁等人创办了杂志《面向现实》,以创作、发表冒险故事和奇闻逸事小说为主。

二十三岁时,武田因藏匿中国来的革命女作家,被判入狱一个半月。昭和十二年(1937,二十五岁),武田应征入伍,随部队踏上中国的土地。当时的武田是步兵二等兵,他来到中国后,亲眼目睹了中国老百姓尸横遍野、惨绝人寰的人间炼狱。中国文学专业肄业、骨子里热爱中国的武田,被迫参军来到中日战场上,把中国人当作"敌人"。无奈的现实,让他痛苦万分,感到生不如死。

在这样煎熬的心情下,武田于昭和十八年(1943,三十一岁)通过日本评论社出版了评传《司马迁》。在书中,武田写了这样一句话:司马迁负辱而活。"司马迁遭受腐刑,目所能及,疮痍满目,遍体污秽,性格大变。无数个日夜,司马迁默默地忍受、消化内心的煎熬,顽强地活了下来。在身心俱惫、饱受折磨之中,孤独地写着《史记》。"

武田的境遇,在某种程度上,和司马迁是一样的。山本健吉对这部作品赞赏有加,将武田招入《批评》杂志社麾下。

《司马迁》中曾出现过两次关于食物的描写。其中一次出现在皇子得知战后,"忘却了食物的味道、丧失了政治的信心"的部分。另一次,是"猛虎在深山时,百兽无不畏惮。猛虎落入陷阱、关进牢笼后,却只能摇尾乞食"。天子落难,忘记了食物的味道。猛虎入笼,只能摇尾乞食。三十岁之前的武田,过着介于皇子和老虎之间的生活。

昭和二十三年(1948,三十六岁),武田泰淳的作品《吃东西的女人》在杂志《玄想》上发表。作品讲述的是武田和他的两位前女友之间的故事。其中一位女友叫弓子,在报社工作,她个头高高的,模样俊俏,是男人们都会喜欢的类型。另一位叫房子,在喫茶店工作,个子偏矮。弓子对吃没有任何兴趣,无论什么食物,都无法让她感到开心。而房子最喜欢的事情就是吃,只要有东西吃,就很快乐。武田一开始同时和两人交往,逐渐地,他开始疏远弓子,喜欢上了房子。他请房子吃饭,转眼间,房子就吃光了眼前的三盘寿司。"房子吃东西不是狼吞虎咽地吃,而是,'嗖'的一声,食物就吞进了肚子里。"

房子到底有多能吃呢?她会先从地摊上买豆糖、点心、冰激凌。全部吃完后,再买一个涡形面包放在书包里,来到一家炸猪排店,要一份涂满番茄酱的大块炸猪排，两杯清酒下肚，面包和炸猪排就吃了个精光。坐电车时，房子也不忘借着等车的短短几分钟吃上一根冰棍儿。有一次，房子带武田来到一家脏兮兮的棒冰店。棒冰店的墙上挂着外国演员吃饭的照片。武田在店里点了一份海苔卷吃。然后，两人一起到房子工作的喫茶店喝了一些酒，喝醉后的两人，又来到炸猪排店点了猪排吃。最后，房子愣是又吃下去一块大福饼。

昭和二十六年（1951，三十九岁）一月，武田和"房子"（真名铃木百合子）结婚了。婚后，铃木百合子改名叫武田百合子。百合子很有文学天赋，武田去世后，她的两部作品《富士日记》和《狗望星星——俄国旅行》分别获得了田村君子文学奖和读卖文学奖。

武田和百合的婚姻是一条分水岭。结婚前的武田，在北海道大学法文系做助教，以学者的身份自居。结婚后的武田，成为了一名小说家。

婚后的武田，陆续创作并发表了《转世物语》《女子的房间》《肉糜》等作品。不久之后，他们的大女儿花出生了。昭和二十八年（1953，四十一岁），武田的作品《在流放岛》在杂志《新潮》上发表，正式确立了他杰出小说家的地位。

《在流放岛》是一部恐怖悬疑小说。这部作品，一扫武田作为学者的晦涩，描述、叙事中充满张力。故事的开头是旅行日记的记叙方式：

"我"乘着六人座的小船，先去往大岛前面的H岛，再到Q岛去。Q岛是H岛和大岛转移犯人时的中转站。汽水瓶、烧酒瓶等粗劣玻璃制品在岛上横七竖八地堆放着，把整座小岛染成了墨绿色。"我"装成第一次来Q岛的样子。实际上，我之前来过这里，并且有过不堪的经历。我这次来是为了报仇。"我"曾经被流放到Q岛，被一个凶残的男子"杀死了"。他把"我"当作奴隶，用棍子痛殴我，最后把我扔到了大海里喂鱼。万幸的是,我被一艘渔船救起。那个险些置我于死地的男人,现在每天忙着酿黄油、做熏鱼、在阿修罗高原上养山羊。他绝不会想到,"我"还活着。

最后,"我"制服了仇人,让他伸出手来,像"斩掉蛇头一样",砍下了他的拇指。武田的这次创作不同于以往,对小说情节的把控恰到好处,描写丝丝入扣,拨人心弦。更令人吃惊的是,武田对于吃的描写也非常深入、细致。鲍鱼汁石油罐头、餐具、盛米的篓子、两个西瓜、鸡肉、鸡蛋、褐色的黄瓜、鸡肉饭、牛奶等在他笔下一一出现,吃大葱的场景也描写得惟妙惟肖。并且,食物出现的顺序紧跟故事发展的节奏,非常契合。"我"看到了海峡时,作者是这样描述的:"站在高处看海里的漩涡,像是面粉落入烧开的油中,先是缩成一团,再呈圆形扩展开来。"如此形象的叙述,大概是武田看百合子烧菜时学到的吧?

武田泰淳高超的写作技巧,在《在流放岛》中表现得淋漓尽致,这篇小说也成为他最著名的代表作之一。说起来,武田对食物的兴趣,其实都来自夫人百合子。

昭和四十三年(1968,五十六岁),武田为杂志《太阳》写游记《石狩平野——传统孕育新天地——》。为寻找灵感,我陪他一起到北海道取材。此事在筑摩版全集年谱中有详细记载。那时的我年仅二十六岁,还是一位初出茅庐的编辑。那会儿,武田刚刚从"文化大革命"中的中国回到日本,写出了革命小说《秋风秋雨愁煞人》。

在札幌,我们见了武田的朋友更科源藏和他北大时代的友人。我们聚到一起吃鲑鱼和蒙古火锅,一醉方休。我记得武田当时说:"我最近牙疼,吃不了太硬的东西。"于是,他吃了沙丁鱼、鲱鱼、炸鱼肉饼。他还说,他很怀念札幌车站前面卖的黑面包,还有北大学生食堂加了咖喱的俄式炸馒头。武田在北大教书时,每天晚上都吃煮鱼肉饼。据说，因为经常吃硬玉米，还吃坏了胃。

"我们到北海道的好朋友家中做客，围坐在火炉边取暖、侃侃而谈，吃了腌菜、炖牛肉，这在当时是很难得的美食。把切成大块的白菜和胡萝卜用鱼油泡一下，然后放凉，做成腌菜。炖牛肉里面加了土豆、鲱鱼味噌，美味极了。后来，我们到当地种植洋葱的农家参观时发现，这里的农业现代化已非常完善了。"（《那时的快乐》）

后来，我问了武田《光苔》写的是什么地方发生的事情，他告诉我是罗臼。于是，我准备一个人去罗臼看看。分别时，武田拿出一瓶喝了大半的三得利威士忌，对我说："还剩下五分之一，你带上吧。"我万分珍惜地接过威士忌，然后坐着火车穿过白雪皑皑的原野北上。回到东京后，我到港区赤坂冰川町赤坂公寓33号，也就是武田的家中取稿，百合子夫人热情地招待了我，为我做了炖菜。走时，还送了我三瓶中国产的鱼肉罐头，笑着对我说："这个罐头虽然便宜，但很好吃。"在北海道旅游时，武田就跟我提到过："我内人很厉害，驾驶技术一流。"后来，因为我和深泽七郎交情颇深，武田和百合子夫人对我的工作非常关照。

昭和四十四年（1969，五十七岁），武田开始为杂志《海》写长篇连载小说《富士》。当时，我的朋友村松友视就在《海》杂志编辑部工作。小说《富士》（昭和四十六年刊）中故事发生的舞台，是在富士山脚下的精神病院。

小说《富士》中，曾详细写过炸猪排和肉饼。除此之外，还出现过高官们的赏赐品，比如肉类（牛肉、猪肉、鸡肉）、鲜鱼（鲷鱼、金枪鱼、大虾、竹荚鱼）、蔬菜、大米、美国面粉、食用油、点心（红白相间的点心）、烟、干果（鱿鱼干、海带、剥皮栗子）、罐头、清酒等。在中公文库版的解说中，斋藤茂太郎指出："武田这个外行真令人刮目相看。既然文章把精神病院作为主场景，那么内容肯定是要探讨'正常'和'异常'。但是，作者真正想要探讨的'正常'和'异常'，并非只是医学上的。"斋藤极为看好这部"大尺度"的小说，对武田的大胆立意赞叹不已。

昭和四十九年（1974），六十二岁高龄的武田开始着手创作《晕眩的散步》。昭和五十一年（1976），《晕眩的散步》在杂志《海》上进行连载。这部作品其实就是武田泰淳和百合子夫人散步时说的话整理成篇，由武田口述，百合子夫人用笔记录。他们夫妻二人散步时喜欢买东西吃。他们溜达到明治神宫，在神宫食堂吃了味噌拉面、蛋筒冰激凌、水晶糕、冰棍儿，然后到靖国神社吃了便当。最后，他们散步到代代木公园，百合子夫人买了杏仁百奇吃。

《胡乱散步》一章中，武田回忆了在三轩茶屋公寓生活的点点滴滴。那时，他经常到一对老夫妇开的天妇罗店买吃的。天妇罗冷掉了，店主就把它再次放入油锅，"唰"的一声，热油沸腾，然后，老爷爷会用报纸包好递给"我"。有时，"我"也会到鳗鱼店点一份八十日元的鳗鱼盖饭吃，吃的时候，感觉幸福到了极点。"狼吞虎咽地吃完，整整一天都是好心情。"

后来，武田搬家到高井户住宅区。住宅区后面建起了一座面包厂，噪音很大，面包的香气弥漫。住宅区的居民代表投诉了面包厂。为了消除民怨，面包厂的老板挨家挨户送了两包三斤重的点心。没过几天，住宅区的每户人家又收到老板送的面包。"我"吃不完，就把面包丢进焚烧炉里，但是，面包不能完全烧成灰烬，烧的过程中会冒黑烟，最后把焚烧炉都给堵了。"晚上，打开焚烧炉的盖子看下去，画面真令人恐怖。人死了，火化后大概也是这个样子吧"。还没有打扫干净焚烧炉，面包店老板又送来了葡萄面包。最后，武田感慨道："真不想离开这儿啊！"

《鬼姬的散步》一章中，武田详细回忆了和百合子邂逅的场景。

一天，百合子肚子有些饿，来到饭店吃东西。她喝了不少酒，有清酒、深水炸弹、眼辣酒（这种酒一喝进肚子，眼睛就会火辣辣地疼）。武田说："如果不是她那天肚子饿，出来找东西吃，我们可能就不会走到一起了。"他还说："如果免费的话，她可能会一直喝下去。我当时还叫她'酒鬼''醉鬼'。"

百合子喝醉后，坐在垃圾箱上骂来骂去。武田一把把她拽了下来。

"我记得好像是拽着她的头发把她拉了下来"。（我让百合子这么写，她订正道："只是拉了下来，没有拽头发。"）

这部作品是武田和百合子在散步时的对话合集，武田口述时，百合子有时会说"不是那样的"，订正的话也会原封不动地记下来。也就是说，武田的口述笔记，在内容和形式上是不拘一格的。

采用丈夫口述，妻子笔录的形式进行创作的，可不仅仅只有武田和百合子二人。比如，陀思妥耶夫斯基。陀思妥耶夫斯基的这部类似的作品叫作《赌博者》。当时代他用笔记录的女子，后来成为了他的妻子。武田把他和妻子之间发生的故事，用口述加笔录的形式记录下来，这种创作方法让人耳目一新。

《危险的散步》一章中，他们的女儿武田花也作为主要人物出现。女儿武田花六个月大时，"面条、咖喱饭、炸薯条、腌菜、鱿鱼片，什么都吃，胃口好得很。那时，我们一家三口在波光粼粼的海边享受天伦之乐，女儿在岸边吃着炸薯条，百合子在沙滩渔船遮蔽的阴凉下，畅快地游泳，一直游到累。这样的美好记忆，现在想来，就像浮现在眼前一样。女儿浑身沾满沙粒，用手抓着饭团吃得津津有味。母亲不在身边时，女儿就胡乱抓起东西往嘴里塞，木炭、口红，甚至自己的便便也塞进嘴巴里面，但万幸的是，肚子没有被搞坏"。

写《司马迁》（昭和十八年刊）时，武田正在"耻辱中活着"。

写《光苔》（1954，昭和二十九年）时，已经意识到了"人不吃东西活不下去"。而到了晚年写《晕眩的散步》时，心态已经变成"享受美食的乐趣"。读者们其实不难发现，武田作品的精神轨迹，其实是一直沿着对吃的理解而不断变化的，这一点，足以让战后的学者们广为称道。

昭和五十一年（1976）十月五日，武田罹患肝癌，不久辞别人世，享年六十四岁。那一年的四月份，我刚刚拿到武田先生的作品《像野花一般》的原稿。那份原稿是百合子夫人转交给我的，整篇文章用蓝黑色墨水写成，字迹工整。

武田去世后，百合子夫人代笔完成了《富士日记》（中公文库上·中·下三卷）。这本日记，记录了从昭和三十九年（1964）七月至昭和五十一年（1976）期间发生的事情。昭和三十九年（1964），武田在山梨县富士山樱高原斥资盖了一座别墅，他住进别墅，开始写《山的日记》，主要记录他白天到东京市中心工作，晚上回到别墅就寝的生活。日记上卷的开头部分是武田亲笔写的。

在一开始的七月四日的日记中，他这样写道：

"清晨，在大月站买了便当吃。阴郁的心情，随着便当吃进肚子一扫而光。"

七月十九日的日记中，武田又买了炸猪排吃。这一家人，真的是大爱炸猪排啊。十二月二十六日的日记中，武田写道："晚饭吃了鸡肉杂煮。"十二月二十七日，石料店的社长说想组织一次聚会。于是，"百合子为大家准备了水果罐头、炸薯条和深泽七郎以前给的鸡肉丸。中午两点过后，社长领着三个劳动妇女来了，他给大家带来了鲤鱼汤、鲤鱼肉饼、一箱蜜橘、一袋醋味噌。百合子把猪肉切成小块串成串，然后在桌子上支上电锅，大家一边炸一边吃。我们聚会时录了磁带，想详细了解的人，可以听一下录音"。

武田去世当年的九月二十一日，去看望了埴谷雄高和竹内好，当时两人正在吃寿司、喝啤酒。武田心想："可不能光让这俩人吃，我也要吃。于是，武田吃了两盘寿司，喝了不少啤酒。"（《群像》追悼会）

　　我工作的地方在赤坂八丁目，离赤坂公寓非常近。每次出门到青山一丁目地铁站乘坐地铁时，都要路过赤坂公寓。武田泰淳离世二十八年后，百合子夫人也去世了。现在，离百合子夫人辞别人世也已经九年了。每次我路过赤坂公寓，都会想起百合子夫人送我的中国罐头。那罐头的味道，仍如鲠在喉，于唇齿间留有余味。

织田作之助
(1913—1947)

大阪生人。第三高中退学。与青山光二等人创办同人杂志《海风》，发表自传体小说《雨》。1939年，作品《俗臭》被选为芥川文学奖候选作品。战后，织田作之助成为与太宰治、坂口安吾齐名的流行作家。代表作有《夫妇善哉》等。

织田作之助

饥饿恐怖症文学

织田作之助是战后肉体颓废文学的先驱。他患有肺病，又常年服用止血剂和兴奋剂，这种行为近乎于自杀。最后，多病的他年仅三十三岁便离开了人世。

织田作之助也被人称作"织田作"，他死于一月十日。巧的是，我的生日也是一月十日。二十岁时的我，仿佛"织田作转世"一般，过着极度颓废的生活。当时的我，没能在出版社顺利就职，事事不顺心，和织田一样，终日在彷徨、颓靡中度过。

昭和十五年（1940，二十七岁），织田的代表作《夫妇善哉》在创元社出版。织田作之助从第三高中（现京都大学）退学后，吃起了妻子宫田一枝的软饭，每天游手好闲、碌碌无为。小说《夫妇善哉》后来被拍成了电影，由森繁久弥、淡岛千景主演。

《夫妇善哉》的梗概是：纨绔子弟柳吉爱上了年轻美貌的艺伎蝶子，相约一起私奔。他们一起开过理发店、咖啡馆，卖过水果、关东煮，但都没有起色。稍微攒了一点钱，柳吉就会拿去挥霍一空，是一个实实在在的软饭男。

世间的男子大概都想拥有蝶子这样的女人吧？而软饭男柳吉，正是织田作之助自身的投影。织田作之助凭借《夫妇善哉》这部作品，一跃成为人气作家。但东京文学界的主流人士，却对他嗤之以鼻，认为"这根本算不上文章"。

明治初年的大阪，有一家夫妻粥店。店主曾是一位拉三弦的艺人。由于单纯靠拉三弦并不能维持生计，他和妻子开了这家夫妻粥店。在日语中，粥和善哉同音，织田作之助取其谐音，把这部作品命名为《夫妇善哉》。小说中，有多处关于食物的描写。比如，高津的汤豆腐店、戎桥筋的泥鳅汤、鲸鱼肉、道顿堀东出云屋的蛇羹、日本桥的章鱼梅干、法善寺的关东煮、千日前的火药饭等。我在二十年前，都一一寻着去吃过。这些隐藏在市井间的美食，味道都很不错。

小说《夫妇善哉》中，主人公柳吉曾说："自由轩的咖、咖、咖喱饭，加上调、调、调味料，真是好吃极了。"我亲自到自由轩吃过这儿的咖喱饭。自由轩的门口竖着大大的牌子，牌子上两行大字：世代经营五十年、织田作之助最爱、名吃咖喱饭。我印象中依稀还记得，店里面还挂着一张横幅，上面写着：虎死遗皮，织田作之助留下咖喱饭。这里的咖喱和米饭不是分开盛的，而是咖喱直接浇在米饭上，然后在正中间打一个生鸡蛋。挖一勺放进嘴里，立马辣到舌尖发麻，很接地气的感觉，这也确实符合织田的饮食习惯。

法善寺内有一尊不动明王喷水雕像，因常年喷水，生了许多青苔。另外，小说中还出现过弁才天（乃日本神话中的七福神之一，象征口才、音乐与财富的女神，是印度教女神辩才天女的日本形象）、大明神、金罗堂等神仙人物。夫妻粥店原本位于法善寺前的小胡同里，后来搬迁了。现在，在胡同的一角，一家名为"正弁丹吾亭"的关东煮店门前，立有一块织田文学纪念碑，碑上刻着"走到这里就是善哉"。"正弁丹吾"这个名字很容易让人联想到"小便"（日语中，"正弁"和"小便"谐音）。在以前，这里有一个马桶，现在应该也还在吧。这样的起名方式，很有大阪特色。值得一提的是，"正弁丹吾亭"的关东煮，确实非常好吃。（《大阪发现》，《改造》昭和十五年八月号）。

小说《夫妇善哉》以独白的形式，讲述了一个软饭男的日常生活。这本小说，在某种程度上来说，算得上是大阪的"美食指南"。小说中出现的餐馆或小吃摊，八成至今还在营业。小说被改编成电影之后，越来越多的人慕名而来。但是，这些慕名而来品尝美食的人群之中，知道织田大名的人却寥寥无几。

织田本身就是一个美食家，他喜欢吃肉食、甜品、水果。织田年轻时滴酒不沾。后来，织田刻意锻炼自己的酒量，终于能喝两杯兑了水的酒。青山光二有一次在银座鲁邦酒吧碰到织田，他还向青山得意扬扬地炫耀说："瞧瞧，我的酒量怎么样啊？"银座的鲁邦酒吧里面，有一张织田的照片（当时和太宰治、坂口安吾一起拍的）。

后来，被挑衅的青山这样说道："我和织田的酒量一直差不多。他能喝两杯掺了水的酒，酒量确实有所见长。"（《织田作之助和酒》）

织田出生在大阪一户以卖鱼、做寿司为生的人家。家里面共有五个儿女，他是唯一的男孩，也是唯一的家业继承人。但是，在织田五岁时，父亲经商失败，家境一落千丈。二姐千代甚至流落到新地当了艺伎。后来，曾根崎一个有家室的化妆品店老板看上了千代，两人携手私奔了。这就是小说《夫妇善哉》中的主人公柳吉和蝶子的故事原型。织田其他小说中的情节，也大都是来源于他的亲身经历。但是，织田却非常讨厌私小说，他和太宰治、坂口安吾一样，青睐于通俗小说。

昭和二十一年（1946）十一月二十五日（织田去世四十六天前），织田作之助、太宰治、坂口安吾等人召开了文艺座谈会。那时，太宰治刚从疏散地回到东京，织田也恰好在东京，于是他们临时召开了这样一个紧急座谈会。会上，年长的安吾首先发言，阐明"成为一名合格的通俗小说家才是人生最重要的事情"。太宰治表示附和，说："我们一直都是来源于人民群众……"最后，织田说："我现在正到处演出。在千叶县、埼玉县的农村给大家表演，每天都拼命往脸上抹白粉,好像个下流坯子。"

织田去世后,《文学季刊》(昭和二十二年四月号)刊登了这场座谈会的详细情形。座谈会的主持人是平野谦。详细读完后,不难看出当时织田、安吾、太宰要在文坛的卑微地位。会议一开始,主持人平野说,志贺直哉是正统文学的代表。此言一出,立即遭到了三人的回击:"志贺直哉只不过是个畸形作家。"当时,太宰喝醉了,怒怼平野说:"开什么国际玩笑!"

后来,安吾自嘲地说:"好好,我们蛮不讲理,好了吧?"这时,一直默默听着两人争论的织田突然开口骂道:"捧志贺臭脚的人才是可恶的,罪魁祸首就是小林秋雄。这个家伙,一直溜须拍马,把自己和志贺都吹上了天,还乐此不疲。"安吾赞同地说:"确实,小林就是这样的人。"

织田接下来又开始贬低其他作家。提到佐藤春夫,他毫不犹豫地对其全盘否定,还说石川淳的作品徒有其表,过于花哨。后来,织田作之助、坂口安吾、太宰治三人之间也开始互相攻击。太宰治说织田没有一部杰作,全是垃圾作品。织田一边点头,一边傲娇地说:"你说得没错,可是我无论写什么,读者们读起来都觉得有趣儿。"

织田发表过日本轻佻派宣言(1945,昭和二十年三月),向太宰治表明态度,"我追求的就是没有杰作"。安吾曾评价宇野浩二的作品"连书皮儿都不值得买",织田当时只是默默听着不置可否。宇野浩二在杂志《人间》(昭和二十二年三·四月号)上,发表了回忆织田的往事。昭和十九年(1944)十月,宇野来到大阪,织田热情地为他送去了上等的便当。

"织田带了两个又大又重的便当盒来。一个盒子里面装的是鲷鱼照烧、烤鸡蛋、煮青菜、腌菜。另一个便当盒里面装的是米饭团,米饭团上面还撒了芝麻粒。"(《回忆织田作之助》)

织田晚年时,稿费几乎全部用来买菲洛本(兴奋剂)。他其实没有钱。宇野走时,织田一直送他到车站检票口,又从包袱里面拿出一个沉甸甸的便当盒给了宇野。之后,织田给宇野写信说:"我每月吸烟要花两千日元,日子过得捉襟见肘。我离不开烟啊,烟、咖啡、糖,加起来得三千日元。租房子每月一千日元。我要向您借四千日元。"

回忆起这位老友,宇野说道:"织田作之助的一生,是哀伤、孤独、流浪的一生,不幸的是,他英年早逝。想起这些,泪水湿了眼眶,心中感慨万千。"

织田的日记中曾多次出现美食。昭和十一年(1936,二十三岁)写的日记中,曾提到过豆饼、柚饼、东京本乡喫茶店紫苑、中野喫茶店的柠檬茶、银座天金的天妇罗、银座后面的豆粥、大阪的中华料理、高岛屋的中国馒头、维纳斯大饭店的三明治等。

据说,织田晚上睡觉前,会在枕头边备好苹果派和巧克力。这一年,织田开始咯血。他本来身体就不怎么好。每天喝肠胃药,在不二屋吃饭,或是到末广西餐厅要一日元的牛排吃。为补充营养,他每天都要吃一块黄油。

昭和十三年(1938,二十五岁),织田经常到上野的鹈鹕餐厅喝柠檬汁,到银座吃荞麦面、火锅,在"白十字"餐厅喝热柠檬茶。他住在京都祗园酒店,在凌晨时和宫田一枝吃寿司。当时,织田已经和一枝住到一起,两人主要靠着一枝在咖啡厅打工的收入生活。织田在日记中提到过咖啡、烤肉、预防咯血药、浅草的小锅什锦饭等。

昭和十九年(1944,三十一岁),一枝去世。织田又和轮岛昭子走到一起。他的胃变得越来越不好,疼痛难忍时,他想到了菲洛本。

据昭子的回忆,织田每小时注射两针管菲洛本。"那段时间,我只要出去买东西,就一定是买菲洛本。"(《我的织田作之助》)

有一次,织田嘿嘿地傻笑着,拿着针管向自己细细的手腕扎下去,嘴里嘟囔着:"啊,下次扎这里。"可是家里已经没药了,昭子马上着急忙慌地到富田林的药店去买,可是药早就卖光了。原来,当时一个很有名气的相声演员到富田林举行演出，她也注射菲洛本，于是她的经纪人买光了当地的所有菲洛本。因此，昭子只好一边感慨女相声演员的实力，一边跑到大阪去买药。后来，昭子也开始和织田一起注射菲洛本。

织田非常依赖菲洛本，他一有空就到药店去看看有没有新药上市。注射菲洛本后，人会变得精神恍惚。但如果有客人造访，织田就立马精神起来，并且很能说。

织田死后两年，他的短篇小说《飨宴》（昭和二十四年二月号）发表。这篇小说讲述了一个发生在黑市饭店的故事。主人公三木以卖糖为生。一块糖卖一日元，赚十五钱。这天，他卖了一百块糖，赚了十五日元。于是，他狠下心来，决定到黑市饭店买一份十五日元的咖喱饭犒劳自己吃。一进饭店，他听到有人说："喂，再来份炸虾大碗盖饭。"说这句话的人，是一个看起来瘦瘦的、一脸横肉的男子。旁边有人悄悄告诉三木，这个男子已经吃了一份咖喱饭、一份蛋包饭和一份手握寿司了，但好像还没吃饱，又点了一份盖饭。这名男子很快吃完了盖饭，又点了一份烧饭。三木大为吃惊，走上前去问他："您可真厉害啊，您得赚多少钱，才够这么吃啊？"

那个瘦瘦的男子拿着筷子，对三木说："其实我很痛苦啊。"

"半个月之前，我得了一种怪病，无论怎么吃也吃不饱，总觉得肚子饿得慌。医生说，这种病叫饥饿恐惧症，是一种世界性流行病。我现在，如果不吃这么多的话，就会饿得受不了。我把家里值钱的东西统统卖掉换钱，才能吃得起这么多东西。但是明天，家里再也没有东西卖了。"

话音刚落，男子又埋头大吃起来。

这应该是真实发生的故事。因为，织田在昭和二十一年（1946，三十三岁）发表的《大阪的忧郁》（《文艺春秋》）中，也曾提到过此事。织田对患有饥饿恐惧症的男子，是怀有敬畏之情的。"他就像是大阪。"

"这个男子患有的饥饿恐惧症，就像是大阪所具有的坚韧的复兴力。千日前、心斋桥、道顿崛、新世界、法善寺胡同、雁治郎胡同等地方都在努力想要重振往日辉煌，但，现实却像那个男子一样，瘦得不像样子。不得不在黑市变卖家产填饱肚子，与其说是逞强，不如说是在负隅顽抗、垂死挣扎。"

织田是地地道道的大阪人，有着大阪人特有的品质和性格，他也一直不断地在写大阪的逸事。在他去世半年前，曾这样说：

"有人说，大阪人非常薄情。其实，大阪人只是非常淡然。从食物的口味上就能看出来。大阪的酱油是淡口酱油，味噌汤也是白味噌汤。大阪菜的特点，就是在于清淡的味道。鳗鱼饭、烤肉、关东煮这些外来食品都不是地道的大阪口味。大阪人对待金钱的态度，也是非常淡泊的。也就是说，所谓的拜金主义，是他乡人带到大阪的。"
(《大阪的面貌》昭和十八年)

织田在晚年时，想起大阪，常常伴随着焦躁、寂寥的心情。

织田还在第三高中上学时，个头很高，相貌英俊，身材也不错，性格偏内向。和之后成为大阪无赖派时的样子大相径庭。富士正晴回忆起织田时这样说道：

"在我的记忆中，织田作之助是一个寡言少语、又瘦又高、很有魅力的男人。"

学生时代的织田，长得很帅，留着一头长发，遮掩住了内心的焦躁，默默地隐忍。父亲去世后，家境越来越差，姐夫出钱供他上学。但是，由于连续留级，织田最后选择了退学。所幸的是，姐姐和妹妹都非常宠爱他。

织田除了姐姐就是妹妹，从小生活在女人群当中，自然对女人非常熟悉。他对女人的缺点、弱点、思维方式都非常了解，女人们也觉得他安全无害，容易接近。也正是因为这样，他常常能得到美女的眷顾，也乐于吃软饭。小说《夫妇善哉》的主人公柳吉就是一个彻头彻尾的软饭男。明明是软饭男，却常常对吃的挑三拣四。但是，读者们却很喜欢这个人物。

织田极度反感私小说，但他的作品却非常接近于私小说。通俗小说都是虚构出来的。织田在写作时，确实是按照通俗小说的立意来写的，但是，小说中出现的饭店、餐厅，却都是现实中真实存在的。在虚构与现实之间，织田力图写出战后人们精神层面的变化。这么看来，织田的作品，是处于现实和虚幻之间的。织田想成为下一个井原西鹤，可是无奈成为不了。在这种痛苦与彷徨之中，他通过注射菲洛本来麻痹自己。

太宰治有时觉得，织田就像是一个被生活愚弄的小丑，于是常常请他喝酒。织田也会欣然前往，毕竟，喝酒也能麻痹自己，还能够避免滥用菲洛本带给身体上的伤害。

织田自小家境贫寒，但志存高远。经过不懈努力，考入第三高中，战战兢兢地寻找出路。他刚接触到安吾和太宰治时，就被他们独一无二的无赖派生活方式所吸引，产生了心灵上的共鸣。他的文学天赋被激发，开始按照比东京更为自由散漫的大阪式生活方式过活。织田的身子骨偏弱，天生不能喝太多酒，于是，他就常常和女人约会，散步，还会在散步时买好吃的东西请女伴儿吃。很快没钱了，他就靠女人接济。织田长得高，模样英俊，性格又偏内向，很少有女人能拒绝他的请求。

过于依赖菲洛本，是织田被叫作大阪无赖派的原因。他的作品备受欢迎，但是，却始终没有得到文坛的正视。他和太宰治一样，内心充满焦虑。

如果不是沉溺于菲洛本，织田是可以成为"昭和年间的井原西鹤"的。他的作品，在某种意义上来说，甚至比井原西鹤更能揭露人的本性，堪称恶汉小说。织田的长处在于，他能够切实表现出大阪的各种鄙陋，也能展现出大阪的各种甘美，这种"浓缩的小说精华"，是太宰治所不具备的。太宰治所欠缺的，是淡泊的人生观。不紧张、淡然，无大喜大悲的处世态度，恰恰正是大阪人织田天生就秉备的。

织田患有强烈的"文学饥饿恐惧症"。他听说太宰治和坂口安吾在东京生活得很是狼狈。于是，他就越发让自己堕落。这也反映出大阪人的友情观和虚荣心。志贺直哉在文坛如鱼得水，小林秀雄之流溜须拍马左右逢源，织田想要登上文坛宝座的愿望，如同镜中花、水中月。于是，他更加自暴自弃，生活极度窘迫。所以，当宇野浩二来到大阪时，织田会可怜兮兮地问他借钱，还给他送去满满一大盒便当。织田总是穿着一件破破烂烂的皮夹克，在皮夹克的里面，包裹着一颗患有"文学饥饿恐惧症"的心灵。

织田在京都日日新闻上这样写道：

"日本的文学，还是病得不轻啊。看看日本现在的样子，哪儿哪儿都是病。打个比方，人们要脱鞋才能进到屋子里。但是现在的日本，还没有不脱鞋就可以进屋的那种类型的文学。瞧瞧外国的文学，现如今的、好的文学都是可以穿鞋进屋的文学。在日本，有太多人盯着你的鞋看，不脱鞋就进屋，是万万不能的。"（《即便这样，我还是要走下去》）

这就是织田在自我剖析作品《小田策之助》中的内心独白。

织田得病后，住在银座后面，经常咯血。川岛雄三、原保美、文谷千代子曾手捧鲜花来看望他。但是，织田的医生以"患者需要绝对安静"为由，将他们拒之门外。后来得知这一切的织田，内心失落至极。他生气地对昭子夫人喊道："这个家伙，他是在忌妒我吗？"

昭子夫人回忆起织田临死前的样子，是这样说的：

"死神越来越近了。一天，他想吃果冻。于是，我用牛奶、红茶、果汁、果酱等材料做了几份果冻，放进几个喝红酒的高脚杯中，在收音机上面依次摆开。高脚杯在阳光的照射下，发出紫、白、绿、褐等各种颜色的光芒,非常好看。他开心极了,一大口一大口地猛吃起来。后来,每到有客人来家里看望他,他都要把这件事说上好几遍。"(《我的织田作之助》)

"一九五七年,你说,会是什么样子呢?"

临死前,织田这样问昭子。昭子想了一会,没有给出答案。

"和现在一样,没有任何变化。"说完,织田自嘲地干笑了起来,可是笑声中充满着苦涩,越来越不成声。他用尽最后一点气力,呢喃着说道:"小说、一九五七年、会怎样……"就这样,他怀揣着对新小说的愿景,离开了人世。

向田邦子
（1929—1981）

东京生人，电视编剧界的女强人。1964年，因电视剧本《七个孙子》名声大噪。之后转向小说领域发展。1980年，作品《花的名字》获直木奖。因飞机事故去世。

向田邦子

咖喱饭的秘密

向田邦子笔下的食物，有着战后的废墟气息，洋溢着垂暮的伤感味道。我花了三天时间读完文春版《向田邦子全集》后，发现她几乎所有的短篇小说中，都有关于食物的描写。并且，作者对食物的描写明显是花了心思的，也成功地抓住了读者的眼球。

除了小说家的身份，向田邦子同时也是一位出色的电视剧编剧。由她写的剧本改编拍成的电视剧《寺内贯太郎一家》（小林亚星主演、TBS.昭和四十九年）曾一度爆红。主人公寺内贯太郎是一个体重100公斤的壮汉，他住在东京谷中，经营着一家石材店。寺内贯太郎性格专断、易怒，但内心却很脆弱，容易流泪。他喜欢的事情是：面子、万里无云、富士山、孩子、"勘太郎月夜诗"、红小豆年糕。他讨厌的东西是：说谎、没礼貌、媚上欺下、蜘蛛、老鼠、独居和假睫毛。这部电视剧的另一个出彩之处就是美食。几乎每一集都会有不同的美食登场。主人公贯太郎的人生信条就是：对吃饭不认真的人，是不值得信任的。贯太郎吃饭时，把大海碗抱在胸前，用一种夸张的姿势，把头埋进碗里面猛吃，发出"滋滋"的声响。

贯太郎的儿子是个败家子儿，整天不务正业，学习成绩很差。贯太郎对他许诺说，如果能顺利考上学，就给他做鲷鱼、生鱼片和蛤蜊吃。但最后，他的儿子还是没能考上，只能吃咖喱饭了。但实际上，剧中的咖喱饭看上去也非常好吃。当时看这一集电视剧时，我也忍不住买了一份速食咖喱饭，边吃边看。

贯太郎一家吃饭时非常热闹，也很讲究。在他们家，咸菜不能切成三段，因为，切成三段的咸菜也叫作"斩身"（"斩身"和"切三段咸菜"同音），听起来不太吉利。但切成一段吧，又叫作"杀人"（"杀人"和"切一段咸菜"同音），更不好听。一家人因为这个问题吵得不可开交。后来，贯太郎生气地大喊一声"别吵啦"，一把掀翻了矮脚餐桌。桌子上的鱼汤、味噌汤、生鱼片飞溅到了电视机的显示屏上，整个屋子一片狼藉。掀翻桌子，实际上是日本战中派的一种典型行为。

我第一次拜读向田的作品，是昭和五十三年（1978）由文艺春秋刊发的《父亲的道歉信》（向田四十九岁）。《父亲的道歉信》是在杂志《银座百点》上连载的随笔集。它讲述的是：朋友送来了一筐活的伊势龙虾，我没有把它们放进冰箱。半夜里，龙虾爬到了客厅，它们想沿着钢琴脚爬上去。隔天，黑色喷漆的钢琴脚已经惨不忍睹，地毯上也沾满了龙虾分泌的黏液。第二天，我把它们送给了家中有年轻大学生的朋友。

向田的父亲担任保险公司地方分公司经理，是一个非常讲究诚信、耿直的男人。向田的身上有父亲的影子。向田的母亲为了招待到家里做客的外交员，会在平时酿一些酒。酿酒是一项技术活，要随时掌握好酒的发酵程度。母亲一旦没把握好发酵度，酿出来的东西就会发酸，然后，就把它当成酸奶给孩子们喝掉。向田对食物的兴趣大概就是从这个时候培养起来的。

樱花飘落的季节，是吃蚕豆最佳时节。向田的小说改编的电影开头，就有剥蚕豆的场景。"拨开蚕豆的壳，里面的蚕豆一粒粒跳了出来，四散滚去。我们姐弟四人，现在也天各一方……"向田的父亲参加宴会，打包带回来了一盒吃的，有鲷鱼鱼身、鱼糕、带壳龙虾、绿色羊羹。晚上到家后，父亲把睡着的姐弟四人叫起来，四人揉着惺忪的睡眼，开心地吃了起来。

另外，向田还提到一件事。孩子们和父亲白天去赶海，捕获了许多大虾、蛤蜊。这天夜里，突然间空袭警报大作。在黑暗中，"我"抱起白天捕获的一筐海鲜准备逃命，结果却被父亲猛地一掌打翻，"混账！什么时候了！还顾得上这些！"滚落的蛤蜊、大虾在厨房里爬得到处都是。这样的描述很真实，好像纪录片一样。向田的文章，有着清晰的画面感，很能打动人心。一家人跑出了屋外，外面的天空被战火染得通红，他们面前的屋子被炮弹击中，一瞬间炸没了。虽然是随笔，但是小说味儿很浓。一家人最后躲过了炸弹的袭击，幸运地活下命来。父亲说："我们再吃一顿大餐吧，这样死了也不足为惜。"第二天早晨，一家五口人来到被炸的家中，在满是泥垢的草席上坐下来，一起吃了这顿饭。平时脾气暴躁的父亲，这次却异常温柔，不停让孩子们再多吃一点。一家人吃饱后，来到河边，像金枪鱼一样并排躺下，闭目养神。

向田的作品有这样一个特点，写完惨烈的场景之后，会用食物来平衡和补救。那天，他们吃的是用面粉和芝麻油炸的白菜和红薯。"大白天，天妇罗的香味四溢，实在是太危险了，可是，父亲不得不这么做。"

向田小的时候，家里面有两个一大一小专门做咖喱饭的锅。大铝锅是做大锅饭用的、小铝锅是父亲专用的。小铝锅做的咖喱饭，颜色浓稠，肉块多，口感辛辣。所以，父亲吃咖喱饭时，面前总会备一杯水。……"我"那时一直希望自己快快长大，这样，"我"吃咖喱饭的时候，面前也会放上一杯水。父亲吃东西时，喜欢大声喝骂。贯太郎也是如此。父亲一边吃着饭，一边大声支使母亲倒水、拿红姜、擦汗等。母亲常年穿着一件白围裙，家里的锅碗瓢盆都是她来刷，手腕常常是红的，手指上戴着两三个橡胶套。

读完后，会让人想到，其实我家里也是这样啊。咖喱米饭和米饭咖喱的区别，说法不一。向田是这样认为的：在外面花钱吃的是咖喱米饭，在自己家吃的是米饭咖喱。这是向田式的幽默。对她来说，家里的米饭咖喱才是最好的，因为，"自家的菜里面，藏有精彩如一千零一夜的故事"。所以，向田在遇到空袭逃生时，没能带上蛤蜊、大虾，她对此念念不忘。

有一次，向田问一个很有名气的电视剧制片人："你吃过最好吃的东西是什么？"制片人回答说："妈妈做的咖喱饭。""是不是土豆切成小块，然后汤汁浓稠的那种？""嗯嗯……"制片人说着，眼眶竟然湿润了。向田不禁想到："原来爱吃妈妈做的咖喱饭的人，不只有我一个啊。"转而她又想到："妈妈做的咖喱饭，是真的好吃吗？"

"回忆是会慢慢变得模糊的。已经过了几十年了，怀念和期待，就像是不断充气的气球，让人不忍心亲手扎破它。所以，我是绝不会让母亲再为我做孩提时代的咖喱饭的。"

《父亲的道歉信》中，还出现过"海苔卷的边""学生冰激凌""炸鱼肉饼"等关乎食物的随笔。但令我感到稍微有些吃惊的，是一篇名为《鱼眼睛是泪水》的随笔。

随笔的灵感来源于松尾芭蕉《奥之细道》行吟开篇的一首诗：

"一春又将去　游鱼目含汪汪泪　鸟啼声凄凄"

向田非常害怕鱼眼睛，"吃鱼时，一旦看到鱼眼，就不敢再动筷子"。"对芭蕉先生，我也感到非常抱歉，他的这句诗，我是无论如何也无法好好品味和鉴赏。"向田有时到海鲜市场卖鱼，越想着不看鱼的眼睛，最后越是会看到。

松尾芭蕉的这首诗，写的是就道前行，离情萦怀，步履滞重。亲友们该正列于道中目送，直至望断吾等身影。陶渊明也写过"囚鸟恋旧林，池鱼思故渊"（关在鸟笼中的鸟儿想念出生的森林，池子里的鱼怀念以前的潭渊）。也就是说，诗句中的鱼，指的是"游泳的鱼"。后来，我在《芭蕉游记》（新潮文库）中做出了新的解释，这里的鱼并不是池子里游泳的鱼，而是海鲜市场里的鱼（向芭蕉先生的簇拥者、鱼店老板杉风考证）。

向田老师（突然想称之为老师）在昭和五十二年（1977），也承认了《鱼眼睛是泪水》的鱼，是海鲜市场的鱼。我为她的坦诚感到钦佩。

《父亲的道歉信》出版时，我还是一个小小的杂志社编辑。我当时非常想见向田老师一面。于是，我托关系参加了其他出版社主办的聚会，终于见到了她。当时的向田老师，披着黑色的披肩，眼睛细细长长的，模样清秀，被一群编辑们拥簇着，我根本没有接近她的机会。

向田老师一开始是为电台广播《森繁的重役课本》（1962，昭和三十七年）写脚本的。她陆续写出了《七个孙子》（1964，昭和三十九年）、《萝卜之花》（1972，昭和四十七年），成为一名人气剧作家。后来，我读《父亲的道歉信》时，心中还在想，怎么之前一直没有发现这么有才华的小说家。昭和五十三年（1978），向田老师和妹妹和子在赤坂开了一家名叫"妈妈屋"的小酒馆。在我的请求下，当时担任NHK总导演的和田勉老师带我去了向田老师的酒馆。酒馆柜台的上面，挂着一排用毛笔写好的菜肴名牌，芝麻拌菠菜350日元、香椿芽900日元、凉拌海带650日元、白灼虾900日元、海蕴450日元等。菜品种类很多，整个酒馆也是非常接地气的风格。我和和田勉老师点了烧豆腐、烤金枪鱼、芦笋火腿卷等几个菜，喝了不少酒后，向田老师出现了。她坐到我们前面，与和田勉老师亲切地打招呼。

昭和五十四年（1979，五十岁），由向田老师担任编剧、和田勉老师担任导演的电视剧《宛如阿修罗》（NHK）上映。剧中，妻子得知丈夫出轨后，突然呕吐起来。那个年代的人气剧作家，还有人情派的仓本聪和都市派的山田太一。在当时，宣扬家庭温情生活的电视剧占据主流。而《宛如阿修罗》中，四姐妹各怀鬼胎，生活各遭不幸，也算得上是异类了吧。

昭和五十五年（1980，五十一岁），向田开始在《周刊文春》上写连载，题目为《灵长类人科动物园图鉴》。其中，也出现了大量关于食物的描写。向田一向擅长通过描写食物、菜肴来反映人性。随笔《短喜剧》的开头一章是《人来了》。讲述的是，有客人到家里做客，带来了一个大大的包袱作为礼物。于是，主人家心里面一直在猜测包袱里面到底装的是什么东西。是鸡蛋糕？羊羹？还是西式糕点？又或是草莓？如果是草莓的话，家里面招待客人的草莓可是上等的啊，不能拿出来让客人难堪。如果送的是点心的话，那也最好别用点心招待客人。这么想着，等客人走后，打开包袱一看，原来是一双毛拖鞋，真是大失所望。

有一次，向田到朋友家做客，送给朋友一份丛生口蘑。结果对方误以为是名贵的松茸。作为回礼，朋友送回一份贵重的鳗鱼饭，后来又送了白甜瓜过来。这该如何是好呢？明明送出去的是聊表心意的土特产，但是却收到了这样贵重的回礼。向田像在写心理分析小说一样，心理层面的描写非常细腻。她有着比大多数女人更为细致的洞察力。另一篇随笔《满是伤痕的茄子》，讲述了关于蔬菜的故事。台风翌日，原来摆在店门前的茄子，被雨水打湿、被台风刮倒，在地上七零八落。父亲不得不把它们堆在一块贱价出售。祖母在厨房里小声说道："那个××家，儿孙成群，一个人就买了三捆茄子回去吃。"当天晚上，父亲郑重地宣布："今天晚上吃罐头！"孩子们一片欢呼。当晚，一家人听着外面呼呼的风声，一边吃着大马哈鱼和牛肉罐头。在那时，罐头是至高无上的美味。

向田幼年时，不喜欢豆腐的味道。但是上了年纪，却越来越爱吃豆腐。

她曾说："不知道味道怎么样，姑且认为是好吃吧。"

向田还讲过味噌猪排的故事。我记得很清楚，那年，我从出版社辞职，在决定辞职的七天前，我读到了这篇味噌猪排的随笔。读完后，我立刻动身去了岐阜羽岛站，在车站食堂里吃了味噌猪排。当时我萌生了一个念头，也想要写美食随笔。那个时候，味噌猪排还没有在全国兴起。向田老师到岐阜旅行，酒店为她准备了岐阜名吃——寿司。但当她看到味噌猪排的菜单时，毫不犹豫地点了一份吃。后来，在喫茶店看到巴士司机在吃味噌猪排，向田老师一边咽口水一边说道："的确如此啊，猪排上面抹上黑色的味噌酱，香气扑鼻，好想吃啊。"她赶紧订了味噌猪排，终于在两天后吃上了。"用甜料酒和糖做成的姜汁，均匀地倒在刚炸好的猪排上，酱汁的浓稠抹去了油腻，和米饭搭配再好不过了。味噌猪排和红豆面包一样，都是日本在美食界的杰出发明，现在，味噌猪排正在席卷整个日本……"赞美之情溢于言表。

那年二月，我从出版社辞职后，第一次以个人身份向向田老师邀稿。向田老师答应了，写了随笔《皱纹》。这篇随笔讲述的是一个女子对于学生时代的回忆。题目《皱纹》，说的是主人公穿着一件藏青色尼龙长裙上的皱纹。文章中这样写道："五年级时，在学校的烹饪课上学做红薯茶巾绞。于是，回家对母亲说，要拿一些红薯到学校去，其实心里面很内疚。"向田老师用2B铅笔写作，字迹娟秀，经常出现连笔，像细柔的柳叶儿一般。我在回去的地铁上，一边读老师的随笔，一边想起了小时候从田里面偷红薯吃，一瞬间，脸红了。

昭和五十五年（1980，五十一岁），向田老师在《小说新潮》上发表的短篇小说《川獭》《狗屋》《花的名字》获直木奖。此后，向田的短篇小说集单行本《回忆扑克牌》出版。《川獭》讲的是一个中风男子卧病在床的故事。丈夫卧病在床，模样像一只川獭的妻子在他面前用吸管喝红色的奶油苏打。妻子一口一口地吸着，红色的苏打水从吸管的裂缝中溢出来。看到这一幕的丈夫心里面想着："别吸啦，快别吸啦……如果我的血从血管里这么溢出来，我就完啦！"但是，却一句话也说不出来。

在丈夫眼中，红色的奶油苏打是死亡的暗示，带给他极大的恐惧。而对这一切毫无察觉的妻子，还在若无其事地一口一口地吸着，红色的苏打水继续往外溢出来。在这里，美味的饮料在一瞬间，成了可以危及生命的凶器。在向田老师看来，食物代表着经历。对于食物的记忆片段，就像镶嵌马赛克一样。小说《川獭》中，描写了令人怀念又稍显苦涩的人生。文章中的食物，也有了不好的寓意和象征。在吃下去的同时，牙齿也会受到伤害。自NHK电视剧《宛如阿修罗》之后，向田笔下的食物，从原来的以味美为主，变成了毒药的象征。

《狗屋》讲述了发生在鱼店伙计川子身上的故事。川子暗恋达子，他喂了达子的爱犬影虎一块河豚肉，结果影虎差点中毒死掉。为了表示歉意，川子从此之后一直照料影虎，并为它盖了一间大大的狗窝。后来，川子喝醉了，喝下了大量安眠药，想在狗窝自杀，但未遂。多年后，达子在公车上邂逅了川子一家。文章中，多处写了难闻的鱼腥味。这是作者有意为之。

《花的名字》女主角常子嫁给了一个连樱花、梅花都分不清的松男，但她的母亲说这样的男人才能给她幸福，因为常子的父亲是与松男性格相反的，留下一堆风流账。常子学习摘花，然后回家教松男，松男渐渐开始进步，变得识花，也因此偶然得到上司赏识，对常子的态度也日渐改变，许多年后，常子接到一个来自与松男有过一段情的女人的电话，才知道丈夫早就外遇，也早不是那个在寒冷夜时会给她暖手的人了。那个外遇的女人的名字叫棻吾（一种花的名字），常子想，松男之所以会和这个女人在一起，大概也与花的名字有关？

《花的名字》的女主人公常子是绝望的，向田老师也是绝望的。

在她的小说集《回忆扑克牌》中，有《五花肉》《格窗》《曼哈顿》《男眉》《萝卜之月》《苹果皮》《酸味家族》《耳朵》《Doubt》等短篇小说。小说中描写的，全部是悲惨、迷茫的爱。变冷、腐烂的菜肴和食物，在悲情的男女关系中，像是一种诅咒。

向田获直木奖的第二年，乘飞机到中国台湾旅游时，不幸遭遇空难去世，享年五十一岁。她死后，一直秘密相恋的爱人才公众于世。他比向田年长几岁，是一个身患重病的摄影师。向田在事业最顶峰时撒手人寰。从她四十八岁之后的三年间，是创作高峰期，留下了大量的作品。人们把她称为"五十年代的樋口一叶"。

向田擅长烹饪。在外面吃到好吃的东西，她会闭上眼睛，默默地记住味道，然后回到家里做出来。向田在美食方面，有着和在小说、编剧上相同的热情。她会在自家酒馆"妈妈屋"卖亲手烹饪的菜肴。"当桂皮炒牛蒡丝""黄瓜、西芹、萝卜泡菜拼盘""竹荚鱼干和土豆沙拉""竹筒烧饭""大葱酱汁""炒裙带菜""芥末鸡""萝卜炖牛肉""春菊蘑菇鸡蛋羹""猪排葱花手握饭团""水芹炒饭""烤水豌豆"等，都是普通厨师不会做的特色菜。向田最拿手的是煮鸡蛋酱。煮好的鸡蛋倒入辣酱，再加少许酒，腌泡两晚，就做成了这道美味。晚上到向田酒馆喝酒的客人，一见到煮鸡蛋酱，就会两眼放光。

上述美味佳肴都被收录进杂志《向田邦子的手料理》（讲谈社）中。我手头就有一本，是第二十六次印刷的。

做饭和写随笔，在某种程度上来说，是相通的。但写小说就会不太一样。读《回忆扑克牌》就会明白，菜肴会带给人味觉上的享受，可一旦做不好，就会很麻烦。

向田老师很有先见之明。她有着近乎于常人一倍的理解力，第六感也很强，可以说是全才。

《灵长类人科动物图鉴》中，有一篇名为《飞机》的随笔。说的是，飞机刚刚启动螺旋桨，准备起飞时，一个男子脸色煞白，嚷嚷着要下飞机。他还殴打了前来阻止他的空姐。最后，他如愿以偿地下了飞机。没想到，飞机再次起飞后不久，就因为发动机故障坠毁了。而侥幸逃生的这名男子，曾是开战斗机的飞行员。这篇随笔写完七个月后，向田老师就遭遇空难，离开了人世。

寺山修司
(1935—1983)

出生于青森县。早稻田大学中途退学。1954年的作品《死者田园祭》凭借50首短歌获"短歌研究新人奖"。1967年成立演剧实验室"天井栈敷"。个人作品涉及俳句、短歌、小说、演剧、电影、赌马等不同领域。代表作是《离家劝告》。

加糖的咖喱饭

寺山修司

寺山修司比我年长六岁。二十世纪六十年代，是日本经济高度成长期。那时的他像年轻人一样精力充沛。可是，他却在四十七岁时英年早逝。寺山的私人医生庭濑康三（平成十年六月逝世）也是我的主治医生，他无法相信寺山的骤然离去。他在《现代诗手帖》（昭和五十八年十一月临时增刊号）中说："寺山的死，是他自己胡编乱造的吧？"〔谷川俊太郎和九条今日子（原名映子）的座谈会〕。我本人并不是寺山的忠实读者。但寺山逝世那天，我与唐十郎二人一起去酒吧喝酒以缅怀他，最后两人喝得酩酊大醉。寺山的死，让我的心里面有种无以言表的痛楚。

寺山读初中三年级时，就长到一米七的个头。他还练了三年的拳击。据他自己说，后来停止练拳击的原因是，"无法忍受拳击馆里苛刻的饮食规定"。寺山平时说话有一多半都是水分，所以，究竟是真是假，谁也无法考证。

寺山在自传《谁在思念故乡》中提到，自己的生日是一九三五年十二月十日，但户口本上写的却是一九三六年一月十日出生。"我去问母亲为什么会有这三十天的误差，她开玩笑地跟我说：'你是在行驶的汽车上出生的，连出生地都不好说啊。'"寺山夸大其词、肆意杜撰，是为了让读者觉得很有意思。所以，人们对于寺山的话，总是半信半疑。

真正的原因是，寺山的父亲是一名高级刑警，他工作很忙。寺山出生时，他没能立即给寺山登记户籍，比实际出生日期晚了三十天。后来，父亲参军。留守在家的寺山经历了青森大空袭，从战火中逃出生天。战后，寺山搬到叔父经营的三泽寺山食堂二楼住。不久，传来了父亲战死沙场的噩耗。

寺山考入初中后，离开了母亲，自己一个人寄宿在青森市歌舞伎座电影馆。他在学校担任过文艺部部长。母亲每天都要去九州的碳矿町打工赚钱。寺山的经历，其实用不着杜撰，因为本身就非常戏剧化。他在县立青森高中读书时，发表了不少俳句、短歌，出了自选文集，还是全国学生俳句会议的组织者。高中时代的他就已小有名气，被人们称为早熟俳人、歌人。高中毕业后，寺山考入早稻田大学。二十四岁时，在四季剧团表演过戏曲《伴血入眠》。我第一次知道寺山的大名，就是通过这部戏。这是一部非常出色的戏剧。年轻的寺山，可以说是才华横溢。

寺山二十二岁时写的短歌中有这么一句，"浑身烟味的国语老师，说明天这个词时最悲哀"。这句话带给我最直接的影响就是，让我戒掉了吸了多年的烟。读了"幸福的意义，是将握在手心的花生，塞给妙龄少女"这句后，我也曾试着将花生送给意中女子。"电光火石之间，海上雾气弥漫，愿为之舍生取义的祖国可安在。"也是这一时期创作的。

《新·饿鬼草子》，是寺山另一个"悲伤的自传"。

"后街住着一个饿鬼，饿得受不了时，只能吃点面屑充饥。它的胃下面，有个无底洞。所以，它一直承受着饥饿的痛苦。"

寺山的心里面装了棉花、沙子、百册诗书以及其他所有形式的书籍，"把头探到自己的胃洞，瞧瞧到底有多深。结果，我看到了天上的银河，孤独缥缈的风微微吹过。我已经没有东西可吃了，这就是个无底洞"。

寺山天赋异禀，有多重身份。他是歌者、俳句家、诗人、剧作家、演出家、评论家，同时也是电影导演和赛马评论家。如此多不同的面孔重叠在一起，就构成了真实的寺山。

寺山胃里的"无底洞"，正是他的野心不断膨胀所造成的必然结果，或者说，是饥饿的残骸不断堆积所形成的。

第二歌集《血与麦》（二十六岁）中，有这样一句话：

蓝天，是我醉酒后的模样，是我选择的每一天，是我丢弃的梦。

二十六岁，就是"弃梦"的阶段。很多人批评寺山的短歌是剽窃、盗用别人的作品。但他却这样解释道："别人的俳句、短歌在自己的胃里充分咀嚼后，被赋予了新的生命。"

寺山认为，"俚语是最好的语言""聊人生，用方言最贴切"。平时，寺山也经常说青森方言。

"你啊，即使到高档酒店参加宴席，恐怕在措辞、礼节上也不尽如人意。尽说些'捏个啊''吓俺一跳'之类的俗语，还用手把芝士抹在三文鱼上吃。"（《丢掉书本，到街上去》第四章《不良少年入门》）。

我手头有一本《丢掉书本，到街上去》，是角川文库第四十六次印刷版的。另一本角川文库出版的《离家劝告》，是第五十三次印刷版的。寺山过世后，这本书慢慢有了许多读者。其内容是劝说少年走出家门看世界。昭和三十七年（1962，二十五岁），寺山开始在杂志《学生时代》上写连载《离家劝告》。次年，他就离开了母亲，和九条映子结婚，两人搬到了杉并区和泉町住。

寺山在《离家劝告》中，写过山谷食堂的故事。

"现在的山谷之中，有着惊涛骇浪般的能量……比如，山谷中有着文艺复兴以前的混沌。……山谷文艺复兴，可能与现代社会中人与人疏远的现象相抵触。我一边这么想着，一边美滋滋地大口吃着山谷间的特产——牛肉饼。"

寺山很喜欢吃炸肉饼。在那之后，寺山还写过一句："说着满嘴方言，和朋友一块煮摩卡咖啡。"寺山刚上大学不久，就开始学着从"啄木"（琵琶名曲）中提取旋律进行创作。吃家乡的饺子时，他对说话带东京腔的乡下朋友充满了蔑视。无论是炸肉饼，还是饺子，都是可以让乡下人觉得安心的食物。此后，寺山有这样写猪排饭：

"和J约好了在食堂吃猪排饭。我先到了，点了一份猪排饭吃了起来。不一会儿，J走了过来，一坐下，就点了和我一样的炸肉饭。我神气地告诉他：'其实啊，我今天杀了妈妈。'"

这样的描写，其实是寺山加了想象之后的创作。

言语之中，是作者对母亲带着孩子生活的怨恨，是对母子之间割舍不断的牵绊的诅咒。《地狱篇》第八歌中出现了"苍蝇色的汤"，一听这名字就觉得不好喝。第九歌写的是寺山高中时代自杀的友人的故事。自杀的朋友在遗书中这样写道："我吃了牛肉。在我看来，只有杀牛时的部位最好吃。"朋友对死的态度中，充满了赞美。所以才感性地说"只有被杀死的那部分是美味的"。对此，寺山评价其为"放哉杀死的花鸟风咏"。

尾崎放哉是一位才高八斗的文人，但是他却故意隐藏自己的才能，让自己看起来很潦倒。他是消极的。而寺山跟母亲分开后，生活艰苦，后来患肾硬化住院，跌入人生低谷。但是，他却从低谷中爬了出来，并不断努力向上，成为一位积极的诗人。孤独的放哉，在寺山眼中，是应该被唾弃的。"放哉杀死的花鸟风咏"，就是寺山的生活方式。寺山刚开始写稿子的目的很单纯，只是为了讨生活。二十岁时，寺山开始写广播剧、写年轻人看的随笔。

寺山考察过"咖喱和拉面"（《步兵的思想》，收录在《丢掉书本，到街上去》中）。寺山觉得，咖喱和拉面很相似，但是，他们又有很大区别。"简单一句话来说，吃咖喱饭的人，以维持现状的保守派居多，而吃拉面的人，则是不满足现状的改革派较多。究其原因，大概是咖喱饭是传统的家庭味道，而拉面，通常要到外面的街上才能吃到。"

很多男人经常把"妻子做的咖喱饭是多么多么好吃"挂在嘴边。寺山戏谑地把这样的男人叫作"日本的步兵"。在这些人心目中，人生最大的幸福就是"睡得好""老婆孩子热炕头""看看电视"，生活没有太多的盼头。而吃拉面的人，内心一直处于焦急状态，总是充满着期待。"大片大片的蒸汽从拉面大锅中奔腾升起，就像地狱的场景一般，让人想去战斗。"这就是寺山对于咖喱饭和拉面的理解，简单、明了。他还说："上班族的'幸福论'，并不是从咖喱饭中才找得到。所谓的'幸福'，只是一种状态。步兵，也一辈子只能是步兵。"

新婚人士可能会觉得，"我不想吃妻子做的咖喱饭"。但这并不是说，非得要去吃拉面。

《丢掉书本，到街上去》中，最让寺山得意的是《马克西姆》一章。这本书于昭和四十二年（1967）出版。当时，一家名叫"马克西姆"的法国高级餐厅很是火爆。人们为到这儿吃饭挤破了头。寺山形容说："就算穷得住在桥底，盖一块破布，也想去马克西姆吃一顿。"贫穷的美食家，一般都会这么想。

"很多人到退休前拼命攒钱，却也不抵森进一一年花在吃喝玩乐上的费用。我明白了我们在日常生活中真的需要有'冒险精神'。对这些低收入群体的人而言，银座的俱乐部一晚上、一碗燕窝、夏威夷旅行、美国独立运动、我国的东京战争这些都是拜金主义的产物。"这种具有挑战性的言论在二十世纪六十年代高度经济成长极大地刺激了当时的年轻人。

《你也会变成黑社会》一章中，寺山这样写道：

"连着吃三天面包牛奶,第四天可以去'马克西姆'家吃牛排。这也是一种英雄气概的体现吧。"

当时去马克西姆餐厅吃饭的,基本都是房地产大亨、艺人或放高利贷的有钱人。真正懂得吃的人,都去别处吃饭了。对寺山来说,马克西姆餐厅,是豪华且恶俗的代名词。

寺山或许真的去马克西姆餐厅吃过饭。但是,他肯定享用不了那些饭菜的味道。要知道,寺山最喜欢吃的,可是咖喱饭、拉面、炸猪排、烤肉串之类的平民大排档。

寺山在涩谷区宇田川町的松风庄工作时,常去烤鸡店"俺家"、寿司店"三浜"、面馆"知多屋"吃饭。"三浜"寿司店的老板也是青森县生人,寺山很喜欢吃他做的海鲜。"知多屋"面馆的老板也是农村出身,寺山最喜欢他做的味噌汤面。这里的食物和"马克西姆"有天壤之别。寺山曾在文章中描写过以前吃的食物,味道、气味皆没有提及,也无法勾起人的食欲。因此,可以大致推断,寺山少年时代吃的东西,基本上是穷人家的食物。

寺山还执导过一部名叫《番茄酱皇帝》的实验电影,说的是小孩想要造大人的反。电影的关键词番茄酱,番茄酱看上去像血一样,但尝起来味道很甜。这就是复仇的味道。

《新·恶鬼草子》的《善人研究》又如何呢?

"老人们组织了吃花大会。他们从槐、棕榈、牡丹、蒲道草、荆棘、喇叭花等各种各样的花中选择。一位老人说,咱们应该用锅煮。可是,他们没有买锅。于是,他就把地球仪分为两半,取其一当作大锅。把花和水倒入'锅'中煮,花的颜色褪去,看上去就没有食欲。第二位老人把花瓣穿在竹签上,拿到火上烤。谁知,一接近火苗,花瓣就被烧光了。第三位老人说要把花蒸着吃、煎着吃,可也没有什么好吃的。最后,第四位老人说,芍药、罂粟、紫兰、金鱼草的花瓣非常新鲜,可以直接生吃。但是,老人们太老了,嘴巴难以张开,花朵好不容易塞进嘴巴里面,却又嚼不动(中略)。"

以上对吃的描写中,充满了憎恶。作者对马克西姆餐厅的料理,也是同样的态度。寺山的心中,既有对美食的渴望,又有着深深的自卑感。

寺山笔下的饮食生活,是真是假实在很难考证。寺山死后第二年,母亲寺山初出版了《母亲的萤火虫 寺山修司的风景》(新书馆)。书中大致描述了寺山的日常生活。

寺山五岁时,有一天,母亲做好咖喱饭后,去澡堂洗澡了。她回到家后,挖了一勺咖喱放入口中,觉得味道很怪,不像吃的。原来,修司为了给母亲制造惊喜,故意在咖喱饭里加了糖。

父亲寺山八郎的骨灰盒里,只有一枚枯叶和几块石头。葬礼在八户举行,送葬的人群排起了长长的队伍。突然,修司抱着骨灰盒从送葬的队伍中飞奔了出去,跑进了一家书店,说:"今天是《少年俱乐部》的开售日,我去看下。"葬礼的队伍不得不停下来,母亲赶紧给大伙儿道歉。

母亲曾在美军基地工作过一段时间。十岁的寺山不得不自己做饭。傍晚,母亲回到家中,寺山骄傲地对她说:"妈妈,饭给你做好了。"

"灶台上面盖块布,布下面是一碗味噌汤,辣得根本没法喝。还有一碗蒸得稀松的米饭。这时的寺山,让人心生怜爱。现在想来,我还是会感到心痛。"(《母亲的萤火虫》第二章)。

后来,母亲去九州打工了。寺山搬到叔父家住。当时,还在读小学六年级的寺山写了一篇作文,获得了作文征文一等奖。母亲认真地读了他的文章。"六年级 寺山修司 我的妈妈是全日本最好的妈妈。为了供我读大学,她在九州打工赚钱。我长大后,一定会成为一个伟大的人,然后好好照顾妈妈。"

昭和二十九年(1954,十八岁),母亲到立川基地做住家女用。

寺山借住在川口市的叔父家。不久，寺山因患肾炎住进了立川市的河野医院。出院后，又因肾硬化再次住进了新宿区社会保险中央医院。直到去世前，他的肾病都没有痊愈。

二十五岁时，寺山搬到新宿区左门町的公寓里，和母亲住在一起。那年母亲过生日时，他送给母亲一小包砂糖，说："我第一次赚到了稿费，给您买了砂糖。"母亲问："为什么送我砂糖呢？"

"妈，难道您忘了吗？很久以前，我从医院出院，您陪我回青森，路过车站附近的一家咖啡店，进去喝了一杯咖啡。当时服务员就是往咖啡里加了一块这样的砂糖吧。我记得您当时还说，这砂糖真不错啊。我去吃茶店时，也想带着这样的砂糖……可这只是个梦啊。吃茶店才不会随便出现砂糖这种东西呢。"（《母亲的萤火虫》第三章）

之后，寺山和九条映子结婚，和母亲分开住。昭和四十四年（1969，三十三岁），寺山在涩谷建了天井艺术馆，和九条映子分居，搬到松风别墅住。母亲在艺术馆的一楼剧院里开了一家吃茶店。寺山和九条分开，却实现了母亲开店的梦想。

"我在一楼开了一家吃茶店。开始，我住在四谷，离吃茶店有些远。那时候，寺山住在涩谷神山町松风别墅，我也搬了过去。寺山住二楼、我住一楼……"母亲和寺山的生活，开始慢慢回到小时候的样子。

寺山笔下的母亲，犹如"鬼"一样的存在。但是，他对"鬼"，却有着深厚的爱。

后来，寺山在意大利电影节上展出其最优秀作品《丢掉书本，到街上去》，在巴黎、伦敦、阿姆斯特丹等地巡演。昭和五十一年（1976，四十岁），涩谷的天井艺术馆搬至元麻布。

寺山考上大学后，从青森乘坐夜间长途汽车去往东京。路上，他打开一本色情故事书，在内容淫秽处写上母亲的名字，把母亲当作娼妇一样凌辱。这一年，母亲在一家叫"家乡"的日本料理店打工。寺山写道:"她整天浓妆艳抹,一天换很多次衣服。第二天在京王酒店拍了很多照片,边吵边拍。她被人脱去衣物、画上浓妆,脱衣服,像个玩物一样。"几天后写真集出来了。寺山又写道:"我的母亲和别的男人私奔了。"母亲看到后,"怒发冲冠,面红耳赤,大发雷霆"。

两个星期之后,修司来到母亲跟前说:"那个,去吃寿司吧?"母亲说:"不去!"直接拒绝。两天以后,他又过来问:"那个,咱去吃法国大餐吧,怎么样?"母亲还是说:"不去!"如此来来回回三四次。

寺山带母亲去神山町的寿司店"三浜"吃过饭。寿司店的老板也是青森县生人,和寺山是老乡。寺山对这里就有种亲切感。寺山跟母亲吃的最后一顿饭,是在涩谷的"109"大厦八楼吃涮肉。《母亲的萤火虫》结尾的时候如此说道:"下次回来,我们母子三人一起生活。正如阿修在《俺家》中写的一样,九年前我在高尾选好了景色优美之地,我们把家建在那里。寺山还会像小时候那样淘气,往我的咖喱饭里面偷偷地加糖……"

要想读懂寺山的作品,《母亲的萤火虫》是务必要看的。我二三十岁时,跟寺山修司的对头唐十郎关系不错。他说了很多寺山的坏话。寺山得了肝硬化,仍然在意大利、欧洲打开了知名度,我觉得,他是那个时代的英雄。然而,寺山却说:"我出生时,是一具未死透的尸体。过了这几十年,我已经完全成为了一具尸体。"

《丢掉书本,到街上去》这本书中,最生动的描写不是马克西姆餐厅,更不是"银座的一流俱乐部",而是长途卡车司机们常去吃饭的食堂(第七章)。虽是短短的一顿饭,却栩栩如生地刻画出每个人不同的人生路。食堂的墙上贴着荷尔蒙套餐、斗志套餐、煮内脏套餐、炸墨鱼套餐等诸多"营养补给品",让人不禁联想到寺山数量庞大的作品群。寺山最喜欢的是煮内脏套餐。套餐里面有"白萝卜、胡萝卜和不知名的内脏",还有切成碎末的葱花。"煮内脏套餐里,大葱的味儿稍微有些冲,嚼起来,会有冬天泥土的味道。那就是小时候故乡田地的味道。"

母亲的名字"初"或许也是烤鸡中的初。司机食堂的声音就像鼻涕堵住一样一个劲地响。寺山在绝笔《离墓地还有多远？》中写道：

"我得了肝硬化，快要死了。这件事毫无疑问。但正因如此，我才不想去建什么坟墓。我说过的话，就是我的坟墓。"

后记

距《文人恶食》(即《文人偏食记》)发行(1997,平成九年)至今已整整五年了。续集《文人暴食》(即《文人好吃记》)能得以完成,多亏了出版界诸位仁兄给予我许多珍贵的资料。在这十年间,我对旧书、旧杂志的恋书癖越发加深,曾经也和明治百晓生坂崎重盛、文学专家大岛一洋这样的业界权威一起泡在旧书店。明治、大正、昭和初期的杂志非常吸引我,现在,更是被文人及杂志编辑对饮食的执念所倾倒。以前,有关文人的食欲,大多被写在杂志的花边新闻里,仅是寥寥几笔带过,从未被收录到全集类的作品中。

追求开拓新文艺的文人大多喜欢吃。明治文坛之旗手、写过《当代书生意气》的坪内逍遥也不例外。好吃也好,难吃也罢,他们通过素烧牛肉的味道在舌尖绽放,来预见不断变化的世界。紧随时代潮流,也是从吃饭开始。南方熊楠的胃与常人不同,不论什么时候都能把之前吃的食物吐出来,并且,可以不论何时何地想吐就吐,算得上是呕吐达人了。

小说《野菊之墓》的作者伊藤左千夫曾是一位牛棚茶人。他心中的茶道,和利休推崇的茶道是两个相反的极端,是无知愚钝之茶,也是百姓俗人之茶。他把牛粪当作肥料,野菊花在上面绽放。写过《自然与人生》的德富芦花作为求道派拥有着纯真的精神，实际上，他也是一个狂热的食物爱好者。

被诬陷为"大逆事件"主犯的幸德秋水，是一个讲究吃的社会主义者，还在监狱里吃过生鱼片。同样，作为无政府主义者，反复出狱入狱的荒畑寒村，也是一个在监狱里享受美食的人。熊楠、文六、寒村，他们三个可以称作是美食趣闻的三大主角。即使像下水道里的脏水般不堪的牢饭，寒村也甘之如饴。他有着结实的身体和坚韧的精神，甚至活到了九十三岁高龄。

美食家折口信夫，由于年轻时一直服用可卡因，几乎失去了嗅觉，这是只有熟人才知道的秘密。虽然折口的老师柳田国男创作过大量与日本人饮食相关的论述考察文章，但却对美食的味道没有提及过。这是为什么呢？在文中，我试着推断了一下。

食物之谜，怕是无穷无尽。狮子文六和草野心平酒量很好；铃木三重吉和稻垣足穗喝了酒就会发酒疯；斋藤绿雨、德富芦花、尾崎放哉是彻头彻尾的酒鬼；若山牧水则是酒精中毒；二叶亭四迷和佐藤春夫不喝酒；寒村也不擅长喝酒。他即使喝下小饭馆的杂烩粥里放的少量提味酒，也会醉到第二天。真是有各种各样的人呀。

阅男无数的宇野千代一直活到了九十八岁，做菜的手艺也不一般。反复读宇野千代的全部作品，我们可以了解到"贪吃的女孩才能做好工作"这一思想。武田百合子（泰淳夫人）、壶井荣、向田邦子也是一样。

这本书里面写了三十七个文人的饮食癖好，但他们之中，我只见过八位，即金子光晴、宇野千代、吉田一穗、稻垣足穗、草野心平、武田泰淳、向田邦子和寺山修司。在编写这本书的时候，读每个作家全集的时光让我感到快乐。任何一个作家全集，读起来都远比现在的畅销作品酣畅爽快。最让我心灵震动的是里见弴、室生犀星、宇野浩二这种讨人嫌的浪荡公子系列。荒畑寒村的小说很不错，织田作之助和向田邦子则是身体方面承受了很大的打击。武田泰淳晚年的作品让人铭刻于心。反复品读不良少年寺山修司的各个作品的话，也会为其所折服，为绝句"去马克西姆"拍手叫好。

出身农村的独步装模作样地吃着咖喱饭，花袋在麻布竜土轩吃法国料理，寺山则是去马克西姆吃饭。这真是一点不错。为了写完《文人恶食》（即《文人偏食记》）、《文人暴食》（即《文人好吃记》）这两本书，我花了大约十年的时间（五十岁到六十岁）。这也是一个不停思考人们饮食含义的十年。希望各位读者不要节食减肥，尽情地享用喜欢的美食吧。

二〇〇二年八月七日

文库版后记
——关于《恶食日本史》

在《文人恶食》（即《文人偏食记》）、《文人暴食》（即《文人好吃记》）之前的作品是《恶食日本史》。这不仅仅是恶食的历史，还阐明了恶食可以改变历史的事实。简单来说，就是这样。贵族夺取政权的时代里，食物中首先被排除在外的是毒物。人们凭借着一直以来的经验会认识哪些食物是明显有毒的。但是他们仍弄不清楚有毒没毒的界限。这么一来，人们暂时选择不吃苦的、硬的、纤维、脂质类食物。

其结果就产生了讲究的、味道清淡的宫廷料理，即味淡、松软、美观，且来历清晰的料理。

那时的武士，不管是什么都会大口大口地吃下去。虽然有人因此而丧命，但也有人对毒物产生了抗体而存活下来，这就是自然淘汰法则。其结果就是，武士阶层不断壮大，取代贵族夺取政权。武士们靠吃杂食而取得最终的胜利，这样说来也不为过。

武士时代还在继续，武士也开始变得官僚化起来，吃的饭菜也越来越讲究。原因之一是受到茶道的影响。真正带兵打仗的武士已不多，而官僚武士却在增加。官僚武士崇拜贵族文化，不再吃下等饭菜。他们注重体面，即使饿着肚子也要打碎牙齿往肚子里咽。武士道这种武士原理主义使武士走向衰落，而什么都吃的商人变得强大起来，最终夺取了政权。他们大肆尝试新饭菜，无论什么都吃，最终迎来了明治维新时代，西洋料理也传入了日本。没落武士的子孙扔掉大刀开始吃涮肉火锅，想要东山再起。穷人家的孩子中也有学到知识后想吃杂粮的人，双方互相争斗中迎来了市民时代。

最后，战争把阶级重新洗牌。这里也有自然淘汰法则。身体瘦弱的儿童大多死于疾病和营养不良。人们知道美军分发的、臭不可闻的脱脂奶粉是给猪、牛吃的饲料，认为吃了这样的东西会加速死亡，但结果还是活了下来。

现在则是美食遍天下的时代，如果能活到一百年以后，那又会是怎样的光景呢？最近很流行减肥，人们想拥有铁丝般纤细的身材，有这种想法的人越来越多。小市民也开始贵族化起来。

正因为是穷人，才想要吃顶好的美食。这虽是我的想法，但在这本书里却没有特别提及，本书的目的在于讲述由吃构成的近代文学史。我想知道食物是如何与名人文士的作品产生关联的。现在的年轻人光吃便利店的盒饭套餐，所以我认为，也应该产生一个震惊世界的便利店文学。

参考文献

《小泉八云全集》家庭版·十二卷（昭和十一~十二年　第一书房）

《全译小泉八云作品集》平井呈一译·十二卷（昭和三十九~四十二年　恒文社）

《八云在松江的私生活》桑原羊次郎（昭和二十五年　岛根新闻社）

《小泉八云》小泉节子·小泉一雄（昭和五十一年　恒文社）

《小泉八云》田部隆次（昭和五十五年　北星堂书店）

《小泉八云的妻子》长谷川洋二（昭和六十三年　松江今井书店）

《一个英语老师的回忆》小野木重治（平成四年　恒文社）

《今昔物语》八云会编（平成五年　恒文社）

小泉八云纪念号（帝国文学　明治三十七年十一月）

《坪内逍遥》十七卷（昭和五十二~五十三年　第一书房）

《坪内逍遥》河竹繁俊·柳田泉（昭和十四年　富山房）

《人间 坪内逍遥》河竹繁俊（昭和三十四年　新树社）

《座谈会 坪内逍遥研究》稻垣达郎·冈保生编（昭和五十一年　近代文化研究所）

《过去九十年》坪内士行（昭和五十二年　青蛙房）
《青年坪内逍遥》柳田泉（昭和五十九年　日本图书中心）
《父逍遥的脊背》饭冢国（小西圣一编·平成六年　中央公论社）

坪内逍遥先生追悼号（艺术殿　昭和十年四·五月）
与逍遥偕行五十年　坪内セン（夫人公论　昭和十年五月）

《二叶亭四迷全集》九卷（昭和三十九～四十年　岩波书店）
《二叶亭四迷全集》八卷（昭和五十九年～平成五年　筑摩书房）
《二叶亭四迷传》中村光夫（昭和三十三年　讲谈社）
《二叶亭四迷》（昭和五十年　日本近代文学馆）
《作家自传1二叶亭四迷》（平成六年　日本图书中心）
《二叶亭四迷的明治四十一年》关川夏央（平成八年　文艺春秋）
《二叶亭四迷 志士和文士》十川信介（平成十一年　NHK出版）
父亲二叶亭四迷生前　片山セツ（明治大正文学研究所　昭和二十六年四月）

《左千夫全集》九卷（昭和五十一～五十二年　岩波书店）
《伊藤左千夫》斋藤茂吉（昭和十七年　中央公论社）
伊藤左千夫逝去（杜鹃　大正二年八月）
伊藤左千夫追悼号（紫杉　大正二年十一月）
伊藤左千夫七周年忌辰（紫杉　大正八年七·十一月）
追忆左千夫君　波多野更生（紫杉　大正十四年十一月）
伊藤左千夫君片段　高嶋米峰（紫杉　昭和八年三月）

《回忆父亲南方熊楠》南方文枝（昭和五十六年　日本Editor

School出版部）

《南方熊楠、独白～熊楠本人讲述年代记》中濑喜阳编著（平成四年　河出书房新社）
《南方熊楠百话》饭仓照平・长谷川兴藏编（平成三年　八坂书房）
《新文艺读本　南方熊楠》（平成五年　河出书房新社）
《人物丛书　南方熊楠》笠井清（平成六年　吉川弘文馆）

《明治文学全集（28）》（昭和四十一年　筑摩书房）
《明治文人遗珠　绿雨遗稿》（昭和五十七年　湖北社）
《饥饿不是恋爱　斋藤绿雨传》吉野孝雄（平成元年　筑摩书房）

文坛的献身家　高须梅溪（文库　明治三十七年二月）
特集・故斋藤绿雨君（明星 明治三十七年五・六月）
悼念绿雨　大町桂月（太阳 明治三十七年五月）
斋藤绿雨是一个什么样的人　伊藤银月（新潮　明治三十七年六月）
故斋藤绿雨　上田万年（帝国文学　明治三十七年六月）
特集・斋藤绿雨论（中央公论　明治四十年十月）
临终时的斋藤绿雨　马场孤蝶（现代　昭和四年二月）
弟弟口中的斋藤绿雨　小山田谦（文艺春秋　昭和四年十月）

《芦花全集》二十卷（昭和三～五年　新潮社）
《芦花日记》七卷（昭和六十～六十一年　筑摩书房）
《芦花德富健次郎》中野好夫（昭和四十七年　筑摩书房）
《芦花家信》德富芦花（昭和六十一年　岩波书店）
《弟 德富芦花》德富苏峰（平成九年　中央公论社）

《国木田独步全集》十卷（昭和三十九～四十一年　学习研究社）

《国木田独步》坂本浩（昭和四十四年　有精堂出版）

《普通人、艺术家国木田独步》江马修（昭和六十年日本图书中心）

《近代作家研究丛书103 国木田独步》中根驹十郎编（平成二年日本图书中心）

故独步追忆录（新小说　明治四十一年八月）

国木田独步追悼号（中央公论　明治四十一年八月）

文豪国木田独步（趣味　明治四十一年八月）

早稻田时代的国木田独步 川岸みち子（昭和五十三年　早稻田大学史纪要）

《幸德秋水全集》十三卷（昭和四十三～四十八年　明治文献）

《幸德秋水日记和书简》盐田庄兵卫编（昭和二十九年　未来社）

《实录幸德秋水》神崎清（昭和四十六年　读卖新闻社）

《幸德秋水研究》丝屋寿雄（昭和六十二年　日本图书中心）

《定本　花袋全集》二十九卷（平成五～七年　临川书店）

《田山花袋 日本文学专辑》（昭和三十四年　筑摩书房）

《田山花袋研究》小林一郎（昭和五十一年　樱枫社）

《东京的三十年》田山花袋（岩波文库）

柿的果实 田山花袋（文艺俱乐部　明治三十二年四月）

一捆葱 田山花袋（中央公论　明治四十年六月）

黄瓜 田山花袋（文章世界　明治四十二年六月）

拜访花袋 德田秋声（东京朝日新闻　昭和四年七月二十六～二十八日）

《定本　高滨虚子全集》十六卷（昭和四十八～五十年　每日新闻社）

《虚子自传》高滨虚子（昭和三十年　朝日新闻社）

《和父亲高滨虚子在一起》高滨年尾（昭和四十七年　牧羊社）

《两个柿子》高滨虚子（昭和六十一年　永田书房）

《遥远的父亲·虚子》高木晴子（昭和五十八年　有斐阁）

《父·高滨虚子》池内友次郎（平成元年　永田书房）

《定本　高滨虚子》水原秋樱子（平成二年　永田书房）

虚子追悼号（杜鹃　昭和三十四年六月）

虚子追悼号（玉藻　昭和三十四年六月）

《定本　柳田国男全集》三十六卷（昭和三十七～四十六年　筑摩书房）

《柳田国男回想》臼井吉见编（昭和四十七年　筑摩书房）

《和父亲散步》堀三千（昭和五十五年　人文书院）

《新文艺读本　柳田国男》（平成四年　河出书房新社）

《父 柳田国男回忆录》柳田为正（平成八年　筑摩书房）

柳田国男特集号（文学　昭和三十六年一月）

柳田国男追悼（心　昭和三十七年十月）

《铃木三重吉集》（昭和三十三年　白杨社）

《铃木三重吉全集》七卷（昭和五十七年　岩波书店）

《铃木三重吉童话全集》十卷（昭和五十年　文泉堂书店）

《忘不掉的人们　与铃木三重吉的因缘》辰野隆（昭和十四年　弘文堂书房）

《漱石·寅彦·三重吉》小宫丰隆（昭和十七年　岩波书店）
《眼中人》小岛政二郎（昭和十七年　三田文学出版部）
《寅彦和三重吉》津田青枫（昭和二十二年　万叶出版社）
《漱石和十弟子》津田青枫（昭和二十四年　世界文库）
《〈红鸟〉总论》福田清人（复刻版《红鸟别册》）
千鸟　铃木三重吉（杜鹃　昭和三十九年五月）
三重吉断章　坪内让治（新潮　昭和二十九年十月）
如台风之眼……　小岛政二郎（小说新潮　昭和二十八年一月）

《尾崎放哉全集》一卷（昭和五十五年　弥生书房）
《尾崎放哉全句集》《平成五年　春秋社》
《放哉俳句集　大空》荻原井泉水编（大正十五年　春秋社）
《放哉这个男人》荻原井泉水（平成三年　大法轮阁）
《放哉评传》村上护（平成三年　春阳堂书店　俳句文库）
《尾崎放哉事典》藤津滋生编·刊（平成八年）

《武者小路实笃全集》二十五卷（昭和二十九年～三十二年　新潮社）
《武者小路实笃全集》十八卷（昭和六十二～平成三年　小学馆）
《武者小路实笃选集》八卷（昭和四十二年　筑摩书房）
《春兰之铃　父　实笃回忆》武者小路辰子（昭和五十八年　筑摩书房）

武者小路实笃特集（信州白桦　昭和五十一年二十四号）
武者小路实笃追悼（新潮　昭和五十一年六月）
"一个人"之死　红叶敏郎（群像　昭和五十一年六月）
武者小路实笃追悼号（心　昭和五十一年七月）

《若山牧水全集》十四卷（平成四年～五年　增进会出版社）

《父若山牧水》石井みさき　（昭和四十九年　五月书房）

《今天去旅行　若山牧水游记　历史和文学之旅》大冈信（昭和四十九年　平凡社）

《若山牧水　以沼津时代为中心》上田治史（昭和六十年　英文堂书店　骏河新书）

《若山牧水　流浪灵魂之歌》大冈信（平成八年　中公文库）

若山牧水追悼号（创作　昭和三年二月）

《平冢明子著作集》八卷（昭和五十八～五十九年　大月书店）

《带插销的窗户》平冢明子（大正二年　东云堂）

《平冢明子随笔集　云·草·人》（昭和八年　小山书店）

《我走过的路》平冢明子（昭和三十年　新评论社）

《女性原本是太阳》四卷（昭和四十六年～四十八年　大月书店）

杂志《青鞜》复刻版（不二出版）

《折口信夫全集》三十二卷（昭和二十九～三十四年　中央公论社）

《折口信夫全集笔记篇》（昭和四十五年～四十九年　中央公论社）

《折口信夫回想》池田弥三郎·加藤守雄·冈野弘彦（昭和四十三年　中央公论社）

《折口信夫的晚年》冈野弘彦（昭和四十四年　中央公论社）

《折口信夫追悼号》（三田文学　照和二十八年十一月）

释迢空追悼号（波斯菊　昭和二十八年十一月）

释迢空追悼号（短歌　昭和二十九年一月）

折口信夫博士追悼号（国学院杂志　昭和二十九年五月）

《荒畑寒村著作集》十卷（昭和五十一～五十二年　平凡社）

《寒村自传》荒畑寒村（昭和三十五年　论争社）

《寒村茶话》荒畑寒村（昭和五十一年　朝日新闻社）

《荒畑寒村人和时代》寒村会编（昭和五十七年　阿鲁杜社）

《里见弴全集》四卷（昭和六～七年　改造社）

《里见弴全集》十卷（昭和五十二～五十四年　筑摩书房）

《自然解》里见弴（昭和九年　新小说社）

《银语录》里见弴（昭和十三年　相模书房）

《闲中忙谈》里见弴（昭和十六年　樱井书店）

《自惚镜》里见弴（昭和二十三年　小山书店）

《蝉的蜕壳》里见弴（昭和二十四年　镰仓文库）

《朝夕》里见弴（昭和四十年　讲谈社）

追悼素颜的里见弴（镰仓春秋别册　昭和五十六年）

《室生犀星全集》十四卷（昭和三十九～四十三年　新潮社）

《室生犀星》中野重治（昭和四十三年　筑摩书房）

《室生犀星听写抄录》新保千代子（昭和三十七年　角川书店）

《父亲室生犀星晚年》室生朝子（昭和三十七年　讲谈社）

《父亲室生犀星》室生朝子（昭和四十六年　每日新闻社）

《室生犀星文学年谱》室生朝子·本多治·星野晃一编（昭和五十七年　明治书院）

《作家自传11室生犀星》（平成六年　日本图书中心）

《久保田万太郎全集》十五卷（昭和四十二～四十三年　中央公论社）

《久保田万太郎全句集》（昭和四十六年　中央公论社）

《久保田万太郎回想》佐藤朔·池田弥三郎·白井浩司编（昭和三十九年　中央公论社）

《久保田万太郎》户板康二（昭和四十二年　文艺春秋）

久保田万太郎　小岛政二郎（小说新潮　昭和四十年七月）

久保田万太郎追悼号（俳句研究　昭和三十八年九月）

久保田万太郎追悼号（春灯　昭和三十八年七·八月合并号）

久保田万太郎先生和语言　圆地文子（小说中央公论　昭和三十八年七月）

久保田万太郎的文学　吉田健一（中央公论　昭和三十八年七月）

追悼久保田万太郎　三岛由纪夫（文艺　昭和三十八年七月）

久保田万太郎的女运　今日出海（新潮　昭和三十八年九月）

鳗鱼座谈会（文艺朝日　昭和三十八年八月）

俳句诗人久保田万太郎　石川达三、久保田先生、永井龙男（银座百点　一〇二号）

《宇野浩二全集》十二卷（昭和四十三～四十四年　中央公论社）

《文艺草子》宇野浩二（昭和十年　竹村书房）

《宇野浩二回想》川崎长太郎·上林晓·涩川骁编（昭和三十八年　中央公论社）

《人间宇野浩二》长沼弘毅（昭和四十年　讲谈社）

宇野浩二人与文学（文学界　昭和三十六年十一月）

宇野浩二的世界　伊藤整（新潮　昭和三十六年十一月）

枯野之人·月夜浩二　水上勉（文艺春秋　昭和三十六年十一月）

《佐藤春夫全集》十二卷（昭和四十一～四十五年　讲谈社）

名士和食物（夫人公论　昭和二年十二月）

酒·歌·烟草（三田文学　昭和三年一月）

野菜等（甘辛　昭和三十四年四月）

寿司的故事（甘辛　昭和三十年六月）

鳗鱼的故事（甘辛　昭和三十一年四月）

饮料的故事（生活笔记　昭和三十一年九月）

节食的故事（文艺　昭和三十一年九月）

鲣鱼的故事（甘辛　昭和三十二年八月）

佐藤春夫追悼号（心　昭和三十九年七月）

佐藤春夫追悼号（群像　昭和三十九年七月）

佐藤春夫追悼号（文艺　昭和三十九年七月）

佐藤春夫追悼号（读书笔记　昭和三十九年八月）

《狮子文六全集》十七卷（昭和四十三～四十五年　朝日新闻社）

这样的食物　狮子文六（All读物　昭和二十六年十一月）

岩田丰雄追悼（心　昭和四十五年二月）

岩田丰雄追悼（新剧　昭和四十五年二月）

岩田丰雄先生　芥川比吕志（学灯　昭和四十五年二月）

回忆狮子文六　今日出海（诸君　昭和四十五年三月）

岩田丰雄氏追悼（三田文学　昭和四十五年三月）

狮子文六的金钱欲　饭泽匡（All读物　昭和四十五年三月）

《金子光晴全集》十五卷（昭和五十～五十二年　中央公论社）

《诗人 金子光晴自传》金子光晴（昭和四十八年　平凡社）

《金子光晴的情书》大川内令子（昭和五十三年　草风社）

《金子光晴的回忆》上杉浩子（昭和五十三年　构想社）

金子光晴追悼号（现代诗手帖　昭和五十年九月）

金子光晴追悼特集（文艺　昭和五十年九月）

追悼会座谈　缅怀金子光晴（面白半分　昭和五十年九月）

金子光晴追悼号（六线鱼　昭和五十年十二月临时增刊号）

《宇野千代全集》十二卷（昭和五十二～五十三年　中央公论社）

《活下去的我》宇野千代（平成四年　中公文库）

《我擅长做梦》宇野千代（平成八年　中公文库）

追悼·宇野千代（新潮　平成八年八月）

追悼·宇野千代（群像　平成八年八月）

追悼特集　宇野千代的永远（文学界　平成八年八月）

《定本　横光利一全集》十七卷（昭和五十六年～平成十一年　河出书房新社）

我的第一笔稿费　横光利一（文章俱乐部　大正十四年一月）

新鲜的礼物　横光利一（妇女俱乐部　大正十四年七月）

欧罗巴漫游问答（文学界　昭和十一年四月）

横光利一访欧洲（三田新闻　昭和十一年十月十六日）

盐　横光利一（中央公论　昭和二十五年二月）

横光君　菊池宽（文艺春秋　昭和二十三年二月）

横光利一　川端康成（人间　昭和二十三年二月）

横光利一　追悼（改造文艺　昭和二十三年三月）

横光利一　追悼特辑（文学界　昭和二十三年四月）

横光利一　读本（文艺临时增刊　昭和三十年）

《吉田一穗大系》四卷（昭和四十五年　仮面社）

《定本 吉田一穗全集》四卷（昭和五十四～平成五年　小泽书店）

月光酒 吉田一穗（金星　大正十四年六月）

神乐坂风景 吉田一穗（诗神　昭和五年十二月）

《壶井荣儿童文学全集》四卷（昭和三十九年　讲谈社）

《挥动衣袖》壶井荣（昭和四十年　三月书房）

《回忆壶井荣》壶井繁治他编（昭和四十八年）

《人物书志大系26 壶井荣》鹭只雄编（平成四年　日外协会）

《壶井荣》森玲子（平成七年　北溟社）

不断努力的逝友·壶井荣的魂与诗 佐多稻子（妇女俱乐部　昭和四十二年八月）

壶井荣追悼特集（日本儿童文学　昭和四十二年九月）

我的母亲·壶井荣 戎局研造、悼词 佐多稻子（妇人公论　昭和四十二年九月）

悼念壶井荣 江藤淳（小说新潮　昭和四十二年九月）

《稻垣足穗大全》六卷（昭和四十四～四十五年　现代思潮社）

《稻垣足穗作品集》（昭和四十五年　新潮社）

《足穗事典》稻垣足穗（昭和五十年　潮出版社）

《夫 稻垣足穗》稻垣志代（昭和四十六年　艺术生活社）

巧克力 稻垣足穗（妇人公论　大正十一年三月）

吃星星的村庄 稻垣足穗（文艺公论　昭和二年一月）

可可山奇谈 稻垣足穗（新青年　昭和十三年一月）

木鱼庵始末书 稻垣足穗（新潮　昭和十三年一月）

东京遁走曲 稻垣足穗（新潮　昭和三十年七月）

和奇人足穗的爱情生活 稻垣志代（潮 昭和四十四年六月）
酒仙作家·稻垣足穗之妻 稻垣志代（妇人公论 昭和四十四年六月）

《草野心平全集》十二卷（昭和五十三~五十九年 筑摩书房）
《支那点点》草野心平（昭和十四年 三和书房）
《火之车》草野心平（昭和二十六年 创元社）
《点·线·天》草野心平（昭和三十二年 大卫社）
《我的青春记》草野心平（昭和四十年 猎户座社）
《我的生活之歌》草野心平（昭和四十一年 社会思想社）
《我的酒菜之歌》草野心平（昭和四十三年 三得利）
《所所方方》草野心平（昭和五十年 弥生书房）
《酒味酒菜》草野心平（昭和五十二年 ゆまにて）
《火之车板前帖》桥本千代吉（昭和五十一年 文化出版局）
居酒屋"火之车"四十六夜 草野心平（中央公论 昭和二十七年六月）

《平林泰子全集》十二卷（昭和五十一～五十四年 潮出版社）
《泰子日记抄》平林泰子（昭和二十四年 板垣书店）
《平林泰子追悼文集》手代木春树编（昭和四十八年 平林泰子纪念文学会）
用餐时的交谈 平林泰子（妇人之友 昭和九年一月）
学校给食 平林泰子（朝日新闻 昭和二十五年十一月二十九日）
虾头 平林泰子（甘辛 昭和三十一年九月）
瑞士的鸡肉锅 平林泰子（甘辛 昭和三十三年十一月）
我的空想料理 平林泰子（甘辛 昭和三十四年十月）
回忆中的料理 平林泰子（甘辛 昭和三十五年一月）

珍食 平林泰子（あじくりげ 昭和三十五年七月）

信州味噌 平林泰子（小说中央公论 昭和三十六年七月）

食物 平林泰子（随笔 昭和三十七年二月）

渔植当食 平林泰子（周刊文春 昭和三十七年十二月三十一日）

山・温泉・食物 平林泰子（读卖新闻夕刊 昭和三十八年四月二十二日）

苹果的颜色 平林泰子（あじくりげ 昭和三十八年十月）

好味・鸭皮 平林泰子（あじくりげ 昭和四十一年七月）

朝鲜的海苔 平林泰子（生活笔记 昭和四十四年七月）

记忆中的食物 平林泰子（あじくりげ 昭和四十六年二月）

《增补版武田泰淳全集》二十一卷（昭和五十三～五十四年 筑摩书房）

《晕眩的散步》武田泰淳（昭和五十一年 中央公论社）

《富士日记》三卷 武田百合子（昭和五十六年 中公文库）

《狗望星星——俄国旅行》武田百合子（昭和五十七年 中公文库）

武田泰淳之死 堀田善卫（波 昭和五十一年十一月）

武田泰淳追悼特集（海 昭和五十一年十二月）

追悼・武田泰淳（新潮 昭和五十一年十二月）

武田泰淳追悼特集（文艺 昭和五十一年十二月）

武田泰淳追悼（群像 昭和五十一年十二月）

追悼特集 武田泰淳（文学界 昭和五十一年十二月）

特集 武田泰淳追悼（须原 昭和五十一年十二月）

《织田作之助全集》八卷（昭和四十五年 讲谈社）

《我的织田作之助》织田昭子（昭和四十五年　产经新闻社）

《织田作之助研究》河原义夫编（昭和四十六年　六月社书房）

织田作之助追悼号（PARADOX　昭和二十二年二月）

故织田作之助追悼（文学杂志　昭和二十二年三月）

织田作之助追忆　宇野浩二（人间　昭和二十二年三·四月）

织田作之助　织田昭子（妇人公论　昭和二十二年四月）

大阪的反逆　坂口安吾（改造　昭和二十二年四月）

太宰治读本（文艺临时增刊号　昭和三十一年二月）

《向田邦子全集》三卷（昭和六十二年　文艺春秋）

《姐姐的尾巴　向田邦子的回忆》向田保雄（昭和五十八年　文化出版局）

《无法代替的礼物　妈妈屋和姐姐·邦子》向田和子（平成六年　文艺春秋）

《向田邦子的手料理》（平成元年　讲谈社）

《寺山修司全集》三卷（平成四~五年　思潮社）

《母亲的萤火虫　寺山修司的风景》寺山はつ（昭和六十年　新书馆）

《不可思议的先生　素颜寺山修司》九条今日子（昭和六十年　主妇和生活社）

《寺山修司　新文艺读本》（平成五年　河出书房新社）

《寺山修司　仙境新装版》（平成五年　冲积社）

人间大胃王
池内纪

腹中空空，觉得肚子饿了，这是种很奇妙的感觉。首先在肚子中间附近，感觉有些倦怠，像是疲劳感那样，有些放空的感觉。即使是在夏天也不知为何有些微微发冷。话虽如此，却不会让人感觉不快，绝不是什么糟糕的状态。倒不如说是一种未满足感，在那之间形成的小小缝隙。是因为这个原因吗，嘴巴都有些寂寞了。脑子里忽然就掠过了小时候吃过的脆饼干和金平糖，并不是说现在还想吃，这只是一种像做梦一样的空腹感，是证明健康的食欲在运转。

胃部战栗、肠子蠕动、胃液涌出，相反嘴巴却很干燥，无意中舌头还在舔着嘴唇。正如看过的一个电影中的场景那样，不禁让我想起，食物在锅里翻滚，热油在平底锅里滋滋作响，这不仅是身体上的变化，连精神也发生了变化。接下来心情突然变得急躁起来，一直等着的电话终于响了起来，铃声却令人生气，本来预约见面的人也变得讨厌起来；明明不困却一个劲儿地打哈欠，不停地东张西望，说话也变得呆板无趣，简直像换了一个人。

确实，人格就是转换了呀。食欲和性欲是人欲之本，这些欲望未得到满足时，就无法预测会发生什么事。如果是属于根源性的东西的话，就连本人也不知道。虽然知道是人格健全的人，但在拥挤的食堂等着自己所点的饭菜时，却像是变了一个人似的；明明是一个礼貌周到的人，却和服务员针锋相对，大声吵闹；让一位温柔体贴的丈夫瞬间变成魔鬼的也只是一张饭菜还没摆好的餐桌。

此外，食欲比性欲扎根更深，人从一生下来开始，即使他什么都不干也要每天吃饭。如果用一两句概括擅长后方活动的主力的话，也经常是以获取食物为目的的。人类受战争、宗教礼仪、学问和艺术的影响，为了获取食物就要辛勤劳动，开动脑筋，积累经验，这一来，人类赖以生存的食物的的确确就是文化呀。

但是为什么食欲会被忽视呢？明明有关性欲即爱、恋、性等被歌颂、被谈及、被评论，到了食欲这里谈论就几乎为零。即使把大脑和心脏放在重要位置，但无论是谁都无法忽视我们的胃。即使人们对某个诗人喜欢什么样的女性津津乐道，可是对他喜欢什么样的食物却闭口不谈。文人名士的恋爱经历被反复谈及，其吃饭经历却完全没有涉及。明明在人的一生当中其恋爱用一只手都能数的完，吃的东西却是个天文数字。

岚山光三郎所著的《文人暴食》（即《文人好吃记》）和在这之前的《文人恶食》（即《文人偏吃记》）一起，完成了由性欲到食欲的一百八十度转变，就像是在天文学之中由天动说向地动说的转变，可以说是"文学界的哥白尼"式的伟业。本书追求的并不是世人所熟知的男女间的秘闻而是碗筷之间的秘事，也存在勺子与碟子的情况。在比起吃更喜欢喝的情况下，充满了酒壶与酒杯的纠缠。

饮食秘闻中深刻的意思，严肃的态度丝毫不逊于男女间的趣事，有时甚至意味更加深刻，态度更加严肃。之所以这么说，是因为面包不是万能的但没有面包是万万不能的。本书抓住更加追切的需求把文学的视角与人们的视角巧妙地转换过来，之所以能够做到这一点，自不必说是因为作者也是一个贪吃之人呀。这么说来在本书的后记里岚山光三郎劝告读者不要节食减肥，而要尽情享受美食原因也是如此呀。是这个原因吗？曾经漂亮潇洒的人隔了段时间一见就变得相当，不，非常胖了。顺便说一下，"肥胖"是出于西欧美学著作，萨瓦林·普利亚的《美味赞歌》一书，是指明明没有生病，"四肢却越来越胖，越来越走形"这样一个的身体状态。

但是这种特别喜欢吃的人由于无论在哪儿都喜欢表演食物的吃法，显摆自己味觉的鉴赏能力而不怎么受欢迎吧。标题"暴食"之中含有非常微妙而丰富的含义，这里列举了跨越明治、大正、昭和三个时代的三十七位文人。

"酒香浸透珍珠齿，秋叶独酌杯酒香"，这是被誉为"一生漂泊的嗜酒歌人"若山牧水的名句之一，完全是诗兴大发时所咏的美酒赞歌，散发出馥郁的香气。

接下来话锋一转，牧水作为"酒仙歌人的实例"这一名副其实的酒鬼被列举出来。晚年的牧水浑身散发的不是古酒的醇香而是宛如"腐烂的垃圾桶"般的臭气，就像是酒精中毒晚期一样，口腔溃烂，两眼充血，双手颤抖。这不是精神风雅的旅人，而是潜伏在自己内心的孤独地狱，是一个在寂寞之中反复跌倒，嗜酒如命的中年男性。另外，像西行和芭蕉那样作为咏酒的诗人，把自己装扮成酒仙般的人物，在旅行中就会有明显的"变身"。

"这是和歌的力量"，这句话巧妙地说中了永不过时的若水和歌的强韧，欧洲小鲱鱼、素烧牛肉、红小豆糯米饭、生鱼片、乌冬面、天妇罗、汤豆腐等，这个贪吃鬼，人事通的眼睛在放光。他不仅狂热地追求作品中出现的食物，时不时地舔舔嘴唇，甚至还会一声不响地观察吃饭喝酒的对象，他十分清楚，比起恋爱人们只有在食物面前才会毫不隐瞒地暴露自己。

"汤豆腐呦，生命尽头的胧胧微光""鮟鱇与吾之罪恶共煮"是久保田万太郎的佳句。煮得热气腾腾的、咕噜咕噜的汤豆腐与鮟鱇锅是十分令人愉悦的东西，然而一旦被放在万太郎的日常生活中的话，意思就忽然变得不同了。男女间的爱恨情仇轰轰烈烈，纠缠不休，令人悲叹痛苦。食物与人生经历十分吻合，年龄增长的同时悲伤也在增加，虽是精妙的名句，其中混杂了食物的话，"就成了宛如施了魔法般的万太郎式的风格"了，这样的话又是为什么呢？

接下来一段十分出众。料理在一定的水平之前取决于做菜人的手艺，但到了巅峰时期"苦涩的佐料不可或缺"，这就变成了不是做菜一方而是吃菜一方做菜了。在若无其事的口吻当中隐藏着爱吃之人所特有的料理哲学。

岚山厨师长让读者指手画脚，自己在一旁发出啧啧之声，真是讨厌的人呀。想要追寻三个时代三十七位文人的饮食风景，就应该留心微妙的选择方法。在"暴食"这一名头之下，其主体说哪一部分比较好呢，只能狠狠地思考才创作得出来吧。在了解生之喜悦的同时也让我们切身体会到了食物的恐怖。

十分擅长格言警句的斋藤绿雨一个人吃饭的话就只去价格低廉、要站着吃的关东煮小摊和天妇罗小摊，无法忽视其背影。狮子文六以讲究吃喝而出名，这可是个嘴巴挑剔的主儿，还具备能把"复杂的味觉"写得十分透彻这样的文笔。体力强健又不失洒脱，用只言片语就能抓住食物散文的奥义。

"一想到文六是五十五岁到六十多岁才创作的代表作，就会觉得文艺的动力源泉归根到底是个能吃的胃呀。"把能吃之人岚山光三郎简洁地描绘成一个吃人的鬼，舔着舌头拼命地吃人，这样一个不知不觉中显露出来的毫不虚假的形象。前几天终于被邀请一起吃饭，但仔细一想觉得自己做了糊涂事。之所以这么说是因为这个食欲的心理学家又要自鸣得意、夸夸其谈了。"我只要知道你吃了什么,怎么吃的,就能说中你是一个什么样的人"。

(平成十七年十一月,德意志文学家、散文评论家)
本作品于平成十四年九月由杂志之家发行